Nagios
ナギオス
統合監視
[実践]リファレンス

株式会社エクストランス
佐藤省吾＋Team-Nagios
[著]

技術評論社

本書は、2011年2月時点の最新バージョンであるNagios Core 3.2.3(3系列)および2.12(2系列)、プラグインのバージョンは1.4.15を利用して解説しています。本書発行後に想定されるバージョンアップなどにより、手順・画面・動作結果などが異なる可能性があります。

本書の内容に基づく運用結果について、著者、ソフトウェアの開発元および提供元、株式会社技術評論社は一切の責任を負いかねますので、あらかじめご了承ください。

NagiosはNagios Enterprises, LLCの登録商標です。

本書に登場する会社名、製品名は一般に各社の登録商標または商標です。本文中では、™、©、®マークなどは表示しておりません。

はじめに

　Nagiosは、その前身Netsaintの時代から数えると、実に10年以上も活発に開発が続けられている歴史と実績のあるGPLライセンスの統合監視ツールです。10年前は、世はネットバブルと言われた時代だったものの、ハードウェアスペックは今と比べると貧弱で、512Mバイトのメモリ、40Gバイトのハードディスクが「大きいなぁ」と感じる時代でした。

　それから10年以上が経過した今、インターネット、PC、モバイル端末が普及し、メモリは数ギガバイト、ハードディスクはテラバイト級が当たり前の時代です。そしてインターネットの普及とともに、サービスを提供しているサーバのダウンタイムを最小限に抑えるという要求は厳しくなり、大きなサイトが少し停止しただけでも新聞のネタになるほどです。運用監視の重要度は大きくなるばかりで、現場の担当者の神経を削り続けていることと思います。

　このようなシステム管理者の負担を減らしてくれるのが、本書で解説する統合監視ツールNagiosです。Nagiosは歴史あるツールのため、Webインタフェースから行えない設定も多いなど、後発の監視ツールに比べて少々難解な面もあります。しかしながら、きちんと理解すれば監視を細かくコントロールでき、設定も柔軟にすばやく行えるというメリットもあります。そして、監視の実行部分をプラグイン形式で提供しているのもNagiosの大きな特徴です。歴史が古いだけにユーザ数も多く、たくさんのプラグインが世の中に存在するのがとても魅力的です。簡単なシェルスクリプトが書ければ自作することも難しくありません。

　本書ではLinuxやUNIXでサーバ構築の経験があり、コマンド操作をひととおり行える方を対象にしています。Nagiosのインストールは巻末のAppendixで簡単に紹介するにとどめ、Nagiosの各設定ファイルとプラグインを利用した監視設定をできるだけ多く掲載しました。

　まず1章ではNagiosの概要を解説し、2章ではプラグインを紹介しています。代表的な監視例も掲載していますので、監視したいサーバ、サービスが明確な場合は目的のもの、あるいは参考になるものが見つかるはずです。3、4章でメイン設定ファイルとCGI設定ファイルについて各設定項目を紹介しています。Nagiosの全体の動作については3章を、Webインタフェースの調整については4章を参照してください。最後に5章では実際の監視設定にあたるオブジェクト設定ファイルについて一つ一つの設定項目の役割と、実際の設定例を交えて掲載しています。

　本書を参考にして、一つでも多くの監視が速やかに行え、より健全で安全なサーバ環境を構築する手助けとなれば幸いです。

2011年2月18日　佐藤省吾

Nagios統合監視[実践]リファレンス

本書の見方

本書は次のような章立てになっています。

1章	Nagiosの紹介と基礎知識について解説
2章	よく利用するプラグインについて、構文およびオプション、そしてNagiosでの設定例をリファレンス形式で掲載
3章	nagiosデーモンの挙動を設定するメイン設定ファイルの設定項目をリファレンス形式で掲載
4章	Webインタフェースの設定を行うCGI設定ファイルの設定項目をリファレンス形式で掲載
5章	監視対象について監視の内容や検出後の挙動を設定するオブジェクト設定ファイルについてファレンス形式で掲載
Appendix A	Nagiosおよびプラグイン、NRPE、NSClientの導入手順を解説
Appendix B	ユーザ定義マクロを格納するリソース設定ファイルと、Nagiosで利用できるマクロの解説

2章:プラグインリファレンス部の見方

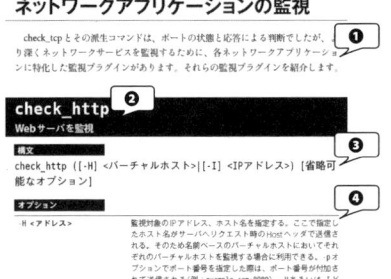

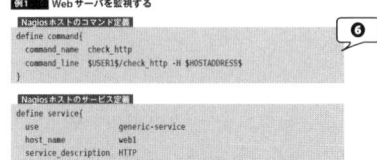

❶カテゴリと概要	用途別のカテゴリとその概要
❷プラグイン名と概要	プラグイン名と何をするものかの要約
❸構文	プラグインコマンドの書式を次のルールで記載 ・オプションの引数で省略可能なものは [ ] でくくる(例: [-H]) ・省略可能なオプションは [省略可能なオプション] と表記し、付与できるオプションは❹のオプションに記載 ・( ) はいずれかが必須を示し、| は「あるいは、どちらか」を表す ・値の入力が必要な個所は <> でくくる ・複数入力可能な個所は <値>[,<値>,<…>] のように記載 (例: -w <閾値>[,<閾値>][,<…>])

本書の見方

❹オプション	必須(太字)・省略可能なオプションを書式とともに掲載
❺解説	プラグインの動作に関する解説
❻例	Nagiosに設定する際の設定例。NRPEを使用するものはNRPEの設定例も掲載
❼例に対する補足説明	例に挙げている設定ファイルについての補足説明

3、4、5章：設定ファイルリファレンス部の見方

❶カテゴリと概要	用途別のカテゴリとその概要
❷設定項目名と概要	設定項目名と要約を記載
❸対応バージョン	対応しているNagiosのバージョンを記載
❹自動保存・必須項目	自動保存 とあるものは設定ファイル以外にもWebインタフェースから設定でき、再起動後もそれを維持する 必須項目 とあるものは設定しない場合はエラーで起動できない
❺構文	設定項目の記述文法。記述ルールはプラグインの構文と同じ
❻初期値	インストール時のサンプル設定ファイルに設定されている値
❼省略時	設定を行わなかった場合に使用されるNagiosにハードコーディングされた値
❽値	特定の値(0や1など)を入れる場合の入力値とその意味
❾解説	設定項目の解説
❿例	設定項目の使用例。5章ではこの例以外にもオブジェクト定義の種類ごとに設定例を掲載

Nagios統合監視[実践]リファレンス 目次

はじめに iii

本書の見方 iv

第1章
Nagiosクイックスタート 1

統合監視ツールNagiosとは 2
Nagios Coreの基本機能 2
ネットワーク経由での監視機能 2
Webインタフェース 3
アクティブチェック 4
オンデマンドホストチェック 5
パッシブチェック 5
通知 6
状態とそのタイプ 6
ホストとサービスの状態 6
Webインタフェースだけで使用される状態 6
プラグインの概要 6
NRPEの概要 8

Nagiosの設定ファイル 9
ディレクトリ構成 9
設定ファイルの種類 9
メイン設定ファイル:nagios.cfg 9
リソース設定ファイル:resource.cfg 10
CGI設定ファイル:cgi.cfg 10
オブジェクト設定ファイル:objectsディレクトリの各ファイル 11
監視の始め方 11
設定ファイルの記述ルール 12
メイン、CGI、リソース設定ファイルのルール 12
オブジェクト設定ファイルのルール 12
テンプレートとオブジェクトの継承 12

目次

コマンド定義とマクロ 13
    コマンド定義 13
    マクロ 14
閾値フォーマットについて 15
設定の反映方法 15

Webインタフェースの種類 16

第2章
Nagios標準プラグイン 19

PINGによる死活監視 20
check_ping　pingコマンドを利用した死活監視 20
check_fping　fpingコマンドを使った高速ping監視 22
check_icmp　icmpサービスを監視 23

ネットワークサービスのポート監視 25
check_tcp　任意のTCPポートを監視 25
check_ftp　FTPサーバを監視 27
check_imap　IMAPサーバを監視 28
check_simap　IMAP over SSLサーバを監視 29
check_pop　POP3サーバを監視 30
check_spop　POP over SSLサーバを監視 31
check_ssmtp　SMTPSサーバを監視 32
check_nntp　NNTP（ニュース）サーバを監視 33
check_nntps　NNTP over SSL（ニュース）サーバを監視 34
check_clamd　ウィルススキャナclamdを監視 35
check_jabber　jabberサーバを監視 36
check_udp　任意のUDPポートを監視 37
    Column　IPv4/IPv6両方のアドレスから監視する 38

ネットワークアプリケーションの監視 39
check_http　Webサーバを監視 39
check_smtp　SMTPサーバを監視 44
check_dig　digコマンドでDNSサーバを監視 47
check_dns　nslookupコマンドでDNSレコードを監視 48

vii

check_dhcp	DHCPサーバを監視	50
check_ssh	SSHサーバを監視	51
check_time	Timeプロトコルを利用した時刻監視	52
check_ntp_peer	NTPサーバを監視	54
check_ntp	NTPサーバを監視(旧プラグイン)	56
check_ldap	LDAPサーバを監視	56
check_radius	RADIUSサーバを監視	58
check_rpc	RPCサーバを監視	59

SNMPを利用した監視 ... 61

check_snmp	SNMPサーバを監視	61
check_ifoperstatus	SNMPを利用してインタフェースを監視	64
check_ifstatus	SNMPを利用してすべてのインタフェースを監視	65

Linux系リモートホストの監視 ... 67

check_nrpe	NRPEを使用してリモートホスト(UNIX系)を監視	67
check_by_ssh	SSHを利用してリモートホストを監視	69

データベースサービスの監視 ... 72

check_pgsql	PostgreSQLサーバを監視	72
check_mysql	MySQLサーバを監視	73
check_mysql_query	MySQLでのクエリ応答監視	75
check_oracle	オラクルデータベースを監視	76

Linux(UNIX系)サーバリソース監視 ... 78

check_disk	ディスク使用率を監視	78
check_load	ロードアベレージを監視	80
check_swap	スワップメモリを監視	81
check_users	ログインユーザ数を監視	82
check_procs	プロセスに関する監視	83
check_nagios	Nagiosを監視	86
check_ntp_time	NTPサーバとの時間のずれを監視	87
check_disk_smb	SMB経由でのディスク使用率を監視	88
check_file_age	ファイルの更新情報を監視	90
check_log	ログファイル内に出現する文字列の監視	91
check_mrtg	MRTGを使用した監視	92
check_mrtgtraf	MRTGを使用したトラフィック監視	93

目次

check_mailq	メールキュー数を監視	94
check_apt	Debian GNU/Linuxのアップデートをチェック	95
check_ide_smart	S.M.A.R.T. Linuxを使用してハードディスク状態を監視	97

Windowsの監視 98

check_nt	NSClientを利用してWindowsサーバを監視	98

Nagiosの監視補助ユーティリティ 102

check_cluster	クラスタサービスを監視	102
check_dummy	任意の状態を応答するプラグイン	104
Column	監視の動作を目視で確かめる	105
Column	Red Hat Enterprise Linux 6のEPEL版Nagiosを導入	106

第3章
メイン設定ファイル 107

構成ファイルのパスを指定 108

log_file	ログファイルを指定	108
cfg_file	コンフィグファイルを指定	108
cfg_dir	コンフィグディレクトリを指定	109
object_cache_file	オブジェクトキャッシュファイルを指定	109
precached_object_file	オブジェクト定義のプレキャッシュ用ファイルを指定	110
resource_file	リソース設定ファイルを指定	110
temp_file	一時ファイルを指定	111
temp_path	一時ファイル群の作成場所を指定	111
status_file	ステータスファイルを指定	112
lock_file	ロックファイルを指定	112
check_result_path	ホスト／サービスチェック結果の一時ファイル置き場を指定	113
downtime_file	スケジュールダウンタイムを保存するファイルを指定する	113
comment_file	コメントの保存ファイルを指定する	114

Nagios実行ユーザの設定 115

nagios_user	nagiosデーモンの実行ユーザを指定	115
nagios_group	nagiosデーモンの実行グループを指定	115

基本監視機能の有効／無効を設定 116

execute_service_checks	アクティブサービスチェックの有効／無効を指定	116
accept_passive_service_checks	パッシブサービスチェックの有効／無効を指定	116
execute_host_checks	ホストチェックの有効／無効を指定	117
accept_passive_host_checks	パッシブホストチェックの有効／無効を指定	118
enable_notifications	通知の有効／無効を指定	118
status_update_interval	ステータスファイルの更新間隔を指定	119
aggregate_status_updates	ステータスファイルの更新モードを指定	120

外部コマンド機能に関する設定 ... 121

check_external_commands	外部コマンドの有効／無効を指定	121
command_check_interval	外部コマンドのチェック間隔を指定	121
command_file	外部コマンドの入力ファイルを指定	122
external_command_buffer_slots	外部コマンドのバッファサイズを指定	123
check_result_buffer_slots	チェック結果処理のバッファサイズを指定	123

自動アップデートチェック機能に関する設定 ... 124

check_for_updates	Nagiosのアップデートをチェック	124
bare_update_checks	アップデート時の送信情報を制限する	124

Column 障害発生！そのとき必要な情報 ... 125

状態自動保存機能に関する設定 ... 126

retain_state_information	監視状態を自動保存する／しないを指定	126
state_retention_file	監視状態保存ファイルを指定	126
retention_update_interval	監視状態保存ファイルの自動保存間隔を指定	127
use_retained_program_state	保存した設定情報を使用する／しないを指定	127
use_retained_scheduling_info 保存した監視スケジュールを使用する／しないを指定		128

ログ機能に関する設定 ... 129

use_syslog	Syslogを使用する／しないを指定	129
log_notifications	通知に関するログを出力する／しないを指定	129
log_service_retries	サービスチェック再試行をログに記録する／しないを指定	130
log_host_retries	ホストチェック再試行をログに記録する／しないを指定	131
log_event_handlers	イベントハンドラログを記録する／しないを指定	131
log_initial_states	初期状態をログに記録する／しないを指定	132
log_external_commands	外部コマンド実行をログに記録する／しないを指定	132
log_passive_checks	パッシブチェックをログに記録する／しないを指定	133

目次

`log_rotation_method` ログローテーション方式を指定 134
`log_archive_path` ローテーションしたログの保存先を指定 134

イベントハンドラに関する設定 135

`enable_event_handlers` イベントハンドラの有効／無効を指定 135
`global_host_event_handler` グローバルホストイベントハンドラを指定 135
`global_service_event_handler` グローバルサービスイベントハンドラを指定 136

Column 機械は生き物？ 136

監視スケジューリングに関する設定 137

`sleep_time` 監視スケジュールのスリープ時間を指定 137
`service_inter_check_delay_method`
　　サービスの初期チェック時のスケジューリング方法を指定 137
`max_service_check_spread` サービス初期チェックにかける時間の最大値を指定 138
`service_interleave_factor` サービスチェックのインターリーブ方式を指定 138
`max_check_result_file_age`
　　チェック結果の一時ファイルが生存する期間の最大値を指定 139
`host_inter_check_delay_method`
　　ホストの初期チェック時のスケジューリング方式を指定 139
`max_host_check_spread` ホストの初期チェックにかける時間の最大値を指定 140
`interval_length` タイムユニット（内部の間隔）の単位を指定 140
`time_change_threshold` OSの時刻の変化を検出する閾値を指定 141

自動再スケジューリング（実験的機能） 142

`auto_reschedule_checks` 自動再スケジュールを行う／行わないを指定（実験的機能）. 142
`auto_rescheduling_interval` 自動再スケジュール間隔を指定（実験的機能） 142
`auto_rescheduling_window` 自動再スケジュールウインドを指定（実験的機能） 143

Column 監視設定の失敗例 143

ホスト／サービス依存定義に関する監視調整の設定 144

`enable_predictive_host_dependency_checks`
　　ホスト依存設定による予測機能の有効／無効を指定 144
`enable_predictive_service_dependency_checks`
　　サービス依存設定による予測機能の有効／無効を指定 144
`soft_state_dependencies`
　　ホスト／サービスの依存によるチェックでSOFT状態を使用する／しないを指定 145

監視機能を異常から復旧させる機能 146
check_for_orphaned_services　孤立サービスを検出する／しないを設定 146
check_for_orphaned_hosts　孤立ホストを検出する／しないを設定 146

Nagios Event Broker機能に関する設定 148
event_broker_options　NEB機能の有効／無効を指定 148
broker_module　NEBモジュールを指定 149
　　　Column　監視時と運用時に考えること 149

nagiosデーモンのパフォーマンスに関する設定 150
use_aggressive_host_checking
　アグレッシブホストチェック機能の有効／無効を指定 150
check_result_reaper_frequency　リーパーイベントの頻度を設定（Nagios 3） 150
max_check_result_reaper_time
　リーパーイベントの実行可能時間の最大値を指定 151
service_reaper_frequency　リーパーイベントの頻度を設定（Nagios 2） 151
max_concurrent_checks　監視を並列実行する数の最大値を指定 151
cached_host_check_horizon　ホストチェック結果のキャッシュ有効時間を設定 152
cached_service_check_horizon
　サービスチェック結果のキャッシュ有効時間を設定 153
use_large_installation_tweaks
　大規模サイトでのパフォーマンス調整設定の有効／無効を指定 153
free_child_process_memory　子プロセスがメモリを解放する方法を指定 154
child_processes_fork_twice　子プロセスのfork方法を指定 154
enable_environment_macros　環境変数マクロの有効／無効を設定 155
enable_embedded_perl　埋め込みPerlを利用する／しないを設定 155
use_embedded_perl_implicitly　埋め込みPerlを自動で使用する／しないを指定 156

頻繁な状態変更に関する設定 157
enable_flap_detection　サービスフラッピングを検出する／しないを設定 157
high_service_flap_threshold　サービスのフラッピング検出の高閾値を指定 158
low_service_flap_threshold　サービスのフラッピング検出の低閾値を指定 158
high_host_flap_threshold　ホストのフラッピング検出の高閾値を指定 158
low_host_flap_threshold　ホストのフラッピング検出の低閾値を指定 159
　　　Column　Trendsレポート 159

目次

各種タイムアウトの設定 160
- `service_check_timeout` サービスチェック実行時のタイムアウトを指定 160
- `host_check_timeout` ホストチェック実行時のタイムアウトを指定 160
- `event_handler_timeout` イベントハンドラ実行時のタイムアウトを指定 161
- `notification_timeout` 通知コマンド実行時のタイムアウトを指定 161
- `ocsp_timeout` OCSPコマンド実行時のタイムアウトを指定 161
- `ochp_timeout` OCHPコマンド実行時のタイムアウトを指定 162
- `perfdata_timeout` パフォーマンスデータコマンド実行時のタイムアウトを指定 162

分散監視に関する設定 163
- `obsess_over_services` サービスのオブセスオーバー機能の有効／無効を指定 164
- `ocsp_command` サービスのオブセスオーバー機能のコマンドを指定 164
- `obsess_over_hosts` ホストのオブセスオーバー機能の有効／無効を指定 165
- `ochp_command` ホストのオブセスオーバー機能のコマンドを指定 165
- `translate_passive_host_checks`
  パッシブホストチェック結果の変換機能の有効／無効を指定 166
- `passive_host_checks_are_soft` パッシブホストチェックでの状態の扱いを指定 167

パフォーマンスデータ機能に関する設定 168
- `process_performance_data` パフォーマンスデータを収集する／しないを設定 168
- `host_perfdata_command` ホスト用のパフォーマンスデータコマンドを指定 168
- `service_perfdata_command` サービス用のパフォーマンスデータコマンドを指定 ... 169
- `host_perfdata_file` ホスト用のパフォーマンスデータ出力先ファイルを指定 169
- `service_perfdata_file` サービス用のパフォーマンスデータ出力先ファイルを指定 .. 170
- `host_perfdata_file_template` ホスト用のパフォーマンスデータ出力形式を指定 170
- `service_perfdata_file_template`
  サービス用のパフォーマンスデータ出力形式を指定 171
- `host_perfdata_file_mode` ホスト用のパフォーマンスデータ書き出しモードを指定 .. 171
- `service_perfdata_file_mode`
  サービス用のパフォーマンスデータ書き出しモードを指定 172
- `host_perfdata_file_processing_interval`
  ホスト用のパフォーマンスデータファイル処理コマンド実行間隔を指定 172
- `service_perfdata_file_processing_interval`
  サービス用のパフォーマンスデータファイル処理コマンドの処理間隔を指定 173
- `host_perfdata_file_processing_command`
  ホスト用のパフォーマンスデータファイルを処理するコマンドを定義 173

service_perfdata_file_processing_command
サービス用のパフォーマンスデータを処理するコマンドを定義 174

> **Column** 監視スケジュールの遅延を調査するには 174

監視結果の新しさのチェックに関する設定 175

check_service_freshness
サービスのフレッシュネスチェック機能の有効／無効を指定 175

service_freshness_check_interval
サービスのフレッシュネスチェック間隔を指定 175

check_host_freshness　ホストのフレッシュネスチェック機能の有効／無効を指定 176
host_freshness_check_interval　ホストのフレッシュネスチェック間隔を指定 176
additional_freshness_latency
フレッシュネスチェックの閾値への追加遅延時間を指定 177

> **Column** 監視スケジュールが遅延する原因 177

日付フォーマット、Nagios管理者メールアドレスに関する設定 178

date_format　日付の書式を設定 178
use_timezone　タイムゾーンを指定 178
admin_email　Nagios導入ホストの管理者のメールアドレスを指定 179
admin_pager　Nagios導入ホストの管理者の携帯メールアドレスを指定 179

> **Column** 初期導入時のサンプルオブジェクト設定ファイル 180

禁止文字列、正規表現に関する設定 181

illegal_object_name_chars　オブジェクト名として使用できない文字を指定 181
illegal_macro_output_chars　マクロに使用できない文字列を指定 181
use_regexp_matching
オブジェクト定義のオブジェクト名で正規表現を使用可能にする／しないを設定 182

use_true_regexp_matching
オブジェクト定義ですべての正規表現を使用可能にする／しないの設定 183

> **Column** UNIX（AIX）とハードウェアベンダー用プラグイン 183

デバッグオプション 184

daemon_dumps_core
nagiosデーモンがコアダンプを生成するのを許可する／しないを設定 184

debug_file　デバッグ情報出力先を指定 184
debug_level　デバッグレベルを指定 185

目次

`debug_verbosity` デバッグ出力の冗長度合いを指定 186
`max_debug_file_size` デバッグファイルの最大サイズを指定 186

第4章 CGI設定ファイル 187

構成ファイルのパスの設定 188

`main_config_file` メイン設定ファイルのパスを指定 188
`physical_html_path` HTMLファイル、画像保存場所のパスを指定 188
`url_html_path` HTMLファイルのURLパスを指定 189

表示に関する設定 190

`show_context_help` ヘルプファイルへのリンクを表示する／しないを設定 190
`use_pending_states` PENDING状態の有効／無効を設定 190

Column 大量のホストを監視する場合のチューニング 191

認証機能に関する設定 192

`use_authentication` 認証機能の有効／無効を指定 192
`use_ssl_authentication` SSLクライアント認証機能の有効／無効を指定 193
`default_user_name` デフォルトのユーザ名を指定 193
`authorized_for_system_information`
　　　システム情報を閲覧可能なユーザを指定 194
`authorized_for_configuration_information`
　　　監視設定を閲覧可能なユーザを指定 194
`authorized_for_system_commands` システムコマンドを発行可能なユーザを指定 195
`authorized_for_all_hosts` 全ホストの情報を閲覧可能なユーザを指定 195
`authorized_for_all_host_commands`
　　　全ホストにコマンドを発行可能なユーザを指定 196
`authorized_for_all_services` 全サービスの情報を閲覧可能なユーザを指定 196
`authorized_for_all_service_commands`
　　　全サービスにコマンドを発行可能なユーザを指定 197
`authorized_for_read_only` 読み取り専用ユーザを指定 198
`lock_author_names` コマンド発行時の名前欄をロックする機能の有効／無効を設定 198

ステータスマップ関連の設定 199

`statusmap_background_image` ステータスマップの背景画像を指定 200

`color_transparency_index`
　ステータスマップに利用する背景画像の透明インデックス値を指定 201
`default_statusmap_layout` ステータスマップのデフォルトレイアウトを指定 201

自動再読み込み、警告サウンドの設定 203

`refresh_rate` 再描画間隔を指定 203
`host_unreachable_sound`
　ホストの状態がUNREACHABLE時に再生されるサウンドファイルを指定 203
`host_down_sound` ホストの状態がDOWN時に再生されるサウンドファイルを指定 204
`service_critical_sound`
　サービスの状態がCRITICAL時に再生されるサウンドファイルを指定 204
`service_warning_sound`
　サービスの状態がWARNING時に再生されるサウンドファイルを指定 204
`service_unknown_sound`
　サービスの状態がUNKNOWN時に再生されるサウンドファイルを指定 205
`normal_sound` 全監視対象の状態が正常時に再生されるサウンドファイルを指定 205

HTMLタグ除去の設定、コマンドシンタックスの指定 206

`escape_html_tags` HTMLタグのエスケープ機能の有効／無効を指定 206
`nagios_check_command` Nagiosプロセス監視コマンドを指定 206
`ping_syntax` pingコマンドのシンタックスを指定 207
　　　Column サードパーティ製プラグイン配布サイト 207

追加情報へのリンクのtarget属性に関する設定 208

`notes_url_target` 追加情報URLのtarget属性を指定 208
`action_url_target` アクションURLのtarget属性を指定 208

第5章
オブジェクト設定ファイル 209

ホスト定義　define host{} 210

`host_name` ホスト名を定義 210
`alias` ホストの別名を定義 210
`display_name` ホストの表示用名を定義 211
`address` IPアドレスを定義 211
`parents` 親ホストを定義 212

目次

- `hostgroups` 所属ホストグループを定義 212
- `check_command` ホストチェック用コマンドを指定 213
- `initial_state` 初期状態を指定 213
- `max_check_attempts` 試行回数を指定 214
- `check_interval` 監視間隔を指定 214
- `retry_interval` 再試行間隔を指定 215
- `active_checks_enabled` アクティブチェック機能の有効／無効を指定 215
- `passive_checks_enabled` パッシブチェック機能の有効／無効を指定 216
- `check_period` チェックする時間帯を指定 216
- `obsess_over_host` オブセスオーバー機能の有効／無効を指定 217
- `check_freshness` フレッシュネス機能の有効／無効を指定 217
- `freshness_threshold` フレッシュネス閾値を指定 218
- `event_handler` イベントハンドラコマンドを指定 218
- `event_handler_enabled` イベントハンドラの有効／無効を指定 219
- `low_flap_threshold` フラッピング検出の低閾値を指定 219
- `high_flap_threshold` フラッピング検出の高閾値を指定 220
- `flap_detection_enabled` フラッピング機能の有効／無効を指定 220
- `flap_detection_options` フラッピング検知のオプションを指定 221
- `process_perf_data` パフォーマンスデータ処理をする／しないを指定 221
- `retain_status_information` 監視状態を自動保存する／しないを指定 222
- `retain_nonstatus_information` 設定情報を保存する／しないを指定 222
- `contacts` 通知先を指定 223
- `contact_groups` 通知先グループを指定 224
- `notification_interval` 通知間隔を指定 224
- `first_notification_delay` 初期通知の遅延時間を指定 225
- `notification_period` 通知時間帯を指定 225
- `notification_options` 通知オプションを指定 226
- `notifications_enabled` 通知機能の有効／無効を指定 226
- `stalking_options` 追跡オプションを指定 227
- `notes` メモなど追加情報を設定 227
- `notes_url` メモなどの追加情報記載先のURLを指定 228
- `action_url` 追加情報記載先のURLを指定 229
- `icon_image` アイコン用イメージファイルを指定 229
- `icon_image_alt` アイコン用イメージファイルのalt属性を指定 230
- `statusmap_image` ステータスマップ用イメージファイルを指定 230
- `2d_coords` ステータスマップ用座標を指定 231
- `3d_coords` 3-D Status Map用座標を指定 232

> **Column** Nagios以外の統合監視ツール 232

ホスト設定例 233

ホストグループ定義　define hostgroup{} 234

`hostgroup_name`　ホストグループ名を定義 234
`alias`　ホストグループの別名を定義 235
`members`　所属ホストメンバーを定義 235
`hostgroup_members`　所属ホストグループを定義 235
`notes`　メモなど追加情報を設定 236
`notes_url`　メモなどの追加情報記載先のURLを指定 236
`action_url`　追加情報記載先のURLを指定 237
ホストグループ設定例 237
　　　Column　Availabilityレポート 238

サービス定義　define service{} 239

`service_description`　サービスの名称を定義 239
`host_name`　サービスが属するホスト名を指定 239
`hostgroup_name`　サービスを設定するホストグループを定義 240
`display_name`　このサービスの表示名を定義 240
`servicegroups`　所属サービスグループを定義 241
`is_volatile`　Volatileサービスかどうかを指定 241
`check_command`　サービスのチェックコマンドを指定 242
`initial_state`　初期状態を指定 242
`max_check_attempts`　試行回数を指定 243
`normal_check_interval`　監視間隔を指定 243
`check_interval`　監視間隔を指定 243
`retry_check_interval`　再試行間隔を指定（Nagios 2） 244
`retry_interval`　再試行間隔を指定（Nagios 3） 244
`active_checks_enabled`　アクティブチェック機能の有効／無効を指定 245
`passive_checks_enabled`　パッシブチェック機能の有効／無効を指定 245
`check_period`　チェックする時間帯を設定 246
`obsess_over_service`　オブセスオーバー機能の有効／無効を設定 246
`check_freshness`　フレッシュネス機能の有効／無効を指定 247
`freshness_threshold`　フレッシュネス閾値を指定 247
`event_handler`　イベントハンドラコマンドを指定 248
`event_handler_enabled`　イベントハンドラの有効／無効を指定 248
`low_flap_threshold`　フラッピング検知の低閾値を指定 248
`high_flap_threshold`　フラッピング検知の高閾値を指定 249

目次

- `flap_detection_enabled` フラッピング検知をする／しないを指定 249
- `flap_detection_options` フラッピング検出のオプションを指定 250
- `process_perf_data` パフォーマンスデータを処理する／しないを指定 250
- `retain_status_information` 状態情報保存機能の有効／無効を指定 251
- `retain_nonstatus_information` 設定情報を保存する／しないを指定 251
- `contacts` 通知先を指定 252
- `contact_groups` 通知先グループを指定 252
- `notification_interval` 通知間隔を指定 253
- `first_notification_delay` 初期通知の遅延時間を指定 253
- `notification_period` 通知時間帯を指定 254
- `notification_options` 通知オプションを指定 254
- `notifications_enabled` 通知機能の有効／無効を指定 255
- `stalking_options` 追跡オプションを指定 255
- `notes` メモなど追加情報を設定 256
- `notes_url` メモなどの追加情報記載先のURLを指定 256
- `action_url` 追加情報記載先のURLを指定 257
- `icon_image` アイコン用イメージファイルを指定 257
- `icon_image_alt` アイコン用イメージファイルのalt属性を指定 258
- サービス設定例 258

Column Alert Histogramレポート 259

サービスグループ定義　define servicegroup{} 260

- `servicegroup_name` サービスグループ名を定義 260
- `alias` サービスグループの別名を定義 260
- `members` 所属サービスグループメンバーを定義 261
- `servicegroup_members` サービスグループに所属させるサービスグループを定義 261
- `notes` メモなど追加情報を設定 262
- `notes_url` メモなどの追加情報記載先のURLを指定 262
- `action_url` 追加情報記載先のURLを指定 262
- サービスグループ設定例 263

通知先定義　define contact{} 264

- `contact_name` 通知先名を定義 264
- `alias` 通知先名の別名を定義 264
- `contactgroups` 所属通知先グループを定義 265
- `host_notifications_enabled` ホスト通知の有効／無効を設定 265
- `service_notifications_enabled` サービス通知の有効／無効を設定 266

`host_notification_period` ホストの通知時間帯を定義	266
`service_notification_period` サービスの通知時間帯を定義	267
`host_notification_options` ホストの通知オプション	267
`service_notification_options` サービスの通知オプション	268
`host_notification_commands` ホスト通知用コマンドを指定	269
`service_notification_commands` サービス通知用コマンドを指定	269
`email` メールアドレスを指定	269
`pager` 携帯アドレスを指定	270
`address<N>` 追加の連絡先番号／アドレスを定義	270
`can_submit_commands` Webインタフェースからのコマンド実行の許可／不許可を設定	271
`retain_status_information` 監視状態の自動保存を行う／行わないを指定	271
`retain_nonstatus_information` 設定情報を保存する／しないを指定	272
通知先設定例	272
Column Windowsの監視	273

通知先グループ定義　define contactgroup{} 274

`contactgroup_name` 通知先グループ名を定義	274
`alias` 連絡先グループの別名を定義	274
`members` 通知先を定義	275
`contactgroup_members` 通知先グループに所属する通知先グループを定義	275
通知先グループ設定例	276
Column 監視対象ホストでのリソース情報収集	276

時間帯定義　define timeperiod{} 277

`timeperiod_name` 時間帯名を定義	277
`alias` 時間帯名の別名を定義	277
`<日付範囲> <時間帯>` 時間帯に含まれる曜日ごとの時間帯を定義	278
`exclude` 除外する時間帯名を定義	279
時間帯設定例	279

コマンド定義　define command{} 280

`command_name` コマンド名を定義	280
`command_line` このチェックコマンド用のOSのコマンドラインを定義	280
コマンド設定例	281

目次

ホスト依存定義　define hostdependency{} ... 282

- dependent_host_name　影響を受ける側のホストを指定 ... 282
- dependent_hostgroup_name　影響を受ける側のホストをホストグループ単位で指定 ... 282
- host_name　影響を与える側のホスト名を指定 ... 283
- hostgroup_name　影響を与える側のホストをホストグループ単位で指定 ... 283
- inherits_parent　親設定からの設定を継承する／しないを指定 ... 284
- execution_failure_criteria
  - 影響を受ける側のホストがアクティブチェックされない場合の条件を指定 ... 284
- notification_failure_criteria
  - 影響を受ける側のホストの通知を行わない場合の条件を指定 ... 285
- dependency_period　この依存が有効な時間帯を定義 ... 285
- ホスト依存設定例 ... 286

Column 自宅でのNagios運用 ... 286

サービス依存定義　define servicedependency{} ... 287

- dependent_host_name　影響を受ける側のサービスが所属するホストを指定 ... 287
- dependent_hostgroup_name
  - 影響を受ける側のサービスが所属するホストグループを指定 ... 287
- dependent_service_description
  - 影響を受ける側のサービスのサービス名を定義 ... 288
- host_name　影響を与える側のサービスが属しているホストを定義 ... 288
- hostgroup_name　影響を与える側のサービスが属しているホストグループを定義 ... 289
- service_description　影響を与えるサービスを定義 ... 289
- inherits_parent　親設定からの設定を継承する／しないを指定 ... 290
- execution_failure_criteria
  - 影響を受ける側のサービスのアクティブチェックを行わない条件を指定 ... 290
- notification_failure_criteria
  - 影響を受ける側のサービスの通知を行わない条件を指定 ... 291
- dependency_period　依存が有効な時間帯を定義 ... 292
- サービス依存設定例 ... 292

ホストエスカレーション定義　define hostescalation{} ... 293

- host_name　エスカレーションするホスト名を指定 ... 293
- hostgroup_name　エスカレーションするホストグループ名を指定 ... 293
- contacts　対象通知先を指定 ... 294
- contact_groups　対象通知先グループを指定 ... 294
- first_notification　通知先を切り替える初回通知番号を指定 ... 294

xxi

`last_notification`	通知先を切り替える最終通知番号を指定	295
`notification_interval`	対象通知先への通知間隔を指定	296
`escalation_period`	通知時間帯を指定	296
`escalation_options`	エスカレーションを有効にする状態を指定	296
ホストエスカレーション設定例		297

サービスエスカレーション定義　define serviceescalation{} 298

`host_name`	エスカレーションするサービスが属するホスト名を指定	298
`hostgroup_name`	エスカレーションするサービスが属するホストグループ名を指定	298
`service_description`	エスカレーションするサービスを指定	299
`contacts`	対象通知先を指定	299
`contact_groups`	対象通知先グループを指定	300
`first_notification`	通知先を切り替える初回通知番号を指定	300
`last_notification`	通知先を切り替える最終通知番号を指定	300
`notification_interval`	対象通知先への通知間隔を指定	301
`escalation_period`	通知時間帯を指定	301
`escalation_options`	エスカレーションを有効にする状態を指定	302
サービスエスカレーション設定例		302

拡張ホスト情報定義　define hostextinfo{} 303

`host_name`	この追加情報を適用するホスト名を指定	303
`notes`	メモなど追加情報を設定	303
`notes_url`	メモなどの追加情報記載先のURLを指定	304
`action_url`	追加情報記載先のURLを指定	304
`icon_image`	アイコン用イメージファイルを指定	304
`icon_image_alt`	アイコン用イメージファイルのalt属性を指定	305
`statusmap_image`	ステータスマップ用イメージファイルを指定	305
`2d_coords`	ステータスマップ用座標を指定	305
`3d_coords`	3-D Status Map用座標を指定	305
拡張ホスト情報設定例		306

拡張サービス情報定義　define serviceextinfo{} 307

`host_name`	この追加情報を適用するホスト名を指定	307
`service_description`	この追加情報を適用するサービス名を設定	307
`notes`	メモなど追加情報を設定	308
`notes_url`	メモなどの追加情報記載先のURLを指定	308
`action_url`	追加情報記載先のURLを指定	308

目次

`icon_image` アイコン用イメージファイルを指定	309
`icon_image_alt` アイコン用イメージファイルのalt属性を指定	309
拡張サービス情報設定例	309

オブジェクトの継承設定 ... 310

`name` テンプレート名を定義	310
`register` テンプレートとして登録する／しないを設定	310
`use` 使用するテンプレート名を指定	311
オブジェクトの継承設定例	311

カスタムオブジェクト定義 ... 313

`<_任意のディレクティブ名>` 任意のオブジェクトディレクティブと値を設定する	313
Column 監視の目的	314

Appendix A
Nagiosと周辺ツールの導入 ... 315

Nagios Core 3および標準プラグインの導入 ... 316

必要な環境	316
ユーザとグループの作成	316
Nagios Coreのインストール	317
Webインタフェース用の設定	317
プラグインのインストール	318
nagiosデーモンの起動	318

NRPEの導入 ... 319

インストール環境 (リモートホスト、Nagiosホスト)	319
ユーザとグループの作成 (リモートホスト)	319
NRPEのコンパイル (リモートホスト、Nagiosホスト)	319
NRPEのインストール (リモートホスト)	320
NRPEの設定ファイル、起動スクリプトの導入 (リモートホスト)	320
NRPE設定ファイルの修正 (リモートホスト)	320
nrpeデーモンの起動 (リモートホスト)	320
その他の設定 (リモートホスト)	321

NRPEプラグインの導入（Nagiosホスト） 321

NSClientの導入 322

ダウンロード 322
インストール 322
設定 322
アンインストール 322

Appendix B
リソース設定ファイルと
Nagios標準マクロの概要 323

リソース設定ファイル 324

Nagios標準マクロの概要 325

マクロのタイプ 325
スタンダードマクロ 325
コマンド引数マクロ 326
オンデマンドマクロ 326
オンデマンドグループマクロ 327
環境変数マクロ 327
カスタムオブジェクトマクロ 327
マクロ一覧の参照先 327
Column パフォーマンスデータのグラフ化ツール 328

監視設定索引 329

プラグイン別索引 332

設定別索引 334

第1章
Nagiosクイックスタート

統合監視ツールNagiosとは
Nagiosの設定ファイル
Webインタフェースの種類

統合監視ツールNagiosとは

　Nagiosは、Ethan Galstad氏により1998年ごろからNetSaintという名称で開発が始められた、サーバやネットワークの統合監視ツールです。ネットワーク上にあるサービスの状態を監視し、異常を検出した場合には設定した宛先にメールなどで通知を行います。2002年に現在のNagiosという名称に変更しバージョン1.0b1をリリース後、順調にバージョンアップを重ね、2008年3月13日にはバージョン3.0をリリースしました。

　また、Nagiosは従来より次の3つに分かれていました。

- 主にスケジューリングおよび監視結果の処理を担当する本体部（Core）
- 実際に各サービスに生存確認を行い、条件により障害を検出する監視部（プラグイン）
- サーバ内のリソース監視に利用するNRPEなど、監視活動を追加するためのアドオン

　2009年にNagios本体部は「Nagios Core」[注1]という名称に改名されました。本書では執筆時点で最新バージョンのNagios Core 3.2.3およびNagios 2系列の最新版の2.12で、プラグインはNagios Plugins 1.4.15で解説しています[注2]。

　本書では、監視のプラグインと設定ファイル群のそれぞれのオプションについてリファレンス形式で紹介します。本書を参照し、HTTPやHTTPS、SMTP、FTPなどの監視対象を「どのような条件で」「どのような時間帯に」「どのようなタイミングで」「誰に連絡するのか」といった監視設定の手助けになればと思います。

Nagios Coreの基本機能

　初めにNagios基本的な機能、用語を簡単に説明しておきたいと思います。Nagiosには次のような機能を備えています。

●ネットワーク経由での監視機能

　Nagiosはネットワーク上にあるホスト[注3]やサービス[注4]を監視します（図1）。つ

注1　本書では、Nagios Coreを省略して従来の名称Nagiosと表現します。ただし、特に区別したい場合はNagios Coreと表記しています。また、nagiosと小文字で記述する場合はnagiosプロセスあるいはnagiosデーモンを指します。

注2　Nagios Core、プラグイン、そしてリソース監視のためのNRPEアドオンについてのインストールはAppendix Aで解説しています。

注3　ホストにはスイッチ、Linuxサーバ、Windowsサーバ、プリンタサーバなどTCP/IPのアドレスが割り当てられ、Nagiosから到達可能なものすべてが対象となります。

注4　サービスとはHTTPのWebサーバ、POP3やSMTPのメールサーバなどのネットワーク機能や、アプリケーションプロセス、OSのCPU使用率、ディスクの空き容量、メモリ使用量などのサーバリソースなど、ホストにより提供されている機能を指します。

第1章 Nagiosクイックスタート

まりNagiosで監視するためには、基本的にはNagiosサーバと監視対象はネットワークで到達できなければなりません。

●Webインタフェース

NagiosにはC言語のCGIと、PHPで作成されたWebインタフェースが付属します。これにより、監視対象全体の状態（**図2**）、あるいは個々の状態や（**図3**）、稼働時間、障害率などのレポート（**図4**）を見ることができるほか、Webインタフェースから監視を一時停止したり、再スケジュールするなどのコントロールも行えます。

図1　Nagios監視ネットワーク図

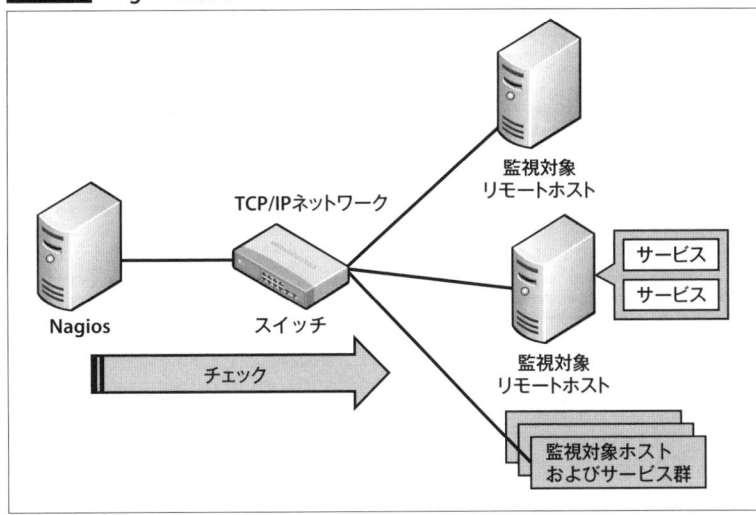

図2　状態一覧

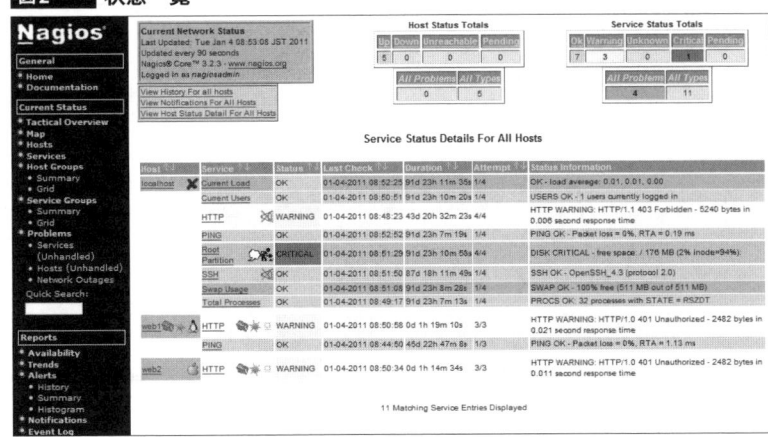

しかし、残念なことに監視設定やNagiosの設定などの設定ファイルの編集機能はなく、基本的にエディタで修正を行うことを前提としています[注5]。

● アクティブチェック

Nagiosの監視機能の主たる機能です（**図5**）。Nagiosが設定に基づいて監視を行

注5　設定ファイルの編集はサードパーティ製のアドオンを使用する方法もあります（http://www.nagios.org/download/frontends）が、細かい設定を行うときのためにも各設定の意味は理解しておくことをお勧めします。

図3　サービス状態詳細

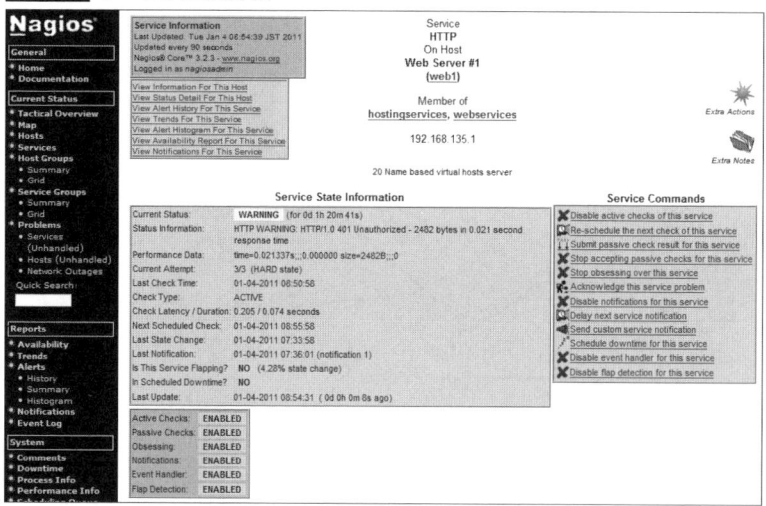

図4　状態トレンドレポート

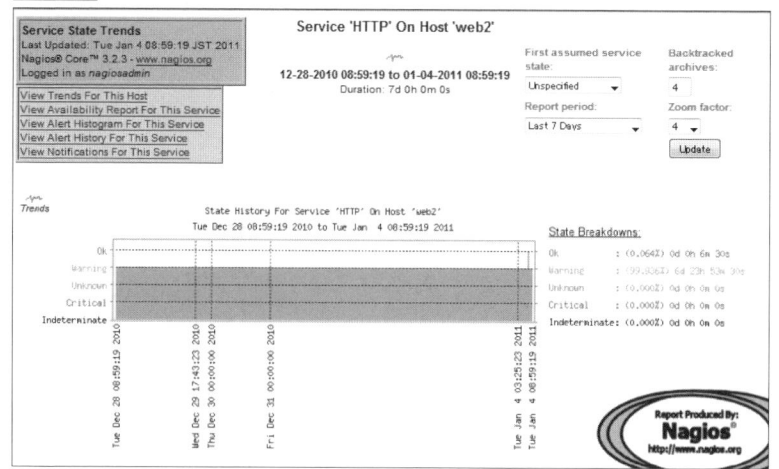

うタイミングをスケジューリングします。そして、スケジュール通りに監視プラグインを呼び出し、監視対象をチェックして結果を処理します。

● オンデマンドホストチェック

Nagiosの監視にはホストの監視と、SMTPやHTTPなどのサービスの監視の2通りあり、ホストの監視では主にpingコマンドを使用したホストの死活監視を行います。一方でサービスの監視ではHTTPの応答コードや、SMTPの応答速度などそれぞれのアプリケーションで提供される機能の監視を行います。

サービスが正常に稼働しているがホストはダウンしているという状態は通常考えにくいため、ホストの監視はそのホストに属しているサービスの監視が異常を検出した場合にのみホストの死活監視を行う機能があります。この機能をオンデマンドホストチェックと言います。

● パッシブチェック

Nagios以外のサードパーティソフトウェアが監視タイミングを制御し、結果をNagiosに送る監視方法です。たとえばcronジョブまたはサードパーティ製のバックアップソフトウェアのバックアップジョブの任意のコマンドを実行する機能を使用し、Nagiosへジョブの実行結果（成功や失敗など）を送信したり、SNMPトラップなどで不定期なイベントに対する監視を行う際に使用します（**図6**）。

図5　アクティブチェック

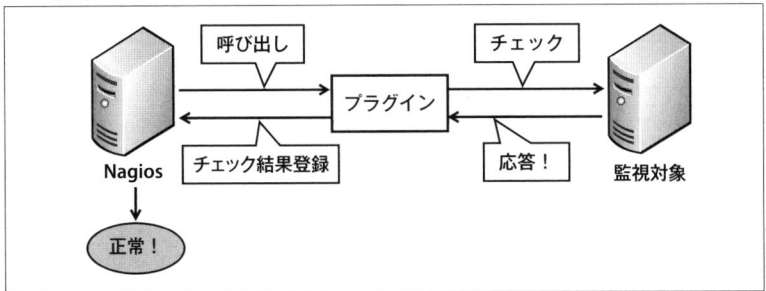

図6　パッシブチェック

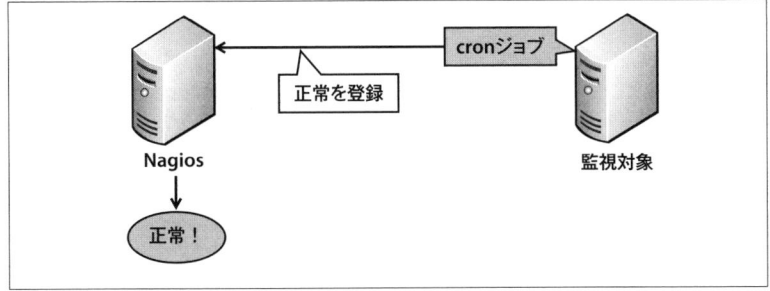

●通知

状態の通知は、Nagiosの主たる監視機能の1つです。監視対象に変化があった際に、設定した通知コマンドで設定した通知先に通知します(**図7**)。

状態とそのタイプ

●ホストとサービスの状態

監視結果の状態は、大別して「異常」と「正常」の2通りです。しかし、Nagiosは「異常」に対していくつかの種類を設けています。この種類は、アクティブチェックの場合は監視のプラグインが、パッシブチェックの場合はサードパーティソフトウェアが決定します。**表1**にホストの状態を、**表2**にサービスの状態を示します。

表1、2の状態のほかに、Nagiosでは「HARD」「SOFT」という2種類の内部的な状態があります。Nagiosは監視対象の一時的なエラーあるいは誤認識によるエラーを障害とみなさないようにするために、チェックを設定した数だけ再試行できますが、その再試行中の状態を「SOFT」と呼び、再試行後も異常である場合は「HARD」となり障害が確定されます。障害通知は状態のタイプが「HARD」になってから初めて行われます。

なお、障害から復旧ではSOFT状態はなく、すぐにHARD状態になり通知が送られます。

●Webインタフェースだけで使用される状態

Webインタフェースだけで使用される状態が3つあります(**表3**)。

プラグインの概要

Nagiosの監視のメインの機能はCoreと呼ばれていて、監視機能自体は持っておらず、プラグインというOSのコマンドを利用して監視を行います。そしてプラグインは主にアクティブチェックで利用されます。

図7 障害時の通知

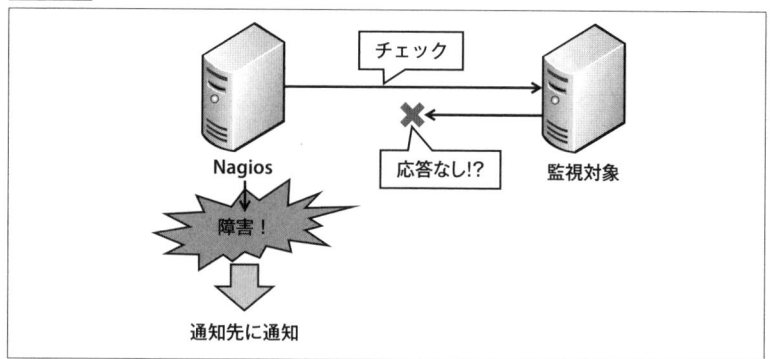

第1章 Nagiosクイックスタート

前述の図5はその動きを表していますが、Nagiosはプラグインを呼び出し、プラグインが実際に監視対象のチェックを行い判定します。そのため、プラグインを作成するだけで新たな監視対象を柔軟に追加できます。

プラグインはNagiosとは別にインストールする必要があります[注6]。

2章ではNagios公式の標準プラグインに付属しているコマンドの利用方法につ

注6　Appendix AでNagiosとプラグインをインストールする手順を掲載しています。

表1　ホストの状態

状態の名称	説明
UP	ホストが起動している状態。Webインタフェースでは緑で表される
DOWN	ホストの監視結果が異常である場合。主としてICMP ECHOに応答がない場合。Webインタフェース上では赤で表される
UNREACHABLE	ホスト定義で親ホストに設定したホストがすべてDOWNである場合。Nagios監視サーバから対象ホストへ到達できない状態を示す。Webインタフェース上では赤で示される

※これらの状態以外にもWebインタフェースだけで使用されるPendingという状態がありますが、これはまだチェックが一度も行われていない状態か、チェックするサービスが1つもない場合の状態です。

表2　サービスの状態

状態の名称	説明
OK	監視の結果が正常値である場合。Webインタフェースでは緑で表される
WARNING	監視の結果がWARNING域※である場合。応答速度がやや遅い、応答があるがいつもと違うなど。Webインタフェースでは黄色で表される
CRITICAL	監視の結果がCRITICAL域※である場合。応答がないなど重大な問題が発生している。Webインタフェースでは赤で表される
UNKNOWN	監視結果から判断できない場合。監視プラグインの設定ミスなど。Webインタフェース上ではオレンジで表される

※WARNING域、CRITICAL域は、2章で取り上げる監視プラグインによって決まります。また、条件を任意に設定できる場合もあります。

表3　Webインタフェースだけで使用される状態

状態の名称	説明
PENDING	監視対象のオブジェクト定義(5章参照)を追加し、Nagiosを再起動してからまだ一度もチェックが行われていない状態
ACKNOWLEDGE	認知済みフラグ。障害に対してWebインタフェースの詳細ページから「Acknowledge this service(あるいはhost) problem」をクリックしてフラグを付与する
DONTIME	ダウンタイム※。計画的に停止する場合、Webインタフェースから日時と期間を登録することでその期間の監視対象の障害は「ダウンタイム」のフラグを付与する

※メンテナンスなど意図した停止のことで、Webインタフェースの「Downtime」から設定することで任意の時間帯の障害を意図した停止として認識させアラートを上げないようにする機能です。

いて、プラグインコマンドのオプションと、実際のコマンド定義例を掲載します。定義例はNagios用のものに加えて、必要なものはリモートホストのリソース監視で利用するNRPE用のサンプル設定も掲載しています。

執筆時点では、公式ホームページによると標準監視プラグインで積極的にメンテナンスがされるプラグインが64個、contribディレクトリに付属しているプラグインが74個、合計138個のプラグインが付属しています[注7]。本書では、これらのインストールされるプラグインのうちよく利用するものについて解説します。

NRPEの概要

ホスト（ここではLinux系OS）のリソースの監視はいくつか方法があります。1つは、後に出てくるcheck_by_sshプラグイン、もう1つはcheck_snmpを使ったsnmp経由、そして最後にこのNRPE（*Nagios Remote Plugin Executer*）経由になります。NRPEを利用するには、ホストにnrpeデーモンとNagiosプラグインをインストールする必要はありますが、Nagiosのプラグインがそのまま使える、SSHよりNagiosサーバにかかる負荷が少ないというメリットがあります（**図8**）。

本書では、プラグインの設定例としてNRPEで設定する場合での例も掲載します。なお、NRPEのインストール手順は**Appendix A**に掲載しています。

注7　プラグインのリストは公式ページのFAQにリストされています。http://nagiosplugins.org/node/2

図8 ■ **NRPEによるリソース監視の動作イメージ**

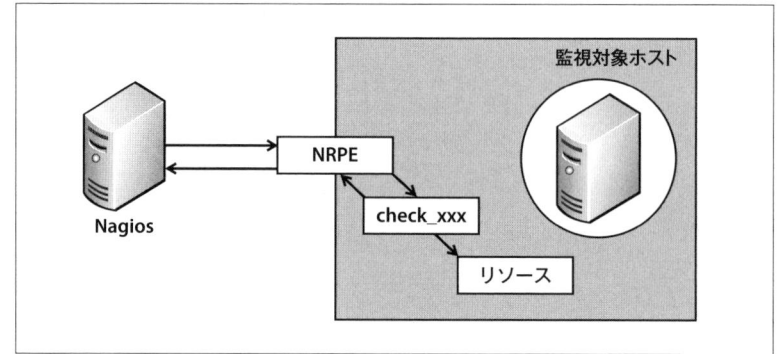

Nagiosの設定ファイル

次章より標準プラグインと設定ファイルをリファレンス形式で紹介しますが、その前にNagiosの設定ファイルについて簡単に説明しておきます。

ディレクトリ構成

Appendix Aの手順に従ってインストールした場合のディレクトリ構成は**図9**のようになります。

設定ファイルはNagiosインストールディレクトリ(/usr/local/nagios)内のetcディレクトリにあります。インストール時には付属の設定ファイルがすでにインストールされており、**3章**で取り上げるメイン設定ファイルや、**4章**で取り上げるCGI設定ファイル、**Appendix B**で取り上げるリソース設定ファイルはetc直下に、**5章**のオブジェクト定義はetc/objects内に設定ファイルがあります。また、プラグインはlibexecディレクトリに入ります。

設定ファイルの種類

●メイン設定ファイル：nagios.cfg

nagiosデーモンの設定、監視機能全体のON/OFFの切り替えや各種ファイルのパスの指定など、全体に影響する設定を行うファイルで、「インストール先ディレクトリ/etc/nagios.cfg」というファイル名で提供されます。ここでの設定は、nagiosデーモン自身の動き、つまりすべての監視対象に影響があります。

メイン設定ファイルとオブジェクト定義には同じ設定を行うところがありますが、メイン設定ファイルでその機能を無効にしている場合は、オブジェクト定義で有効にしても有効になりません。ただし、メイン設定ファイルで有効にしている場合に、同等機能をオブジェクト定義で各監視対象ごとに無効にすることは可能です。また、**3章**で 自動保存 と記載しているものは「状態自動保存機能に関する設定」のuse_retained_program_state（**127ページ参照**）有効時に保存対象となるオ

図9 ディレクトリ構成

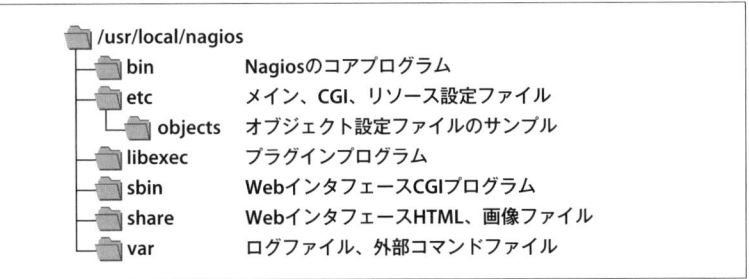

プションです。この自動保存されるオプションはWebインタフェースから設定変更が可能な項目で、Webインタフェースから変更した場合は設定ファイルには反映されませんが、自動保存ファイルに設定内容が保存されており、Nagios再起動後もその値が維持されます。

●リソース設定ファイル：resource.cfg

Nagiosが使用する監視に関する設定で、ユーザが定義するプラグインなどのプログラム群へのパスや、監視で使用するユーザ名やパスワードなどの細かい情報を定義するためのファイルです。このファイルはWebインタフェースから参照されないため、パーミッション600などのほかのユーザから閲覧できない権限で設定できます。

●CGI設定ファイル：cgi.cfg

CGI設定ファイルはNagiosに付属するWebインタフェースの設定を行うためのファイルで、通常は「インストール先ディレクトリ/etc/cgi.cfg」というファイル名で提供されます。このファイルはほかの設定ファイルと異なり、修正後Nagiosの再起動は不要で即時に反映されます。

表4　オブジェクト一覧

項目	オブジェクト定義の記述	意味
ホスト	define host{}	監視対象ホスト
ホストグループ	define hostgroup{}	監視対象ホストの属するグループ
サービス	define service{}	監視対象ホストに属する監視項目(HTTP、SMTPなど)
サービスグループ	define servicegroup{}	監視対象ホストに属する監視項目のグループ(機能別など)
通知先	define contact{}	異常時にメール通知を行う宛先
通知先グループ	define contactgroup{}	通知先をまとまりにしたグループ
時間帯	define timeperiod {}	監視や通知の有効な時間帯の定義
コマンド	define command{}	プラグインを使用した監視、通知コマンドなどの各コマンドの定義
ホスト依存	define hostdependency{}	複数のホスト同士の依存関係の定義
サービス依存	define servicedependency{}	複数のサービス同士の依存関係の定義
ホストエスカレーション	define hostescalation{}	ホスト通知でのエスカレーションルールの定義
サービスエスカレーション	define serviceescalation{}	サービス通知でのエスカレーションルールの定義
拡張ホスト情報	define hostextinfo{}	ホストのメモ、外部サイトへのURL、Webインタフェースで表示するアイコン画像などの定義
拡張サービス情報	define serviceextinfo{}	サービスメモ、外部サイトへのURL、Webインタフェースで表示するアイコン画像などの定義

●オブジェクト設定ファイル：objectsディレクトリの各ファイル

オブジェクト設定ファイルは、監視対象ホストや通知先など、Nagiosの設定の中でも実際の監視設定を行う部分です。

表4にオブジェクトの一覧と定義の記述、簡単な意味を掲載します[注8]。オブジェクト定義の記述はdefine **オブジェクト名 {}**で定義され、{}の間にはそのオブジェクトの特性を設定するためのディレクティブが入ります。

オブジェクト定義でも5章で 自動保存 と記載しているものは、メイン設定ファイルの「状態自動保存機能に関する設定」のuse_retained_program_state（**127ページ**参照）有効時に保存対象となるオプションです。

なお、**Appendix A**の導入手順では、サンプルのオブジェクト設定ファイルが「インストール先ディレクトリ/etc/objects/」ディレクトリにインストールされます（**表5**）。すべての機能を網羅したサンプル定義ではないのですが、監視を始めるにあたって必要な定義はされているので参考にするとよいでしょう。

監視の始め方

監視を始めるにあたって、メイン設定ファイルとCGI設定ファイルは最低限の設定はされており、インストール時のままで稼働します。Nagiosの挙動をより細かくコントロールしたい場合はメイン設定ファイルを、Webインタフェースの挙動はCGI設定ファイルを、本書の**3章**、**4章**を参考にしながら設定を行ってください。

次に、監視対象のオブジェクト定義を行いますが、オブジェクト定義は最低でもホスト、サービス、通知先、通知先グループの設定が1つ必要です。インストール時に付属しているサンプルのオブジェクト定義が参考になります。**5章**でも、ホストやサービスなどのオブジェクトの属性や、監視の動作を指定するディレクティブについて一つ一つ例を示しながら解説していますので、併せて参考にしてください。

注8　各オブジェクトについて詳細は5章で解説します。

表5　サンプルオブジェクト設定ファイル一覧

ファイル名	意味
localhost.cfg	localhost(127.0.0.1)のホスト、ホストグループ、サービス定義例
switch.cfg	スイッチングHUBのホスト、ホストグループ、サービス定義例
windows.cfg	Windows OSのホスト、ホストグループ、サービス定義例
contacts.cfg	通知先、通知先グループ定義例
printer.cfg	ヒューレット・パッカード製プリンタの監視例
commands.cfg	コマンド定義、通知コマンド、監視用コマンドの定義例
templates.cfg	テンプレート定義例
timeperiods.cfg	時間帯定義例

設定ファイルの記述ルール

Nagiosの設定ファイルの記述方法には、次の共通ルールがあります。

●メイン、CGI、リソース設定ファイルのルール

メイン、CGI、リソース設定ファイルには次のような共通ルールがあります。

❶設定項目名の前にスペースを入れてはならない

❷設定項目名の大文字小文字は区別される

❸#で始まる行はコメント行として扱われる

❹<設定項目名>=<設定値>という形式で記述する

●オブジェクト設定ファイルのルール

オブジェクト設定ファイルには次のようなルールがあります。

❶;以降の行はコメントとみなされて処理されない

❷#で始まる行はコメント行として扱われる

❸設定項目名の大文字小文字は区別される

❹複数定義できるものは,区切り、またはワイルドカード(*、!、メイン設定ファイルで有効にしている場合は正規表現)が利用できる

❺オブジェクト定義は**リスト1**の形式で記述される。空白はスペース、あるいはタブが使用でき、空白はいくつあってもよい

テンプレートとオブジェクトの継承

オブジェクト定義はテンプレートとして登録できます。詳細は**5章**のオブジェクトの継承設定の項を参照してください。

サンプルのオブジェクト定義のtemplate.cfgにテンプレートが定義されており、

リスト1 オブジェクト定義の形式

```
define <オブジェクト名 (host、serviceなど) > {
  <ディレクティブ1>   <設定値>
  <ディレクティブ2>   <設定値>
  ...
}
```

リスト2 localhostのホスト定義(localhost.cfg)

```
define host{
  use         linux-server   ←linux-serverというテンプレートを使用
  host_name   localhost
  alias       localhost
  address     127.0.0.1
}
```

ホストやサービスなどの定義で利用されているのがわかります。たとえば、localhost.cfgに記載されたlocalhost定義は**リスト2**の通りです。この定義ではlinux-serverというテンプレートを使用しています。

linux-serverの定義はtemplate.cfgに**リスト3**のように定義されています。ここに定義されている設定値がそのままlocalhostにも適用されます。

新たにホストを追加する場合はlocalhostの定義をコピーして、use以外の項目を変更するだけでホストの定義を行うことができます。サービスや通知先の定義についても、サンプルのテンプレートを使用することでひとまずの追加は行えます。

より詳細に定義を行いたい場合、各ディレクティブの意味を知りたい場合は、**5章**を参照してください。

コマンド定義とマクロ

コマンド定義と、その中で使われるマクロについて見ていきます。

●コマンド定義

Nagiosの監視部分は、前述の通りプラグインを使用します。プラグインはOSのコマンドの形式で配布されますが、Nagiosから利用するためにコマンド定義というオブジェクト定義を行います。そしてコマンド定義で定義したものを、さらにホストやサービスの定義でコマンド名として指定します。

たとえば、サンプルのコマンド定義ファイルのcommands.cfgに**リスト4**のよう

リスト3 linux-serverテンプレート定義（template.cfg）

```
define host{
    name                    linux-server
    use                     generic-host
    check_period            24x7
    check_interval          5
    retry_interval          1
    max_check_attempts      10
    check_command           check-host-alive
    notification_period     workhours
    notification_interval   120
    notification_options    d,u,r
    contact_groups          admins
    register                0
}
```

リスト4 コマンド定義check-host-alive（commands.cfg）

```
define command{
    command_name    check-host-alive
    command_line    $USER1$/check_ping -H $HOSTADDRESS$ -w 3000.0,80% -c 5000.0,100% -p 5
}
```

にcheck-host-aliveが定義されています。それをリスト3のホスト定義(テンプレート)で、check_commandにおいてコマンド名として指定しています。

コマンド定義のcommand_nameで設定したcheck-host-aliveを、ホスト定義のcheck_commandで指定することで、ホストにはcheck-host-aliveコマンドを使用し、check-host-aliveコマンドではプラグインcheck_pingを利用すると関連付けています。

● マクロ

OSのcheck_pingコマンドの呼び出され方は、コマンド定義ファイルのcommand_lineに記載されている形で呼び出されますが、リスト4を見てもわかるとおり$USER1$や$HOSTADDRESS$など$でくくられた文字があり、これを「マクロ」と言います。マクロはプログラミングで言うところの変数、定数のようなものです。マクロについては**Appendix B**に詳細を解説していますので参考にしてください。

次に、コマンド定義で多用するマクロに$ARG<N>$というマクロがあります。<N>には1〜32の数字が入りますが、これはサービスやホスト定義のcommand_lineからコマンド定義に引数を渡すために使用されます。たとえばlocalhost.cfgのSwap Usageというサービス定義を見てください(**リスト5**)。

この定義のcheck_commandにはcheck_local_swapが指定されており、さらに!で区切られて20と10という数値が入っています。!で区切ることでマクロ$ARG<N>$に値を入れることができます。<N>は!で区切られた左から順に1、2、3となり、最大32まで区切ることができます。

次にcheck_local_swapコマンドを見てみると、**リスト6**のようにcomamnd_lineに$ARG1$と$ARG2$が定義されています。

上記のSwap Usageの監視では20が$ARG1$に入り、10が$ARG2$に入ります。$USER1$はリソース設定ファイルに定義されています(詳細は**Appendix B**参照)。$USER1$はサンプル定義のresource.cfgに定義されていて「/usr/local/nagios/libexec」が定義されています。したがって、resource.cfgを利用している場合は、このSwap

リスト5 サービス定義(localhost.cfg)

```
define service{
    use                 local-service
    host_name           localhost
    service_description Swap Usage
    check_command       check_local_swap!20!10
}
```

リスト6 コマンド定義のcheck_local_swapコマンド

```
define command{
    command_name    check_local_swap
    command_line    $USER1$/check_swap -w $ARG1$ -c $ARG2$
}
```

第1章 Nagiosクイックスタート

Usageの監視はOSコマンドレベルでは次のように動作します。

```
$ /usr/local/nagios/libexec/check_swap -w 20 -c 10
```

閾値フォーマットについて

プラグインでは、WARNINGやCRITICALの範囲を決める閾値（いきち）という数値があります。一部のプラグインでは、Nagiosプラグインの開発ガイドライン[注9]に掲載されている「閾値フォーマット」(Threshold)による範囲指定ができます。閾値フォーマットによる範囲指定の方法は**表6**のとおりです[注10]。

設定の反映方法

設定を反映するには、Nagiosデーモンを再起動するかHUPシグナルを送って設定を再読み込みする必要があります。

設定反映の前に、次のコマンドで設定に誤りがないかチェックします。

```
# /usr/local/nagios/bin/nagios -v /usr/local/nagios/etc/nagios.cfg
中略
Total Warnings: 0
Total Errors:   0
```

Total Errorsが0であれば設定ファイルにNagiosデーモンが起動できないような致命的な誤りがないため、Nagiosを次のコマンドで再起動します。

```
# /etc/init.d/nagios restart
Running configuration check...done.
Stopping nagios: done.
Starting nagios: done.
```

注9 http://nagiosplug.sourceforge.net/developer-guidelines.html
注10 閾値フォーマットのより詳しい説明は、Nagiosプラグインの開発ガイドラインも参照してください。
      http://nagiosplug.sourceforge.net/developer-guidelines.html#THRESHOLDFORMAT

表6　閾値フォーマットによる範囲指定の方法

フォーマット	例	意味
数値	10	10＝正常、10以外＝異常
~:数値	:10	10以下＝正常、10より大きい＝異常
数値:	10:	10以上＝正常、10より小さい＝異常
数値:数値	10:20	10以上20以下＝正常、それ以外＝異常
@数値:数値	@10:20	10以上20以下＝異常、それ以外＝正常

Webインタフェースの種類

NagiosにはWebインタフェースが付属しています。**Appendix A**のインストール手順のとおりの導入すると、http://<インストールホスト>/nagios/ で表示されます(**図10**)。

プラグインのオプションと設定ファイルの設定項目トップページの左側フレームに各画面へのリンクがあります。それぞれ**表7～10**のような機能です。

上記以外に、各状態表示画面からサービス、あるいはホストをクリックすることでホストおよびサービスの詳細画面を表示できます(前掲図3参照)。そこには監視の状況の詳細や、**5章**のホストあるいはサービスのオブジェクト定義で 自動保存 となっている項目の設定変更、ダウンタイム、コメント、認知済みフラグの付与が行えます。

図10 NagiosのWebインタフェースのトップページ

表7 Webインタフェースにあるリンクの意味(General)

表記	機能
Home	トップページへのリンク
Documentation	Nagios 3のドキュメントページ

表8　Webインタフェースにあるリンクの意味（Current Status）

表記	機能
Tactical Overview	監視項目全体の状態を俯瞰するためのページ。状態ごとに件数を集計して表示
Map	監視対象ホストの親子関係の定義（parents）を反映させた階層図を表示
Hosts	全監視対象ホストの状態一覧を表示
Services	全監視対象ホストと付随するサービスの状態を一覧表示
Host Groups	ホストグループ単位でまとめた表形式で表示。各ホストの状態表示およびサービスを状態別に集計して表示
Summary	ホストグループ単位でまとめて一覧表形式で表示。各ホストの状態表示およびサービスを状態別に集計して表示
Grid	ホストグループ単位でまとめた表形式で表示。各ホストのサービスをグリッド形式で一覧表示
Service Groups	サービスグループ単位でまとめた表形式で表示。各ホストの状態表示およびサービスを状態別に集計して表示
Summary	サービスグループ単位でまとめて一覧表形式で表示。各ホストの状態表示およびサービスを状態別に集計して表示
Grid	サービスグループ単位でまとめた表形式で表示。各ホストのサービスをグリッド形式で一覧表示
Problems	OK、UP以外の状態であるホストおよびサービスを一覧表示
Services	障害中のサービスを一覧表示
(Unhandled)	障害中のサービスおよびホストで「認知済み」「ダウンタイム中」のフラグが立っているものを除外して表示
Hosts	障害中のホストを一覧表示
(Unhandled)	障害中のホストで「認知済み」「ダウンタイム中」を除外して表示
Network Outages	ホスト定義の親子関係（parents）を考慮し、障害が子ホストにどの程度影響を与えているかを表示
Quick Search:	ホスト名を前方一致で検索し、マッチした1件を「Services」形式で表示

表9　Webインタフェースにあるリンクの意味（Reports）

表記	機能
Availability	稼働レポート。指定期間中の各監視対象の各状態の発生率を表示
Trends	傾向レポート。指定期間中の各監視対象の状態変化状況を時系列グラフで表示
Alerts	すべてのホスト、サービスの障害発生ログを表示
History	メニューは分かれているがAlertsと同じリンク先ですべての監視対象のイベントログを表示
Summary	指定期間の障害発生トップN(Nは数字)をレポート
Histogram	ヒストグラムレポート。指定期間中の監視対象の障害発生回数を状態別にグラフ化
Notifications	障害発生時に通知の送信ログを表示
Event Log	全イベントログを表示

表10 Webインタフェースにあるリンクの意味（System）

表記	機能
Comments	監視対象にWebインタフェースからコメントを登録した場合のそのコメントの一覧表示およびコメントの登録
Downtime	監視対象のダウンタイムの登録および一覧表示
Process Info	nagiosプロセスの状態および、再起動、3章のメイン設定ファイルで自動保存とされている機能の有効／無効の設定
Performance Info	snagiosプロセスのパフォーマンス情報、監視の統計情報の表示
Scheduling Queue	監視スケジュールの表示
Configuration	オブジェクト定義設定内容の表示

第2章
Nagios標準プラグイン

PINGによる死活監視
ネットワークサービスのポート監視
ネットワークアプリケーションの監視
SNMPを利用した監視
Linux系リモートホストの監視
データベースサービスの監視
Linux（UNIX系）サーバリソース監視
Windowsの監視
Nagiosの監視補助ユーティリティ

PINGによる死活監視

はじめに、最も基本的なPINGによるホストの死活監視を行うためのプラグインを紹介します。ホストの死活監視のプラグインとして、あるいはサービスのPING応答速度の監視などに利用します。

check_ping
pingコマンドを利用した死活監視

構文

check_ping [-H] <対象ホスト> -w <WARNING RTA閾値>,<WARNINGパケットロス閾値>% -c <CRITICAL RTA閾値>,<CRITICALパケットロス閾値>% [省略可能なオプション]

オプション

-H <アドレス>	監視対象ホストを指定する。check_ping <アドレス>のように -Hは省略可能
-w <RTA>,<パケットロス>%	WARNING閾値を指定する。<RTA>は応答速度の平均応答時間（ミリ秒単位）を指定し、<パケットロス>%はパケットロスのパーセンテージを指定する(%は必須)。RTAあるいはパケットロスがこの値より大きくなった場合に異常を検出する
-c <RTA>,<パケットロス>%	CRITICAL閾値を指定する。指定方法はWARNING閾値と同じ
-4	IPv4接続を行う。省略時には-Hで指定した対象ホストアドレスがIPv4アドレスであれば-4が、IPv6アドレスであれば-6が付与される
-6	IPv6接続を行う。省略時は-4の省略時と同様-Hで指定したアドレスにより決まる
-p <パケット数>	ICMP ECHOパケットの数を指定する。省略時は5回
-L	プラグインの出力結果をHTMLで出力し、traceroute.cgiへのリンクを表示する。プラグインヘルプによるとこのオプションは廃止予定
-t <タイムアウト値(秒)>	タイムアウト値を秒単位で指定する。省略時は10秒

解説

pingコマンドを利用したネットワーク機器の死活監視を行うための基本的なプラグインです。RTAとパケットロスのパーセンテージで障害を検出します。

Nagiosをインストールしたときのサンプルオブジェクト定義で、ホスト監視用のcheck-host-aliveやcheck_pingはこのプラグインを利用しています。

第2章 Nagios標準プラグイン

例1　Pingコマンドでホストの死活監視をする

Nagiosホストのコマンド定義

```
define command{
  command_name  check-host-alive
  command_line  $USER1$/check_ping -H $HOSTADDRESS$ -w 3000.0,80% -c 5000.0,100% -p 5
}
```

Nagiosホストのホスト定義

```
define host{
  use             linux-server
  host_name       web1
  check_command   check-host-alive
  alias           web-server1
  address         192.0.2.8
}
```

　インストール時に含まれるサンプルのオブジェクト設定ファイルに定義されているホストチェック用のcheck-host-aliveはこのようになっています。pingの送出先は$HOSTADDRESS$マクロを利用しており、ホスト定義のweb1の「address」の設定値192.0.2.8が渡されます。

　WARNING閾値はRTAが3000ms以上、パケットロスが80%以上(-w)、CRITICAL閾値はRTAが5000ms以上、あるいはパケットロスが100%(-c)と比較的大きな値になっています。なお、パケットの送出回数は5回(-p)です。

例2　Pingコマンドでサービス監視をする

Nagiosホストのコマンド定義

```
define command{
  command_name  check_ping
  command_line  $USER1$/check_ping -H $HOSTADDRESS$ -w $ARG1$ -c $ARG2$ -p 5
}
```

Nagiosホストのサービス定義

```
define service{
  use                  generic-service
  host_name            web1
  service_description  PING
  check_command        check_ping!100.0,20%!500.0,60%
}
```

　サービス監視用のcheck_pingコマンドを見てみます。ホストの引数はサービスでも$HOSTADDRESS$が利用できます。サービスとしてのping監視はサービス定義で指定することで、WARNING閾値とCRITICAL閾値を監視対象によって変更できるようになっています。この例ではweb1のping監視のWARNING閾値は100.0ms以上のRTAあるいは20%のパケットロス(-w)、CRITICALは500.0ms以上のRTAあるいは60%のパケットロス(-c)となっています。

check_fping
fpingコマンドを使った高速ping監視

構文

check_fping [-H] <ホストアドレス> [省略可能なオプション]

オプション

-H <アドレス>		監視対象のホスト名あるいはアドレスを指定する。ホスト名よりIPアドレスを指定するほうが名前解決を行わないためシステム負荷が低い。-H自体は省略可能
-w <RTA>,<パケットロス>%		WARNING閾値を指定する。<RTA>は応答時間(ミリ秒単位)の平均値を指定し、<パケットロス>%はパケットロスのパーセンテージを指定する(%は必須)。RTAあるいはパケットロスがこの値より大きくなった場合に異常を検出する。省略時にはRTA値とパケットロスによるWARNING判定を行わない
-c <RTA>,<パケットロス>%		CRITICAL閾値を指定する。指定方法はWARNING閾値と同じ。省略時にはRTAによる判定を行わず、パケットロスが100%の場合にのみCRITICALを判定する
-b <パケットサイズ>		ICMPパケットのサイズを指定する。省略時は56
-n <送出回数>		ICMPパケット送出回数を指定します。省略時は1
-T <タイムアウト値(ms)>		ICMPのターゲットタイムアウトを時間をミリセカンドで指定する。省略時は500ms
-i <送出間隔(ms)>		パケット送出間隔をミリセカンドで指定する。省略時は1000ms
-v		このプラグイン発行時の経過を詳細に表示する。デバッグ用に利用できる

解説

ICMP ECHO_REQUESTツールのfpingコマンドを使ったホストの死活監視、ネットワーク速度の監視を行います。Nagiosインストール時に付属するサンプル設定のPING監視のコマンド定義(check-host-alive)は、pingコマンドを使用するcheck_pingを使用していますが、ホスト数が多い場合にはこのcheck_fpingに置き換え、パラメータを調整するとパフォーマンスが上がる可能性があります。

例　fpingコマンドでホスト監視を高速に行う

Nagiosホストのコマンド定義

```
define command{
  command_name    check-host-alive2
  command_line    $USER1$/check_fping -H $HOSTADDRESS$ -w 3000.0,80% -c 5000.0,100% -n 1
}
```

第2章 Nagios標準プラグイン

Nagiosホストのホスト定義

```
define host{
    use                 linux-server
    host_name           web1
    check_command       check-host-alive2
    alias               web-server1
    address             10.211.55.8
}
```

　web1のホスト監視を、check_fpingを利用したcheck-host-alive2を作成して設定しています。check_fpingを使用して回数を1回に減らす(-n)ことで、ホストチェックを高速化しています。

check_icmp
icmpサービスを監視

構文

check_icmp [省略可能なオプション] [-H] <ホスト1> [<ホスト2>] [<ホスト3>] [<…>]

オプション

-H <アドレス> [<アドレス>] [<…>]	監視対象ホストを1つ以上指定。複数指定する場合はスペース区切りで指定する。-H自体は省略可能
-w <数値>,<数値%>	WARNING閾値を<RTA>,<パケットロス>%の形式で指定する。<RTA>はラウンドトリップの応答時間(ミリ秒単位)を指定し、<パケットロス>%はパケットロスのパーセンテージを指定する(%は必須)。RTAあるいはパケットロスがこの値より大きくなった場合に異常を検出する。省略時は200.00msのRTAあるいは40%のパケットロス値が使用される
-c <数値>,<数値%>	CRITICAL閾値を指定する。指定方法はWARNING閾値と同じ。省略時は500.000msのRTAあるいは80%のパケットロス値が使用される
-s <IPアドレス>	ICMPパケット送出時のソースIPアドレスを指定する。指定するIPアドレスはNagiosホストに付与されている必要がある。省略時はOSに付与されたIPアドレスが使用される
-n <送出回数>	送出パケット数を指定する。省略時は5パケット
-m <ホスト数>	複数のホストを指定した場合、いくつのホストが応答を返すとOKとするか指定する。省略時はすべてのホストに応答ある場合にOKとする
-l <TTL値>	送出パケットのTTLを指定する。省略時は0に設定され、OSの初期値が指定される
-t <タイムアウト秒数>	パケットが帰ってくるまでのタイムアウトを秒で指定する。省略時は10秒

-b <データサイズ>	ICMPのデータサイズを指定する。省略時は56。パケットサイズはこのデータサイズとICMPヘッダの8バイトを足した値になる
-v	冗長な出力を得られる。vの数を増やすことで冗長度合いを変化させられる。デバッグ時に有用

解説

1つまたは複数のホストのICMP ECHOをチェックし、ホストの死活監視を行います。check_ping（**20ページ**参照）と異なり複数のホストを同時に設定できます。

ICMPパケットの詳細も設定可能です。たとえば複数のネットワークに接続されたサーバを監視する際には、1サービスにつき1つのIPアドレスしか指定できないcheck_pingよりも、このcheck_icmpを利用すると監視設定数を少なくすることができます。注意したいのは、指定するIPアドレスはいずれもNagiosホストから到達可能である必要がある点です。

このコマンドの注意点として、省略可能オプションが対象ホストの指定より前に来る必要があります。

例　複数のIPアドレスを監視する

Nagiosホストのコマンド定義

```
define command {
  command_name   check_icmp_multi
  command_line   $USER1$/check_icmp $ARG1$
}
```

Nagiosホストのサービス定義

```
define service{
  use                  generic-service
  host_name            web1
  service_description  SERVERS ALIVE
  check_command        check_icmp_multi!$HOSTADDRESS$ 192.0.2.10 192.168.0.10
}
```

この例ではホストweb1の2つのIPアドレスいずれかが疎通できない場合はCRITICALとなります。

第2章 Nagios標準プラグイン

ネットワークサービスのポート監視

　ネットワークサービスは特定のポートがオープンしているかどうか、およびオープンしているポートから送出される何らかの応答文字列が意図したものであるかをチェックすることで死活監視が行えます。そのようなポート監視を行うためのプラグインが、check_tcpとその派生コマンドです。

check_tcp
任意のTCPポートを監視

構文

check_tcp [-H] <ホスト> [省略可能なオプション]

オプション

オプション	説明
-H <アドレス>	監視対象のIPアドレス、ホスト名、ソケットの絶対パスを指定する。check_tcp <アドレス>のように-Hは省略可能
-p <ポート番号>	ポート番号を指定する。省略時にはポート0が指定される
-4	IPv4接続を行う。省略時には-Hで指定した対象ホストアドレスがIPv4アドレスであれば-4が、IPv6アドレスであれば-6が付与される
-6	IPv6接続を行う。省略時は-4の省略時と同様、-Hで指定したアドレスにより決まる
-E	送出文字列と終了文字列を送出する際に、\n、\r、\t、/を使用できるようにする。省略時は送出文字列では何もせず、切断時文字列の最後に\r\nを付与する。このオプションは-s、-qの前に来る必要がある
-s <送出文字列>	サーバへ送出する文字を指定する。サーバへの接続時に送出されるため、サーバ応答後の文字列は送信できない。省略時は何も送出しない
-e <期待文字列>	サーバからの最初の応答で正常とする文字列を指定する。省略時は「OK」文字列。-e abc -e defのように複数回も指定できる。このオプションは複数回使用できる
-A	-eを複数指定した場合、すべてマッチする場合にOKとする。省略時はいずれかがマッチすればOKになる
-q <切断文字列>	切断時の送出文字列を指定する。省略時は何も送信されない
-r <ok|warn|crit>	TCP接続が拒否された場合の状態を指定する。省略時はCRITICAL
-M <ok|warn|crit>	サーバからの応答文字が-eで指定した文字列にマッチしない場合の状態を指定する。省略時はWARNING
-j	TCPソケット接続時の取得文字列を隠す

オプション	説明
-m <受信データ量(バイト)>	受信するデータ量の最大値を1以上のバイト数で指定する。省略時はすべて受信する
-d <待機時間(秒)>	-sで指定した送信文字列を送信する前の待ち時間を秒で指定する。省略時は即座に送信される
-D <日数>	SSLを使用する場合のサーバ証明書の有効期限をチェックする。有効期限がここで指定した日数分残っていない場合はWARNINGになる。有効期限が残っている場合は通常の接続応答監視を行う。省略時には証明書の有効期限チェックは行わない。また、内部的に-Sも指定される
-S	Over SSLでの接続を行う。注意したいのはSTARTTLSではないという点。-pを指定してOver SSL用のポートを指定する必要がある
-w <応答速度(秒)>	指定ポートの応答速度のWARNING閾値を秒で指定する。-w、-cともに指定しない場合は応答速度による監視は行わない
-c <応答速度(秒)>	指定ポートの応答速度のCRITICAL閾値を秒で指定する。-w、-cともに指定しない場合は応答速度による監視は行わない
-t <タイムアウト値(秒)>	指定ポートの応答タイムアウト閾値を秒で指定する。省略時は10秒
-v	コマンドラインでのデバッグのための出力を行う

解説

check_tcpはTCPの任意のポートがオープンしているかどうか、ポート監視を行うための汎用的なプラグインです。check_ftp、check_imap、check_simap、check_pop、check_spop、check_ssmtp、check_nntp、check_nntps、check_clamd、check_jabber、check_udpはこのプラグインへのリンクとなっており、プラグインファイル名に応じて、デフォルトの接続ポート、送信文字列(jabberサーバのPINGなど)、切断文字列(IMAPのa1 LOGOUT¥r¥nなど)、必須項目が内部的にそのサービスに対応するようになっています。そのため、どのプラグインもオプションは同じです。

これらのプラグインのオプションはcheck_tcpに掲載し、残りのプラグインはそのプラグイン特有の省略時の値を掲載します。

例1　Telnetサーバを監視する

Nagiosホストのコマンド定義
```
define command{
  command_name    check_tcp
  command_line    $USER1$/check_tcp -H $HOSTADDRESS$ -p $ARG1$ $ARG2$
}
```

> **Nagios ホストのサービス定義**
```
define service{
  use                  generic-service
  host_name            web1
  service_description  Telnet
  check_command        check_tcp!23
}
```

　この例では、Telnet ポート（23/TCP）がオープンしているかどうか監視を行います（-p）。接続できない場合に CRITIAL を検出します。この例ではサービス定義で第1引数にポート番号だけを指定し、23番ポートが開いており応答があれば正常とします。コマンド定義には第2引数を持つように指定していますが、この例のように指定していない場合は第2引数には何も入りません。

例2　Telnet サーバの応答速度を監視する

> **Nagios ホストのサービス定義**
```
define service{
  use                  generic-service
  host_name            web1
  service_description  Telnet2
  check_command        check_tcp!23!-w 0.5 -c 1
}
```

　コマンド定義は例1と同じものを使用しますが、サービス定義の -w 0.5 -c 1 というオプションを $ARG2$ に指定することで、反応速度が 0.5 秒以上であれば WARNING、1 秒以上であれば CRITICAL を検出します。

check_ftp
FTP サーバを監視

構文

check_ftp [-H] <ホスト> [省略可能なオプション]

オプション

　付与可能なオプションは check_tcp（**25 ページ**参照）と同じですが、省略時の値が次のようになります。

-p 21	ポート番号が 21/TCP
-e 220	期待する応答が 220
-q quit¥r¥n	切断コマンドが quit¥r¥n

解説

　FTP サービス（21/TCP）の監視を行います。基本的には check_tcp と同じ動きをしますが初期値が FTP 用に設定されています。

例　FTPサーバを監視する

Nagiosホストのコマンド定義

```
define command{
  command_name    check_ftp
  command_line    $USER1$/check_ftp -H $HOSTADDRESS$ $ARG1$
}
```

Nagiosホストのサービス定義

```
define service{
  use                 generic-service
  host_name           web1
  service_description FTP
  check_command       check_ftp
}
```

ホスト web1 の FTP サービスを監視する例です。応答が 220 以外の場合は WARNING、接続できない場合は CRITICAL を検出します。

check_imap
IMAP サーバを監視

構文

```
check_imap [-H] <ホスト> [省略可能なオプション]
```

オプション

付与可能なオプションは check_tcp（**25ページ**参照）と同じですが、省略時の値が次のようになります。

-p 143	ポート番号が 143/TCP
-e "* OK"	期待する応答が任意の文字列 OK
-q "a1 LOGOUT¥r¥n"	切断コマンドが a1 LOGOUT¥r¥n

解説

IMAP（143/TCP）ポートの監視です。基本的には check_tcp と同じですが、IMAP サーバ用の初期値になっています。

例　IMAPサーバを監視する

Nagiosホストのコマンド定義

```
define command{
  command_name    check_imap
  command_line    $USER1$/check_imap -H $HOSTADDRESS$ $ARG1$
}
```

Nagios ホストのサービス定義

```
define service{
  use                  generic-service
  host_name            web1
  service_description  IMAP
  check_command        check_imap
}
```

ホスト web1 の IMAP サービスを監視する例です。応答が任意の文字列 OK 以外の場合は WARNING、接続できない場合は CRITICAL を検出します。

check_simap
IMAP over SSL サーバを監視

構文

check_simap [-H] <ホスト> [省略可能なオプション]

オプション

付与可能なオプションは check_tcp（**25 ページ**参照）と同じですが、省略時の値が次のようになります。

-p 993	ポート番号が 993/TCP
-e "* OK"	期待する応答が任意の文字列 OK
-q "a1 LOGOUT¥r¥n"	切断コマンドが a1 LOGOUT¥r¥n
-S	SSL 接続を行う

解説

IMAP over SSL サーバを監視するためのプラグインですが、内容は check_imap コマンドからポートを 993 にし、SSL 接続するようにしたのと同じです。STARTTLS で実装された SSL 接続ではない点に注意してください。

例　IMAP over SSL サーバを監視する

Nagios ホストのコマンド定義

```
define command{
  command_name  check_simap
  command_line  $USER1$/check_imap -H $HOSTADDRESS$ $ARG1$
}
```

Nagios ホストのサービス定義

```
define service{
  use         generic-service
  host_name   web1
```

(次ページに続く)

```
    service_description    IMAPS
    check_command          check_simap
}
```

ホスト web1 の IMAPS サービスを監視する例です。応答が任意の文字列 OK 以外の場合は WARNING、接続できない場合は CRITICAL を検出します。

check_pop
POP3 サーバを監視

構文

check_pop [-H] <ホスト> [省略可能なオプション]

オプション

付与可能なオプションは check_tcp（**25 ページ**参照）と同じですが省略時の値が次のようになります。

-p 110		ポート番号が 110/TCP
-e "+OK"		期待する応答が**任意の文字列 OK**
-q "QUIT¥r¥n"		切断コマンドが QUIT¥r¥n

解説

POP3（110/TCP）ポートの監視コマンドです。基本的には check_tcp と同じですが POP3 サーバ用の初期値になっています。

例　POP サーバを監視する

Nagios ホストのコマンド定義

```
define command{
  command_name   check_pop
  command_line   $USER1$/check_pop -H $HOSTADDRESS$ $ARG1$
}
```

Nagios ホストのサービス定義

```
define service{
  use                   generic-service
  host_name             web1
  service_description   POP
  check_command         check_pop
}
```

ホスト web1 の POP サービスを監視する例です。応答が +OK 以外の場合は WARNING、接続できない場合は CRITICAL を検出します。

check_spop
POP over SSL サーバを監視

構文

check_spop [-H] <ホスト> [省略可能なオプション]

オプション

付与可能なオプションはcheck_tcp（**25ページ**参照）と同じですが、省略時の値が次のようになります。

-p 995	ポート番号が995/TCP
-e "+OK"	期待する応答が任意の文字列 OK
-q "QUIT¥r¥n"	切断コマンドがQUIT¥r¥n
-S	SSL接続を行う

解説

　POP over SSLサーバを監視するためのプラグインです。check_simapと同じようにこちらも内部的にはcheck_popコマンドにポートを995にし、SSL接続するようにしているコマンドです。同様に、STARTTLSで実装されたSSL接続ではない点に注意してください。

例　　POP over SSL サーバを監視する

Nagios ホストのコマンド定義
```
define command{
  command_name  check_spop
  command_line  $USER1$/check_spop -H $HOSTADDRESS$ $ARG1$
}
```

Nagios ホストのサービス定義
```
define service{
  use                  generic-service
  host_name            web1
  service_description  POPS
  check_command        check_spop
}
```

　ホストweb1のPOPSサービスを監視する例です。応答が+OK以外の場合はWARNING、接続できない場合はCRITICALを検出します。

check_ssmtp
SMTPS サーバを監視

構文

check_ssmtp [-H] <ホスト> [省略可能なオプション]

オプション

付与可能なオプションは check_tcp（**25 ページ**参照）と同じですが、省略時の値が次のようになります。

-p 465	ポート番号が 465/TCP
-e 220	期待する応答が 220
-q "QUIT¥r¥n"	切断コマンドが QUIT¥r¥n
-S	SSL 接続を行う

解説

SMTP over SSL サーバを監視するためのプラグインです。内部的には check_tcp ですが、省略時の値が上記のように変更されています。Over SSL の接続ですので STARTTLS には対応していません。SMTP の監視に限って check_smtp（**44 ページ**参照）という check_tcp の派生プラグインではないプラグインがあり、STARTTLS はこちらで対応しています。

例　SMTP over SSL サーバを監視する

Nagios ホストのコマンド定義

```
define command{
  command_name  check_spop
  command_line  $USER1$/check_ssmtp -H $HOSTADDRESS$ $ARG1$
}
```

Nagios ホストのサービス定義

```
define service{
  use                  generic-service
  host_name            web1
  service_description  SMTPS
  check_command        check_ssmtp
}
```

ホスト web1 の SMTP サービスを監視する例です。応答が 220 以外の場合は WARNING、接続できない場合は CRITICAL を検出します。

check_nntp
NNTP(ニュース)サーバを監視

構文

check_nntp [-H] <ホスト> [省略可能なオプション]

オプション

付与可能なオプションはcheck_tcp(**25ページ**参照)と同じですが、省略時の値が次のようになります。

-p 119	ポート番号が119/TCP
-e "200"	期待する応答が200
-e "201"	期待する応答が上記に加えて201
-q "QUIT¥r¥n"	切断コマンドがQUIT¥r¥n

解説

NNTP(119/TCP)ポートの監視コマンドです。基本的にはcheck_tcpと同じですがニュースサーバ用の初期値になっています。ニュースサーバの応答は200を応答するものと201を応答するものがあるため、初期値で-eオプションが2回付けられています。

例　NNTPサーバを監視する

Nagiosホストのコマンド定義
```
define command{
  command_name   check_nntp
  command_line   $USER1$/check_nntp -H $HOSTADDRESS$ $ARG1$
}
```

Nagiosホストのサービス定義
```
define service{
  use                 generic-service
  host_name           web1
  service_description NNTP
  check_command       check_nntp
}
```

ホストweb1のNNTPサービスを監視する例です。応答が200または201以外の場合はWARNING、接続できない場合はCRITICALを検出します。

check_nntps
NNTP over SSL(ニュース)サーバを監視

構文

check_nntps [-H] <ホスト> [省略可能なオプション]

オプション

付与可能なオプションはcheck_tcp(**25ページ**参照)と同じですが、省略時の値が次のようになります。

-p 563	ポート番号が563/TCP
-e "200"	期待する応答が200
-e "201"	期待する応答が上記に加えて201
-q "QUIT¥r¥n"	切断コマンドがQUIT¥r¥n

解説

NNTP over SSL(563/TCP)ポートの監視コマンドです。ほかのcheck_tcp系のOver SSL監視コマンドと同じくcheck_nntpのポート番号を変更し、SSL接続を行うコマンドです。

例　NNTP over SSL サーバを監視する

Nagiosホストのコマンド定義

```
define command{
  command_name  check_nntps
  command_line  $USER1$/check_nntps -H $HOSTADDRESS$ $ARG1$
}
```

Nagiosホストのサービス定義

```
define service{
  use                  generic-service
  host_name            web1
  service_description  NNTPS
  check_command        check_nntp
}
```

ホストweb1のNNTPSサービスを監視する例です。応答が200または201以外の場合はWARNING、接続できない場合はCRITICALを検出します。

check_clamd
ウィルススキャナ clamd を監視

構文

check_clamd [-H] <ホスト> [省略可能なオプション]

オプション

付与可能なオプションはcheck_tcp（**25ページ参照**）と同じですが、省略時の値が次のようになります。

-p 3310	ポート番号が 3310/TCP
-s PING	送出文字列が PING
-e PONG	期待する応答が PONG
-q NULL	切断のための送信文字はセットしない

解説

ClamAV（clamdデーモン）というウィルススキャナのリモートからの接続ポートである 3310 番ポートを監視します。基本的には check_tcp コマンドと同じ動きをしますが、初期値が上記のように clamd 用に設定されています。リモート接続しないような clamd の場合は監視対象ホストにプラグインを導入して NRPE 経由で監視するとよいでしょう。

例1　ClamAV サーバを監視する

Nagios ホストのコマンド定義

```
define command{
  command_name    check_clamd
  command_line    $USER1$/check_clamd -H $HOSTADDRESS$ $ARG1$
}
```

Nagios ホストのサービス定義

```
define service{
  use                   generic-service
  host_name             web1
  service_description   CLAMD
  check_command         check_clamd
}
```

監視対象ホストの clamd サーバを監視します。

例2　ClamAVサーバをNRPE経由で監視する

監視対象ホストのnrpe.cfg定義
```
command[check_clamd]=/usr/local/nagios/libexec/check_clamd -H /var/run/clamav/clamd.ctl
```

Nagiosホストのサービス定義
```
define service{
  use                 generic-service
  host_name           web1
  service_description LOCAL CLAMD
  check_command       check_nrpe!check_clamd
}
```

　監視対象ホストのclamdをNRPE経由で監視します。NRPEの設定でcheck_clamdを呼び出し、check_clamdで監視対象ホストのclamdのソケットファイルを指定します。

check_jabber
jabberサーバを監視

構文

check_jabber [-H] <ホスト> [省略可能なオプション]

オプション

　付与可能なオプションはcheck_tcp(**25ページ**参照)と同じですが、省略時の値が次のようになります。

-p 5222
　　ポート番号が5222/TCP

-s "<stream:stream to=¥'host¥' xmlns=¥'jabber:client¥' xmlns:stream=¥'http://etherx.jabber.org/streams¥'>¥n"
　　送信文字列がJabber用の送信文字列

-e "<?xml version=¥'1.0¥'?><stream:stream xmlns=¥'jabber:client¥' xmlns:stream=¥'http://etherx.jabber.org/streams¥'"
　　期待する応答がJabber用の応答文字列

-q "</stream:stream>¥n"
　　終了時の送信文字列がJabber用の文字列

解説

　インスタントメッセージングサービスのjabberサーバ(5222/TCP)を監視するためのプラグインです。このプラグインもcheck_tcpのリンクコマンドで、オプションの省略時の値が上記のようなjabber用になります。

第2章 Nagios標準プラグイン

例 jabberサーバを監視する

Nagiosホストのコマンド定義
```
define command{
  command_name    check_jabber
  command_line    $USER1$/check_jabber -H $HOSTADDRESS$ $ARG1$
}
```

Nagiosホストのサービス定義
```
define service{
  use                   generic-service
  host_name             web1
  service_description   JABBER
  check_command         check_jabber
}
```

ホストweb1のjabberサービスを監視する例です。応答が200または201以外の場合はWARNING、接続できない場合はCRITICALを検出します。

check_udp
任意のUDPポートを監視

構文

check_udp [-H] <ホスト> -p <ポート番号> -s <送出文字列> -e <期待文字列> [省略可能なオプション]

オプション

check_tcp（**25ページ**参照）と同じですが、内部処理的にプロトコルがTCPではなくUDPで処理されます。また、-p、-s、-eオプションが必須となります。

解説

任意のUDPポートの監視を行います。UDP監視には、-sの送出文字列、-eの期待文字列、-pのポート番号の3つは最低限設定する必要があります。

例 UDPポートを監視する

Nagiosホストコマンド定義
```
define command{
  command_name    check_udp2
  command_line    $USER1$/check_udp -H $HOSTADDRESS$ -s $ARG1$ -e $ARG2$ -p $ARG3$ $ARG4$
}
```

Nagios ホストサービス定義

```
define service{
  use                 generic-service
  host_name           web1
  service_description UDP53
  check_command       check_udp2!"A www.example.com."!!53
}
```

　web1ホストのDNSサービスのポートが空いているかどうか(-p)の監視をcheck_udpで行う例です。送出文字列にDNSのクエリ文字列("A www.example.com.")を送信し、なんらかの応答があることを確認しています。

IPv4/IPv6両方のアドレスから監視する Column

　一部のチェックコマンドやアドオンで制限があるものの、NagiosもIPv6ホストの監視に対応しています。IPv4アドレスの枯渇が騒がれる中、IPv6の検証や導入を行う機会も増え、同一のホストにIPv4、IPv6アドレス両方を割り当てることも多いです。このようなホストに対して、Nagiosでどう監視するとよいでしょうか。

●IPv4とIPv6を異なるホストとして設定する

　IPv4はwww.example.com_ipv4、IPv6はwww.example.com_ipv6のような名称で、Nagios上ではそれぞれ異なるホストとして設定する方法です。IPv4とIPv6では上流のネットワーク機器が異なったりすることもあるので、親子関係をうまく設定したい場合はこの方法が良いでしょう。

●IPアドレスを指定できるチェックコマンドを定義し、その中でIPv6アドレスを指定する

　Nagiosへはwww.example.comというIPv4のホストだけ設定し、IPv6で監視したいサービスのみをアドレス指定ができる監視コマンドで設定するというものです。あくまでもIPv4がメインで、IPv6は限定的な利用の場合はNagios上でホストが増えないのですっきりします。

●同一のホストなので、IPv4だけ監視する

　「物理的に同じサーバで同じデーモンが稼働しているのだから、IPv4だけ監視すればよい」という考えもあります。たしかにそうなのですが、過去にLinuxサーバのip6tablesの設定ミスでIPv6でサービスが提供できていなかった経験があります。幸い、そのサーバは実験的な運用だったので問題ありませんでしたが、確実に提供したいサービスはIPv4とIPv6の両方でしっかりと監視しておきたいものです。

　なお、NRPEは執筆時点最新の2.12でもIPv6に未対応ですので注意が必要です。

ネットワークアプリケーションの監視

　check_tcpとその派生コマンドは、ポートの状態と応答による判断でしたが、より深くネットワークサービスを監視するために、各ネットワークアプリケーションに特化した監視プラグインがあります。それらの監視プラグインを紹介します。

check_http
Webサーバを監視

構文

check_http ([-H] <バーチャルホスト>|[-I] <IPアドレス>) [省略可能なオプション]

オプション

-H <アドレス>	監視対象のIPアドレス、ホスト名を指定する。ここで指定したホスト名がサーバへリクエスト時のHostヘッダで送信される。そのため名前ベースのバーチャルホストにおいてそれぞれのバーチャルホストを監視する場合に利用できる。-pオプションでポート番号を指定した際は、ポート番号が付加されて送信される（例：example.com:8080）。-Hあるいは-Iどちらかが必須。-H、-I自体を省略してcheck_http <アドレス>と記載すると-Iが使用される
-I <アドレス>	IPアドレスかホスト名を指定する。-HはHostヘッダが付与されるのに対しこちらはHostヘッダが付与されない。ホスト名指定の場合はDNSで名前解決できる必要がある。-Hあるいは-Iどちらかのオプションが必須
-p <ポート番号>	ポート番号を指定。省略時は80
-4	IPv4接続を行う。省略時には-H、-Iで指定した対象ホストアドレスがIPv4アドレスであれば-4が、IPv6アドレスであれば-6が付与される
-6	IPv6接続を行う。省略時は-4の省略時と同様、-H、-Iで指定したアドレスにより決まる
-S	SSLで接続し、httpsの監視を行う。このオプション使用時にはポート番号の省略時値が443になる。省略時はhttp監視となる
-C <日数>	証明書の有効期限日数を指定。このオプションを使用した場合、ポート番号の省略時の値が443となる

-e <ステータスコード>[,<ステータスコード>][,<…>]	
	正常とみなすサーバのHTTP応答ステータスコードを指定。複数指定する場合は,区切りで指定する。これを指定した場合、指定外のステータスコードではCRITICALとなる。省略時はステータスコードが100番台、200番台でOK、400番台でWARNING、500以上または100未満でCRITICALとなる
-s <文字列>	本文(body)に含まれるべき文字列を指定。指定文字列が含まれていなければCRITICALとなる。省略時には本文検索は行わない
-u <URL>	GETやPOSTリクエストするURLのパスを指定。省略時は / が指定される
-j <メソッド>	HEAD、OPTIONS、TRACE、PUT、DELETEなどのHTTPリクエストメソッドを指定。省略時はGETが指定される
-M <経過時間>	ドキュメントの更新日が指定した時間より古ければCRITICALとする。単位なしの数値の指定では秒。分は10m、時間は10h、日数は10dのように指定できる
-l	-rまたは-Rオプション使用時に改行を使えるようにする
-r <正規表現>	本文を正規表現で検索する。本文に対象の文字列が含まれていなければCRITICALとなる
-R <正規表現>	本文をアルファベットの大文字と小文字を区別しない正規表現で検索する。本文に対象の文字列が含まれていなければCRITICALとなる
--invert-regex	正規表現使用時に文字列が見つかった際にOKではなく、CRITICALとする。-Rや-rとともに使用し、これらのオプション使用時の評価を逆にする
-a <ユーザ名>:<パスワード>	Basic認証がかかっているコンテンツの認証情報を指定。省略時は認証情報は送信しない
-b <ユーザ名>:<パスワード>	Basic認証がかかっているプロキシサーバの認証情報を指定。省略時は認証情報は送信しない
-A <ユーザエージェント文字列>	リクエスト時のユーザエージェント名を指定。省略時はcheck_http/v4.15 (nagios-plugins 1.4.15)のようなcheck_httpのプラグイン名とバージョン情報が含まれた値が入る
-k <ヘッダ文字列>	リクエスト時に任意のヘッダを追加する。-k <ヘッダ1> -k <ヘッダ2>のように複数回使用可能
-L	監視URLをHTMLのリンク形式で出力する。これにより、Webインタフェースで監視対象URLがリンク形式で表示される
-f <ok|warning|critical|follow|sticky|stickyport>	
	リダイレクトされた場合の動作を指定する。ok、warning、criticalはリダイレクトが発生した際の監視の状態を指定。follow、sticky、stickyportはいずれもリダイレクト先のページを監視対象としチェックを行う。stickyの場合はリダイレクト元と同じIPアドレスをチェックする。stickyportはポート番号もリダイレクト元と同じとする。省略時はokとなる

第2章 Nagios標準プラグイン

-m <最小ページサイズ>:<最大ページサイズ>	
	最小ページサイズ、最大ページサイズを指定する。範囲外の場合はCRITICALを検出する。省略時はページサイズのチェックを行わない
-w <応答時間(秒)>	WARNINGとみなす応答時間を秒で指定。省略時は応答速度のチェックを行わない
-c <応答時間(秒)>	CRITICALとみなす応答時間を秒で指定。省略時は応答速度のチェックを行わない
-t <タイムアウト時間(秒)>	タイムアウト値を秒で指定する。省略時は10秒
-v	デバッグのための詳細メッセージを出力する。主にコマンドラインでのデバッグに使用する

解説

　HTTPサービスの監視を行います。名前ベースのバーチャルホストや特定のURL、Basic認証により認証が必要なURLの監視も行うことができます。また、監視対象ページに含まれるべき文字列を監視することもできますので、たとえばデータベースなどと連動したページを監視したい場合に、監視用のウェブページを作成し処理がすべて正常であれば「OK」を表示するようなページを作成しておけば、OKの文字列を監視することでウェブページの機能の簡単な監視が行えます。

　レスポンスコード指定の省略時は、HTTPのレスポンスコードが200、300番台の場合はOK、400番台の場合はWARNING、500番台あるいは応答がタイムアウトした場合にCRITICALを応答します。

例1　Webサーバを監視する

Nagiosホストのコマンド定義

```
define command{
  command_name    check_http
  command_line    $USER1$/check_http -H $HOSTADDRESS$
}
```

Nagiosホストのサービス定義

```
define service{
  use                  generic-service
  host_name            web1
  service_description  HTTP
  check_command        check_http
}
```

　監視対象のweb1というホストのHTTPサービスを監視します。この例では-Hオプションで監視対象ホストのアドレスを指定しています。バーチャルホストを使用していない場合や、IPアドレスベースのバーチャルホストでは-Iオプションでも同様です。名前ベースのバーチャルホストを監視したい場合には-Hの引数にバーチャルホスト名を記述します。

例2　Webサーバのバーチャルホストを監視する

Nagiosホストのコマンド定義
```
define command{
  command_name    check_http_vhost
  command_line    $USER1$/check_http -I $HOSTADDRESS$ -H $ARG1$
}
```

Nagiosホストのサービス定義
```
define service{
  use                  generic-service
  host_name            web1
  service_description  www.example.com
  check_command        check_http_vhost!www.example.com
}
```

　監視対象のweb1というホストのwww.example.comという名前ベースのバーチャルホストの監視を行います。-Iにはホストアドレスが入ります。監視はこのアドレスに対して行われますが、-Hでwww.example.comというバーチャルホストアドレスを付与しているので、HTTPのHostヘッダにwww.example.comが入ります。そのため、このHTTP監視は「http://www.example.com/」にアクセスした際の結果で判定されます。

例3　Webサーバのコンテンツに含まれる文字列を監視する

Nagiosホストのコマンド定義
```
define command{
  command_name    check_http_url_string
  command_line    $USER1$/check_http -H $HOSTADDRESS$ -u $ARG1$ -s $ARG2$
}
```

Nagiosホストのサービス定義
```
define service{
  use                  generic-service
  host_name            web1
  service_description  HTTP String
  check_command        check_http_uri_string!/test.php!TEST
}
```

　監視対象URLのhttp://ホスト/test.php(-u)にTESTという文字列が含まれるか(-s)を監視します。

第2章 Nagios標準プラグイン

例4 WebサーバでBasic認証のあるページを監視する

Nagiosホストのコマンド定義
```
define command{
  command_name    check_http_auth
  command_line    $USER1$/check_http -H $HOSTADDRESS$ -a $ARG1$
}
```

Nagiosホストのサービス定義
```
define service{
  use                    generic-service
  host_name              web1
  service_description    HTTP Auth
  check_command          check_http_auth!nagiosuser:password
}
```

　Basic認証により認証が必要なページを監視します(-a)。この例では、Basic認証のユーザ名はnagiosuser、パスワードはpasswordを指定しています。

例5 WebサーバのSSL証明書の有効期限を監視する

Nagiosホストのコマンド定義
```
define command{
  command_name    check_http_certificate
  command_line    $USER1$/check_http -H $HOSTADDRESS$ -C $ARG1$
}
```

Nagiosホストのサービス定義
```
define service{
  use                    generic-service
  host_name              web1
  service_description    SSL Certificate
  check_command          check_http_certificate!30
}
```

　web1というホストで使用しているSSLの証明書の有効期限を監視します(-C)。30日以内になった場合WARNINGとなります。証明書の期限が切れてしまった場合はCRITICALとなります。

check_smtp
SMTPサーバを監視

構文
check_smtp [-H] <アドレス> [省略可能なオプション]

オプション

-H <アドレス>	ホスト名もしくはIPアドレスを指定する。check_smtp <アドレス>のように-H自体は省略可能	
-p <ポート番号>	ポート番号を指定。省略時は25番が指定される	
-4	IPv4接続を行う。省略時には、-Hで指定した対象ホストアドレスがIPv4アドレスであれば-4が、IPv6アドレスであれば-6が付与される	
-6	IPv6接続を行う。省略時は-4の省略時と同様、-Hで指定したアドレスにより決まる	
-e <応答文字列>	正常とみなすサーバの応答文字列を指定する。省略時は220。監視対象の応答文字列がこの文字列ではない場合はWARNINGとなる	
-C <SMTPコマンド>	SMTPコマンドHELOの次に発行するSMTPコマンド文字列を指定する。-C <STMPコマンド1> -C <SMTPコマンド2>のように繰り返し使用できる。省略するとHELOのみ送信される	
-R <応答文字列>	-Cで指定したコマンドに対して期待する文字列を指定する。-R <文字列> -R <文字列>のように繰り返し指定可能。期待する文字列が応答しない場合はWARNINGとなる。省略すると、コマンド応答があればOKとなる	
-f <文字列>	メールのコマンドに含めるFromアドレスを指定する。このオプションを付与するとSMTPコマンドMAIL FROM <指定文字列>を発行する。省略時はMAIL FROMを送信しない	
-D <日数>	SSLを使用する際のサーバ証明書の有効期限をチェックする。有効期限がここで指定した日数分残っていない場合はWARNINGになる。有効期限が残っている場合は通常の接続応答監視を行う。省略時には証明書の有効期限チェックは行わない。また、内部的に-Sも指定される	
-S	STARTTLSで接続する	
-A <LOGIN>	SMTP Authの認証方法を指定する。現状のバージョンではLOGINのみ指定可能。省略すると認証は行わない	
-U <ユーザ名>	-A <LOGIN>を指定した場合のSMTP Authのユーザ名を指定する。省略時はユーザ名を送出しない	
-P <パスワード>	-A <LOGIN>を指定した場合のSMTP Authのパスワードを指定する。省略時はパスワードを送出しない	
-w <応答速度(秒)>	応答速度のWARNING閾値を秒で指定する。指定しない場合は応答速度の監視は行わない	
-w <応答速度(秒)>	応答速度のCRITICAL閾値を秒で指定する。指定しない場合は応答速度の監視は行わない	
-t <タイムアウト(秒)>	SMTPサーバの応答のタイムアウト閾値を秒で指定する。省略時は10秒	
-v	デバッグのための詳細なコマンドラインを表示	

第2章 Nagios標準プラグイン

解説

SMTPサーバを監視します。SMTP認証の監視やTLSを使ったSMTPサーバの監視も行うことができます。また、-Cと-Rを組み合わせることで実際にSMTPトランザクションを発生させ、その結果を監視できます。

期待する応答ではない場合や応答速度がWARNING閾値以上の場合はWARNINGを返し、接続できない場合、SMTP認証に失敗、応答速度がCRITICAL閾値以上の場合はCRITICALを返します。

例1　SMTPサーバを監視する

Nagiosホストのコマンド定義
```
define command{
  command_name    check_smtp_res
  command_line    $USER1$/check_smtp -H $HOSTADDRESS$ -w $ARG1$ -c $ARG2$
}
```

Nagiosホストのサービス定義
```
define service{
  use                     generic-service
  host_name               mail1
  service_description     SMTP
  check_command           check_smtp_res!5!10
}
```

SMTPサーバを監視します。5秒以内に応答がなければWARNING(-w)、10秒以内に応答がなければCRITICAL(-c)となります。

例2　SMTPサーバへ「MAIL FROM」コマンドを送出して監視する

Nagiosホストのコマンド定義
```
define command{
  command_name    check_smtp_from
  command_line    $USER1$/check_smtp -H $HOSTADDRESS$ -w $ARG1$ -c $ARG2$ -f $ARG3$
}
```

Nagiosホストのサービス定義
```
define service{
  use          generic-service
  host_name            mail1
  service_description  SMTP with From
  check_command        check_smtp_from!5!10!nagios@example.com
}
```

SMTPサーバへ接続時にMAIL FROMコマンドで送信元アドレスを指定した監視を行います(-f)。5秒以内に応答がなければWARNING(-w)、10秒以内に応答がなければCRITICAL(-c)となります。実際にメールが配送されることはありません。

例3　SMTPサーバを認証つき（SMTP-AUTH）のTLS接続で監視する

Nagiosホストのコマンド定義

```
define command{
  command_name    check_smtp_auth
  command_line    $USER1$/check_smtp -H $HOSTADDRESS$ -p $ARG1$ -S -A LOGIN -U $ARG2$ -P $ARG3$  実際は1行
}
```

Nagiosホストのサービス定義

```
define service{
  use                 generic-service
  host_name           mail1
  service_description SMTP Auth
  check_command       check_smtp_auth!587!nagiosuser!password
}
```

　ポート番号587番のSMTPサーバに対して(-p)TLSで接続し(-S)、SMTP認証を使った監視を行います。SMTP Authの認証方法と(-A)、ユーザ名(-U)、パスワード(-P)も設定しています。

　タイムアウト時間を指定していないので、デフォルトの10秒以内に応答がなければCRITICALとなります。また、SMTP認証に失敗した際もCRITICALとなります。TLS接続に失敗した際はWARNINGとなります。

例4　SMTPトランザクションを送出して監視する

Nagiosホストのコマンド定義

```
define command{
  command_name    check_smtp_rcpt
  command_line    $USER1$/check_smtp -f $ARG1$ -C "RCPT TO:$ARG2$" -R "250"
}
```

Nagiosホストのサービス定義

```
define service{
  use                 generic-service
  host_name           mail1
  service_description SMTP RCPT
  check_command       check_smtp_rcpt!587!nagiosuser!password
}
```

　SMTP接続しHELOコマンド送出後、MAIL FROMコマンドで$ARG1$を送出(-f)、その後RCPT TOコマンドで$ARG2$を送出します(-C)。そのRCPT TOの返りが250である場合にOKを応答します(-R)。

check_dig
digコマンドでDNSサーバを監視

構文
check_dig -l <クエリアドレス> [省略可能なオプション]

オプション

オプション	説明
-H <アドレス>	問い合わせ先DNSサーバの、IPアドレス、ホスト名を指定する。省略時は127.0.0.1が指定される。check_dig <アドレス>のように-Hを省略可能
-p <ポート番号>	DNSサーバのポート番号を指定する。省略時は53番
-l <クエリ文字列>	名前解決したいIPアドレスやホスト名を指定する
-T <クエリタイプ>	問い合わせするレコードタイプを指定する。省略時はAレコードを問い合わせる
-a <応答文字列>	問い合わせに対して期待する応答を指定する。DNSサーバの応答がこの値と異なる場合はWARNINGとなる
-w <応答時間(秒)>	WARNINGとみなす応答時間を秒で指定する。省略時は応答速度の監視を行わない
-c <応答時間(秒)>	CRITICALとみなす応答時間を秒で指定する。省略時は応答速度の監視を行わない
-t <タイムアウト時間(秒)>	プラグインのタイムアウトまでの時間を秒単位で指定する。省略時の値は10秒
-v	デバッグのための詳細メッセージを出力する。主にコマンドラインでのデバッグに使用する

解説

digコマンドを発行し、その応答を確認することでDNSサーバの監視を行います。応答速度による閾値のほか、digコマンドの結果が異常な場合や、期待と異なるレコードを応答した場合にはWARNINGになり、レコードがない場合、応答がない場合はCRITICALになります。

例1 DNSサーバのAレコードの応答を監視する

Nagiosホストのコマンド定義

```
check_command{
  command_name  check_dig
  command_line  $USER1$/check_dig -l $ARG1$ -H $HOSTADDRESS$
}
```

Nagiosホストのサービス定義

```
define service{
  use                  generic-service
```
(次ページに続く)

```
    host_name            web1
    service_description  DNS_www.example.com
    check_command        check_dig!www.example.com
}
```

監視対象ホストにwww.example.com(-l)のAレコード(-T省略)を問い合わせます。

例2　DNSサーバのPTRレコードの応答と応答速度を監視する

Nagiosホストのコマンド定義
```
check_command{
  command_name  check_dig2
  command_line  $USER1$/check_dig -l $ARG1$ -H $HOSTADDRESS$ -w $ARG2$ -c $ARG3$ -T $ARG4$ -a $ARG5$  実際は1行
}
```

Nagiosホストのサービス定義
```
define service{
    use                  generic-service
    host_name            web1
    service_description  DNS2
    check_command        check_dig!192.0.2.4!0.07!0.5!PTR!www.example.com
}
```

逆引きで(-T PTR)192.0.2.4を問い合わせ(-l)、応答にwww.example.com応答があることを監視します(-a)。また、その際の反応速度が0.07秒以上である場合はWARNING(-w)、0.5秒以上であればCRITICAL(-c)を応答します。

check_dns
nslookupコマンドでDNSレコードを監視

構文

check_dns [-H] <ホストアドレス> [省略可能なオプション]

オプション

-H <クエリアドレス>	DNSサーバに問い合わせるホスト名またはIPアドレスを指定する。check_dns <クエリアドレス>のように-Hは省略可能
-s <DNSサーバアドレス>	問い合わせ先DNSサーバを指定する。省略するとコマンド実行ホスト(Nagiosホスト)の/etc/resolv.confに設定された値を使用する

第2章 Nagios標準プラグイン

-a <応答文字列>[,<応答文字列>][,<…>]	DNS応答として予測されるホスト名またはIPアドレスを指定する。ホスト名を指定する場合．で終わる必要がある。予測されるホスト名またはIPアドレスが複数ある場合は、，で区切ってすべてリストする。クエリアドレスがCNAMEの場合はそのCNAMEのAレコードが対象となる。応答文字列がリストにマッチしない場合はCRITICALを検出する。省略時は、DNSのクエリに値が応答すればどのような値でもOKとなる
-A	問い合わせ先DNSサーバが、問い合わせのレコードに対して権威を持っているかチェックする。権威がない場合はCRITICALとなる。省略時には権威のチェックは行わない
-w <応答速度(秒)>	指定した秒数の間に結果の応答がない場合はWARNINGを検出する。省略時は応答速度のチェックは行わない
-c <応答速度(秒)>	指定した秒数の間に結果の応答がない場合はWARNINGを検出する。省略時は応答速度のチェックは行わない
-t <タイムアウト(秒)>	タイムアウトするまでの時間を秒で指定する。省略時は10秒

解説

　nslookupコマンドによりDNSレコードの監視を行います。応答速度のほかに、nslookupコマンドがエラーを応答した場合にもWARNINGになります。

　また、応答レコードの文字列の監視や、問い合わせ先DNSサーバが問い合わせアドレスに対して権威があるかどうかの監視も行えます。

例　　DNSサーバの応答速度と権威を監視する

コマンド定義
```
define command{
  command_name    check_dns
  command_line    $USER1$/check_dns -H $ARG1$ -s $HOSTADDRESS$ -A
}
```

サービス定義
```
define service{
  use                  generic-service
  host_name            web1
  service_description  DNS_AUTHORITY
  check_command        check_dns_auth!www.example.com
}
```

　監視対象ホストにwww.example.comを問い合わせ、応答があるかどうか(-s)、および監視対象DNSサーバがwww.example.comに権威があるかどうか(-A)もチェックします。

check_dhcp
DHCPサーバを監視

構文
check_dhcp [省略可能なオプション]

オプション

-s <DNSサーバアドレス>	IPアドレスの払い出し要求を行うDHCPサーバを指定する。-s <DHCPサーバ1> -s <DHCPサーバ2>のように複数回指定可能。省略時は自動的に検出する
-r <IPアドレス>	DHCPサーバに要求するIPアドレスを指定する。このIPアドレスが払い出されない場合はWARNINGを検出する。省略時にはどのアドレスでも払い出されるとOKとなる
-i <送出インタフェース>	DHCP要求を送出するインタフェースを指定する。省略時はeth0が使用される
-m <送出MACアドレス>	DHCPリクエストに利用するMACアドレスを指定する。省略時はeth0のMACアドレスが使用される
-u	DHCPパケットをユニキャストで送信する。DHCPリレーの監視に利用する。-sと同時に使用する必要がある
-t <タイムアウト(秒)>	応答タイムアウトまでの時間を秒単位で指定する
-v	コマンドラインでのデバッグのための出力を行う

解説

DHCPリクエストを送信し、応答を確認することでDHCP機能が正常かどうかの監視が行えます。オプションを指定しない場合は、Nagiosホストが属しているネットワーク内のDHCPサーバを監視します。-rでリクエストしたIPアドレスが払い出されなかった場合や、-sで複数サーバを指定した際に指定したサーバ数に対して応答が少ない場合にWARNINGを応答し、DHCP応答が一つもない場合はCRITICALを応答します。

例1　DHCPサーバを監視する

Nagiosホストのコマンド定義
```
check_command{
 command_name  check_dhcp
 command_line  $USER1$/check_dhcp $ARG1$
}
```

第2章 Nagios標準プラグイン

Nagiosホストのサービス定義
```
define service{
  use                  generic-service
  host_name            web1
  service_description  DHCP_eth1
  check_command        check_dhcp!-i eth1
}
```

　Nagiosホストのeth1に接続されているネットワーク上のDHCPサーバを自動検出して、IPアドレスの払い出しがあるかチェックします。この例ではサービス定義で「check_dhcp」の引数を含めて「$ARG1$」に格納しています。

例2　2つのネットワークのDHCPサーバを監視する

Nagiosホストのサービス定義
```
define service{
  use                  generic-service
  host_name            web1
  service_description  DHCP2
  check_command        check_dhcp!-s 192.0.2.1 -s 192.0.2.2
}
```

　Nagiosホストが接続しているネットワーク上の2つのDHCPサーバを監視する。この例では-sオプションを複数指定して2つのサーバを同時に監視しています。どちらかしか応答がない場合はWARNING、両方とも応答がない場合はCRITICALになります。

check_ssh
SSHサーバを監視

構文

check_ssh [省略可能なオプション] [-H] <ホスト名あるいはIPアドレス>

オプション

-H <アドレス>	監視対象ホストのIPアドレス、ホスト名を指定する。check_ssh <アドレス>のように-H自体は省略可能だが、その場合はほかのオプションはアドレスより前に指定する必要がある
-p <数字>	ポート番号を指定する。省略時は22番が指定される
-4	IPv4接続を行う。省略時には-Hで指定した対象ホストアドレスがIPv4アドレスであれば-4が付与され、IPv6アドレスであれば-6が付与される
-6	IPv6接続を行う。省略時は-4の省略時と同様、-Hで指定したアドレスにより決まる
-r <バージョン文字列>	SSHサーバのバージョン(例：OpenSSH_3.9p1)を指定する。もしサーバからの返答が異なっていればWARNINGを検出する

-t <タイムアウト秒数>	指定ポートの応答タイムアウト閾値を秒で指定する
-v	コマンドラインでのデバッグのための出力を行う

例　SSHサーバを監視する

Nagiosホストのコマンド定義

```
define command{
  command_name   check_ssh
  command_line   $USER1$/check_ssh -H $HOSTADDRESS$ -p $ARG1$ -t $ARG2$ -r $ARG3$
}
```

Nagiosホストのサービス定義

```
define service{
  use                   generic-service
  host_name             web1
  service_description   SSH_SERVICE
  check_command         check_ssh!22!15!OpenSSH_4.3
}
```

コマンド定義で左から順にホスト(-H)、ポート番号(-p)、タイムアウト時間(-t)、sshサーバのバージョン(-r)を引数とし、サービス定義でポート番号(22)、タイムアウト時間(15秒)、SSHのサーババージョン(OpenSSH_4.3)を指定しています。15秒以内にSSHサーバから応答がない場合はCRITICAL、SSHのサーババージョンが「OpenSSH_4.3」と異なればWARNINGとなります。

check_time
Timeプロトコルを利用した時刻監視

構文

check_time [-H] <対象ホスト> [省略可能なオプション]

オプション

-H <アドレス>	監視対象タイムサーバのホスト名もしくはIPアドレスを指定する。check_time <アドレス>のように-Hは省略可能
-w <誤差(秒)>	WARNINGとする時刻の誤差を秒単位で指定する。省略時は誤差による監視を行わない
-c <誤差(秒)>	CRITICALとする時刻の誤差を秒単位で指定する。省略時は誤差による監視を行わない
-p <数値>	監視対象タイムサーバが使用するポート番号を指定する。省略時は37番が指定される
-u	UDPを使用する。省略するとTCPが使用される
-W <数値>	WARNINGとする監視対象タイムサーバからの応答時間を秒で指定する。省略時は応答速度による監視を行わない

第2章 Nagios標準プラグイン

-C <数値>	CRITICALとする監視対象タイムサーバからの応答時間を秒で指定する。省略時は応答速度による監視を行わない
-t <数値>	監視対象タイムサーバの応答タイムアウト値を秒で指定する。省略時は10秒

解説

タイムサーバの監視を行います。タイムサーバから応答がない場合はCRITICALを検出するほか、システムクロックとタイムサーバからの時刻を比較して、時刻がずれていないかも監視できます。WARNINGとCRITICALの閾値より監視ホストの時刻が早いまたは遅れている場合、-wや-cで指定した状態になります。check_ntp_time（87ページ参照）と違う点は、check_ntp_timeは時刻の取得にNTPを使用するのに対し、check_timeはTimeプロトコルを使用するという点と、応答時間にも閾値が設定できる点です。

例1　Nagiosホストの時刻のずれを監視する

Nagiosホストコマンド定義
```
define command{
  command_name    check_time
  command_line    $USER1$/check_time -H $HOSTADDRESS$ -w $ARG1$ -c $ARG2$
}
```

Nagiosホストサービス定義
```
define service{
  use                  generic-service
  host_name            web1
  service_description  TIME
  check_command        check_time!30!60
}
```

監視対象ホストにTimeプロトコルを使用して時刻を取得し、Nagios監視ホストとの時刻のずれを検出しています。ずれが30秒以上、60秒未満でWARNING、60秒以上でCRITICALとなります。なお、Nagiosホストの時刻が正確である必要があります。

例2　Nagiosホストの時刻のずれとタイムサーバの応答速度を監視する

Nagiosホストコマンド定義
```
define command{
  command_name    check_time_response
  command_line    $USER1$/check_time -H $HOSTADDRESS$ -w $ARG1$ -c $ARG2$ -W $ARG3$ -C $ARG4$   実際は1行
}
```

Nagios ホストサービス定義

```
define service{
    use                 generic-service
    host_name           web1
    service_description TIME_RESPONSE
    check_command       check_time_response!30!60!3!6
}
```

タイムサーバ時刻の、誤差の WARNING／CRITICAL の閾値(-w、-c)に加えて、タイムサーバからの応答時間の WARNING／CRITICAL の閾値(-W、-C)も設定します。ずれが 30 秒以上、60 秒未満で WARNING、60 秒以上で CRITICAL となります。また、タイムサーバの応答時間が 3 秒以上 6 秒未満で WARNING、6 秒以上で CRITICAL となります。

check_ntp_peer
NTP サーバを監視

構文

check_ntp_peer -H <対象ホスト> [省略可能なオプション]

オプション

-H <アドレス>	監視対象ホストのIPアドレス、ホスト名を指定する
-p <数値>	監視対象ホストの問い合わせ先ポートを指定する。省略時は123番が指定される
-q	監視対象ホストがNTPサーバと同期がとれていない場合にCRITICALの代わりにUNKNOWNを検出する
-w <誤差(秒)>	監視対象サーバのNTPと同期先のNTPサーバの時刻のずれのWARNING閾値を秒で指定する。閾値フォーマットで範囲指定可能
-c <誤差(秒)>	監視対象サーバのNTPと同期先のNTPサーバの時刻のずれのCRITICAL閾値を秒で指定する。閾値フォーマットで範囲指定可能
-W <階層>	監視対象サーバが同期しているNTPサーバのstratum(階層)のWARNING閾値を指定する。閾値フォーマットで範囲指定可能
-C <階層>	監視対象サーバが同期しているNTPサーバのstratum(階層)のCRITICAL閾値を指定する。閾値フォーマットで範囲指定可能
-j <jitter値>	問い合わせ先サーバのjitter(戻り値のばらつき)のWARNING閾値を指定する。閾値フォーマットで範囲指定可能
-k <jitter値>	問い合わせ先サーバのjitter(戻り値のばらつき)のCRITICAL閾値を指定する。閾値フォーマットで範囲指定可能
-m <NTPサーバ数>	利用可能なNTPサーバ(truechimers)数のWARNING閾値を指定する。閾値フォーマットで範囲指定可能
-n <NTPサーバ数>	利用可能なNTPサーバ(truechimbers)数のCRITICAL閾値を指定する。閾値フォーマットで範囲指定可能
-t <タイムアウト(秒)>	タイムアウト時間を秒単位で指定する。省略時は10秒

第2章 Nagios標準プラグイン

| -v[v] | コマンドラインでのデバッグのための出力を行う。-vvの2レベルまで指定可能 |

解説

監視対象ホストの、NTPサーバの上位NTPサーバとのずれ、時間のぶれ（jitter）などNTPサーバとしての機能の監視を行います。オプションの引数によって監視される項目を切り替えます。また「閾値」は範囲指定が可能です。詳しくは**1章**を参照してください。

例1　NTPサーバの時刻のずれを監視する

Nagiosホストのコマンド定義
```
check_command{
  command_name   check_ntp_peer1
  command_line   $USER1$/check_ntp_peer -H $HOSTADDRESS$ -w $ARG1$ -c $ARG2$
}
```

Nagiosホストのサービス定義
```
define service{
  use                  generic-service
  host_name            web1
  service_description  NTP_PEER_TIME
  check_command        check_ntp_peer!0.5!1
}
```

監視対象ホストweb1上のNTPサービスに対して問い合わせを行い、時間のずれをチェックします。ずれが0.5秒より大きい場合はWARNING（-w）、1秒より大きい場合はCRITICAL（-c）を検出します。

例2　NTPサーバのjitter値を監視する

Nagiosホストのコマンド定義
```
check_command{
 command_name   check_ntp_peer2
 command_line   $USER1$/check_ntp_peer -H $ARG1$ -w $ARG2$ -c $ARG3$ -j $ARG4$ -k $ARG5$
}
```

Nagiosホストのサービス定義
```
define service{
  use                  generic-service
  host_name            web1
  service_description  NTP_PEER_JITTER
  check_command        check_ntp_peer!ntpserv!0.5!1!1:100!1:200
}
```

例1に加えてjitter値もチェックする場合の定義例です。応答のばらつきが1から100ミリ秒以外である場合はWARNING(-j)、1から200ミリ秒以外の値ならCRITICAL(-k)となります。

check_ntp
NTPサーバを監視（旧プラグイン）

構文

check_ntp -H <対象ホスト> [省略可能なオプション]

解説

監視対象ホストの、NTPサーバの上位NTPサーバとのずれ、時間のぶれ（jitter）などNTPサーバとしての機能の監視を行います。このプラグインは今後メンテナンスはされません。代わりにcheck_ntp_time（**87ページ**参照）、check_ntp_peer（**54ページ**参照）を利用してください。

オプションの解説および設定例についてはcheck_ntp_peerと同様です。

check_ldap
LDAPサーバを監視

構文

check_ldap [-H] <対象ホスト> [-b] <ベースDN> [省略可能なオプション]

オプション

-H <アドレス>	監視対象ホストのホスト名あるいはアドレス、UNIXソケットを絶対パスで指定する。check_ldap <対象ホスト>のように-Hは省略可能
-b <文字列>	ou=Group,o=example,c=comのようなLDAPのベースDNを指定する。check_ldap -H <対象ホスト> <ベースDN>のように-bは省略可能。-Hも省略する場合には、<対象ホスト> <ベースDN>の並び順である必要がある
-p <数値>	LDAPサーバのポート番号を指定する。省略時は389が指定される
-4	IPv4接続を行う。省略時には-Hで指定した対象ホストアドレスがIPv4アドレスであれば-4が付与され、IPv6アドレスであれば-6が付与される
-6	IPv6接続を行う。省略時は-4の省略時と同様、-Hで指定したアドレスにより決まる
-a <検索文字列>	検索するLDAPの属性を指定する。省略時には"(objectclass=*)"が指定される
-D <Bind DN>	LDAPのBind DNを指定する。省略時はBind DNは指定されない
-P <パスワード>	LDAPのBind DN用パスワードを指定する。省略時はパスワードが指定されない

第2章 Nagios標準プラグイン

-T	LDAPv3のTLS接続を利用する
-S	LDAPv2のSSL接続であるLDAPSを利用する。このオプションを指定した場合、接続ポート省略時の値が自動で636になる
-2	LDAPへの接続をバージョン2で行う。-2、-3ともに省略時は-2が指定される
-3	LDAPへの接続をバージョン3で行う。-2、-3ともに省略時は-2が指定される
-w <応答時間(秒)>	LDAP応答時間のWARNING閾値を秒で指定する。省略すると応答時間の監視は行わない
-c <応答時間(秒)>	LDAP応答時間のCRITICAL閾値を秒で指定する。省略すると応答時間の監視は行わない
-t <タイムアウト(秒)>	接続タイムアウト時間を秒で指定する。省略時は10秒

解説

LDAPサーバの監視を行います。LDAP接続、任意の属性の検索が行える場合はOK、そうでない場合はCRITICALを検出します。また-w、-cのオプションで応答速度の監視も行えます。

例　LDAPv2サーバを監視する

Nagiosホストのコマンド定義
```
define command {
  command_name    check_ldapv2
  command_line    $USER1$/check_ldap -H $HOSTADDRESS$ -b "$ARG1$" -D "$ARG2$" -P "$ARG3$" -2  実際は1行
}
```

Nagiosホストのサービス定義
```
define service{
  use                 generic-service
  host_name           web1
  service_description LDAP
  check_command       check_ldapv2!dc=example,dc=com!cn=Manager,dc=example,dc=com!secret  実際は1行
}
```

web1ホストのLDAPサービスを監視します。LDAP接続はバージョン2を使用し(-2)、ベースDN(-b)が「dc=example,dc=com」、Bind DN(-D)が「cn=Manager,dc=example,dc=com」、パスワード(-P)が「secret」で接続します。任意の属性が検索できればOKを応答します。

check_radius
RADIUSサーバを監視

構文

check_radius -H <アドレス> -F <radiusclientの設定ファイル> -u <認証ユーザ名> -p <パスワード> [省略可能なオプション]

オプション

オプション	説明
-H <アドレス>	監視対象ホストのIPアドレス、ホスト名を指定する
-F <設定ファイルパス>	radiusclient設定ファイルをフルパスで指定する
-u <ユーザ名>	RADIUSサーバの接続ユーザ名を指定する
-p <パスワード>	RADIUSサーバの接続パスワードを指定する
-P <ポート番号>	ポート番号を指定する。省略時は1645番が指定される
-n <NAS ID>	NAS(Network Access Server)のIDを指定する。省略時はNAS IDが指定されない
-N <NAS IPアドレス>	NASのIPアドレスを指定する。省略時はNASのIPアドレスが指定されない
-e <応答文字列>	RADIUSサーバから期待する応答文字列を指定。この文字列にマッチしない場合はWARNINGを検出する
-r <リトライ回数>	RADIUSサーバへの接続失敗時のリトライ回数を指定。省略時は1
-t <タイムアウト(秒)>	コネクションタイムアウト時の時間。省略時は10

解説

　RADIUSサーバの監視を行います。RADIUSサーバユーザ名とパスワードを送出し認証が成功すればOKを検出し、失敗、あるいはRADIUSサーバからの応答がない場合にはCRITICALを検出します。

　引数にユーザ名とパスワードを指定しますが、パスワードはプロセスリスト(ps)から見えてしまいますので、監視用のユーザを作成して監視を行うか、radiusclientの設定ファイルに記載するようにするとよいでしょう。

　この監視はプラグインを実行するホストにradiusclientの設定が必要で、かつプラグイン実行ユーザ(nagiosなど)から設定ファイルの読み込みが行えるように権限を調整する必要があります。あるいは、プラグインをsudo経由でrootで実行できるように設定するのも一つの手段です。

例1　RADIUSサーバを監視する

Nagiosホストのコマンド定義

```
define command{
  command_name   check_radius
  command_line   $USER1$/check_radius -H $HOSTADDRESS$ -F $ARG1$ -P $ARG2$
```

(次ページに続く)

第2章 Nagios標準プラグイン

```
    -u $ARG3$ -p $ARG4$
}
```

Nagiosホストのサービス定義
```
define service{
    use                  generic-service
    host_name            web1
    service_description  RADIUS_SERVICE
    check_command        check_radius!/etc/radiusclient-ng/radiusclient.conf
!1812!testuser!testpass  実際は1行
}
```

　この例ではweb1ホストにRADIUSサービスが稼働していると想定し、Nagiosホストから監視を行います。Nagiosホストではradiusclientの設定は完了しており、設定ファイルは/etc/radiusclient-ng/radiusclient.confです(-F)。またRADIUSサーバは1812番ポートで稼働しています(-P)。

　このコマンド定義ではnagiosユーザでプラグインを実行します。筆者の環境では、/etc/radiusclient-ng/serverファイルをnagiosユーザで読み込み可能にするのと、radiusdグループにnagiosユーザを所属させることで監視が行えました。

例2　RADIUSサーバを監視する(sudoを利用した場合)

sudoの設定
```
nagios   ALL=(root) NOPASSWD:/usr/local/nagios/libexec/check_radius
```
※「Defaults   requiretty」が設定されている場合はコメントアウト

Nagiosホストのコマンド定義
```
define command{
  command_name  check_radius
  command_line  /usr/bin/sudo $USER1$/check_radius -H $HOSTADDRESS$ -F $ARG1$ -P $ARG2$ -u $ARG3$ -p $ARG4$  実際は1行
}
```

　radiusclientの設定は認証パスワードを含みます。root以外のユーザで読み込みが行えないようにしたい場合は、プラグインをsudo経由で実行するとよいでしょう。その場合はNagiosホストにsudoの設定とsudoを使用したコマンド定義が必要です。

check_rpc
RPCサーバを監視

構文

check_rpc -H <アドレス> -C <RPCコマンド> [省略可能なオプション]

オプション

-H <アドレス>	RPCサービスを提供している監視対象ホストをホスト名、IPアドレスで指定する
-C <RPCコマンド>	RPCプログラム名、プログラム番号を指定する
-u	指定RPCコマンドへTCPでリスンしているかどうかチェックする。-uも-tも省略した場合は-uが指定される
-t	指定RPCコマンドへUDPでリスンしているかどうかチェックする。-uも-tも省略した場合は-uが指定される
-c <バージョン>[,<バージョン>][,<…>]	RPCプログラムのバージョンを指定する。複数指定可能。2,3,6と指定すれば、v2、v3、v6を正常とする。指定以外のバージョンである場合はCRITICALを検出する
-v[v]	コマンドラインで使用するデバッグ用の処理の詳細を出力する。2レベルまで使用でき、2レベルではサポートしているプログラムと、紐付けられている番号を表示する

解説

RPC(*Remote Procedure Call*)を利用するサービスの起動状態を監視するプラグインです。RPCサービスはUNIX系OSではportmapデーモンを経由してサービスされる機能で、NFS(*Network File System*)、NIS(*Network Information Service*)などに利用されています。

引数にRPCコマンド(またはプログラム番号)を付与し監視を行いますが、このプラグインが対応しているRPCコマンドおよびプログラム番号はプラグインに-vvの引数を付与して実行すると一覧表示されます。

例　NFSサーバを監視する

Nagiosホストのコマンド定義

```
check_command{
  command_name   check_rpc
  command_line   $USER1$/check_rpc -H $HOSTADDRESS$ -C $ARG1$ -c $ARG2$
}
```

Nagiosホストのサービス定義

```
define service{
  use                    generic-service
  host_name              web1
  service_description    RPC_nfs
  check_command          check_rpc!nfs!2,3
  normal_check_interval  5
  retry_check_interval   3
}
```

web1ホスト上のNFS(-C)のバージョン2,3が起動しているかどうか(-c)を監視します。起動していない場合はCRITICALとなります。

SNMPを利用した監視

SNMP(*Simple Network Management Protocol*)は、多くのネットワーク機器で採用されている監視、制御用プロトコルです。NagiosはSNMPマネージャとは異なりSNMPに特化した作りにはなっていませんが、SNMPからデータを取得して監視するプラグインがいくつかあります。これを利用することでSNMPを利用した監視が行えます。

check_snmp
SNMPサーバを監視

構文

check_snmp [-H] <対象ホスト> -o <OID>[,<OID>][,<…>] [省略可能なオプション]

オプション

-H <アドレス>	監視対象のIPアドレス、ホスト名、ソケットの絶対パスを指定する。check_snmp <アドレス>のように-Hは省略可能
-o <OID>[,<OID>][,<…>]	取得するOIDを指定する。,区切りで複数指定可能
-p <数値>	SNMPの接続ポート番号を指定する。省略時は161
-n	SNMP GETを使用する代わりにSNMP GETNEXTを使用する。省略時はSNMP GET
-P <1|2c|3>	SNMPのプロトコルバージョンを指定する。省略時は1
-L <noAuthNoPriv|authNoPriv|authPriv>	SNMPv3を使用する場合のセキュリティレベルを指定する。省略時はnoAuthNoPriv
-a <MD5|SHA>	SNMPv3の認証プロトコルを指定する。省略時はMD5
-x <DES|AES>	SNMPv3の暗号化方式を選択します。省略時はDES
-C <コミュニティ名>	SNMPv1、SNMPv2cでのSNMPコミュニティ名を指定する。省略時はpublic
-U <ユーザ名>	SNMPv3のユーザ名を指定する。省略時はユーザ名が指定されない。SNMPv3利用時に有効
-A <パスワード>	SNMPv3の認証パスワードを指定します。省略時はパスワードが指定されない。SNMPv3利用時に有効
-X <プライバシーパスワード>	SNMPv3のプライバシーパスワードを指定します。省略時はプライバシーパスワードが指定されない。SNMPv3利用時に有効
-m <MIB名>	使用するMIBを指定する。指定しない場合はALL、または数値のOIDが使用される

オプション	説明
-d <区切り文字>	SNMPで取得した値のうち、評価する値を切り出すための区切り文字を指定する。省略時は=。指定した文字より右側にある値が監視で評価する値となる
-w <閾値>[,<閾値>][,<…>]	WARNING閾値を指定する。閾値フォーマットを使用した範囲指定が可能。-oで複数のOIDを指定した場合はそのOIDごとに,区切りで閾値を指定する。省略時は値を評価しない
-c <閾値>[,<閾値>][,<…>]	CRITICAL閾値を指定する。閾値フォーマットを使用した範囲指定が可能。-oで複数のOIDを指定した場合はそのOIDごとに,区切りで閾値を指定する。省略時は値を評価しない
--rate	レート計算を有効にする。SNMPのカウンタは前回の値との差を求めて初めて意味を成す値になるものがあり、そのようなOIDを監視対象とする場合に使用する。このオプションを使用すると、一時ファイルを「<Nagiosインストールディレクトリ>/var/check_snmp」に作成するため、このディレクトリにプラグイン実行ユーザ(nagios実行ユーザ)が書き込める必要がある
--rate-multiplier <数値(秒)>	レート計算の間隔を秒で指定する。省略時は1秒。--rateとともに使用する
-s <文字列>	値が指定した文字列に完全にマッチすればOKを検出する。複数のOIDを指定した場合、最初のOIDの値のみチェックする
-r <文字列>	値が指定した正規表現にマッチすればOKを検出する。複数のOIDを指定した場合、最初のOIDの値のみチェックする
-R <文字列>	値が指定した正規表現(大文字小文字区別しない)にマッチすればOKを検出する。複数のOIDを指定した場合、最初のOIDの値のみチェックする
--invert-search	-s、-r、-Rの結果を逆にし、マッチすればCRITICALを検出する
-e <数値>	SNMPのリクエスト回数を指定する。省略時は5回
-t <タイムアウト(秒)>	タイムアウト値を秒で指定する。省略時は10秒
-v	デバッグのための詳細メッセージを出力する。主にコマンドラインでのデバッグに使用する

解説

　SNMPを利用した監視を行います。SNMPからOIDを指定し、返された値によってCRITICALやWARNINGを検出します。
　SNMPは多くのネットワーク機器で採用されておりさまざまな値が取得できます。よく利用されるインタフェースのUp／Downは別のcheck_ifoperstatus(**64ページ**参照)やcheck_ifstatus(**65ページ**参照)を利用するのが簡単でしょう。なお、SNMP取得が行えない場合はUNKNOWNを検出します。

第2章 Nagios標準プラグイン

例1　SNMPを利用して1分平均のロードアベレージを監視する

Nagiosホストのコマンド定義

```
define command{
  command_name    check_snmp1
  command_line    $USER1$/check_snmp -H $HOSTADDRESS$ -C $ARG1$ -o $ARG2$ -w $ARG3$ -c $ARG4$  実際は1行
}
```

Nagiosホストのサービス定義

```
define service{
  use                     generic-service
  host_name               web1
  service_description     SNMP_LOAD1
  check_command           check_snmp1!public!UCD-SNMP-MIB::laLoadInt.1!100!200
}
```

　web1のロードアベレージの1分平均をSNMPを使用して監視します。SNMPでの1分平均のロードアベレージは、laLoadInt.1の百分率(ロードアベレージ1＝100)で出ます。この例ではlaLoadIntの値(-o)が100より大きい場合にWARNIN(-w)G、200より大きい場合にCRITICAL(-c)を検出します。

例2　SNMPでインタフェース2の送受信パケットを監視する

Nagiosホストのコマンド定義

```
define command{
  command_name    check_snmp2
  command_line    $USER1$/check_snmp -H $HOSTADDRESS$ -C $ARG1$ -o $ARG2$ -w $ARG3$ -c $ARG4$ --rate  実際は1行
}
```

Nagiosホストのサービス定義

```
define service{
  use                     generic-service
  host_name               r1
  service_description     SNMP_TRAFFIC_2
  check_command           check_snmp2!public!ifOutOctets.2,ifInOctets.2!1000000,1000000!3000000,3000000  実際は1行
  check_interval          5
  retry_interval          1
  max_check_attempts      3
}
```

　ホストr1のインタフェース2の送受信トラフィックの監視を行います。ifOutOctetsとifInOctetsの値は累積カウンタですので、--rateオプションを付けて前回との差で監視を行います。

この例では、送信、受信いずれかが1Mbpsより大きい場合はWARNING(-w)、3Mbpsより大きい場合はCRITICAL(-c)としています。

check_ifoperstatus
SNMPを利用してインタフェースを監視

構文

check_ifoperstatus -H <対象ホスト> (-k <ifIndex値>|-d <ifDescr値>|-T <ifType値>) [省略可能なオプション]

オプション

-H <アドレス>		監視対象のホスト名もしくはIPアドレスを指定する
-k <数値>		監視するインタフェースをifIndex値で指定する。-k、-d、-Tはいずれか1つが必須
-d <数値>		監視するインタフェースをifDescr値で指定する
-T <文字列>		監視するインタフェースをifType値で指定する。同じ値が複数ある場合は最初の1つが監視対象となる
-C <文字列>		SNMPv1、SNMPv2cでのSNMPコミュニティ名を指定する。省略時はpublic
-p <数値>		SNMPのポート番号を指定する。省略時は161
-v <1|2|3>		SNMPのバージョンを指定する。省略時は1
-L <noAuthNoPriv|authNoPriv|authPriv>		
		SNMPv3のセキュリティレベルを指定する。省略時はnoAuthNoPriv
-U <ユーザ名>		SNMPv3のユーザ名を指定する。省略時はユーザ名が指定されない。SNMPv3利用時に有効
-A <パスワード>		SNMPv3の認証パスワードを指定する。省略時はパスワードが指定されない。SNMPv3利用時に有効
-c <コンテキスト名>		
		SNMPv3でのコンテキスト名を指定する。省略時はコンテキスト名が指定されない。SNMPv3利用時に有効
-X <プライバシーパスワード>		
		SNMPv3のプライバシーパスワードを指定する。省略時はプライバシーパスワードが指定されない。SNMPv3利用時に有効
-a <MD5|SHA>		SNMPv3の認証プロトコルを指定する。省略時はMD5
-w <i|w|c>		インタフェースがdormant状態(待ち状態)の際の動作を、i(無視)、w(WARNING)、c(CRITICAL)で指定する。省略時はc
-D <i|w|c>		インタフェースを管理者が明示的にダウン(administrative down)しているときの動作をi(無視)、w(WARNING)、c(CRITICAL)で指定する。省略時はw
-M <サイズ>		SNMPv1、SNMPv2cを利用する場合のSNMPで表示するメッセージのサイズを指定する。省略時は1472
-t <タイムアウト(秒)>		
		タイムアウト値を秒で指定する。省略時は15秒

解説

SNMPのifDescr値、あるいはifIndex値からifOperStatusの値を取得し、指定されたインタフェースのポートの状態を監視します。check_snmp（**61ページ**参照）でも同じことができますが、このプラグインを利用するとifDescr、ifIndex値で指定ができるため設定が少し簡単です。

この監視は監視対象ホストにNet-SNMPエージェントがインストールされており、NagiosホストからSNMPの値が取得できる必要があります。

例　SNMPでIfIndex番号2のインタフェースを監視する

Nagiosホストのコマンド定義

```
define command{
  command_name   check_ifoperstatus
  command_line   $USER1$/check_ifoperstatus -H $HOSTADDRESS$ -C $ARG1$ -k $ARG2$
}
```

Nagiosホストのサービス定義

```
define service{
  use                  generic-service
  host_name            web1
  service_description  IF_STATUS_2
  check_command        check_ifoperstatus!public!2
}
```

SNMPのIfIndex値が2のインタフェース(-k)の状態を取得します。コミュニティ名は「public」(-C)です。

check_ifstatus
SNMPを利用してすべてのインタフェースを監視

構文

```
check_ifstatus -H <対象ホスト> [省略可能なオプション]
```

オプション

-H <アドレス>	監視対象のホスト名もしくはIPアドレスを指定する
-C <文字列>	SNMPv1、SNMPv2cでのSNMPコミュニティ名を指定する。省略時はpublic
-x <ifType値>[,<ifType値>] [,<…>]	監視対象から除外するインタフェースをifType値で指定する。,区切りで複数指定可能。省略時は23(PPP)
-u <ifIndex値>[,<ifIndex値>] [,<…>]	監視対象から除外するインタフェースをifIndexの値で指定する。,区切りで複数指定可能。省略時は除外しない

-p <数値>		SNMPのポート番号を指定する。省略時は161
-v <1|2|3>		SNMPのバージョンを指定する。省略時は1が指定される
-L <noAuthNoPriv|authNoPriv|authPriv>		
		SNMPv3のセキュリティレベルを指定する。省略時はnoAuthNoPriv
-U <ユーザ名>		SNMPv3のユーザ名を指定する。省略時はユーザ名が指定されない。SNMPv3利用時に有効
-A <パスワード>		SNMPv3の認証パスワードを指定する。省略時はパスワードが指定されない。SNMPv3利用時に有効
-c <コンテキスト名>		SNMPv3でのコンテキスト名を指定する。省略時はコンテキスト名が指定されない。SNMPv3利用時に有効
-X <プライバシーパスワード>		
		SNMPv3のプライバシーパスワードを指定する。省略時はプライバシーパスワードが指定されない。SNMPv3利用時に有効
-a <MD5|SHA>		SNMPv3の認証プロトコルを指定する。省略時はMD5
-M <サイズ>		SNMPv1、SNMPv2cを利用する場合のSNMPで表示するメッセージのサイズを指定する。省略時は1472
-t <タイムアウト(秒)>		タイムアウト値を秒で指定する。省略時は15秒

解説

機器のすべてのインタフェースの状態を取得します。check_ifoperstatus（**64ページ**参照）では1つのインタフェースのみをチェックしますが、このプラグインはifすべてのインタフェースを包括的に監視します。物理インタフェースでだけではなく、VPNインタフェースなどの論理インタフェースも含まれます。

例　すべてのネットワークインタフェースの状態を監視する

Nagiosホストのコマンド定義

```
define command{
  command_name    check_ifstatus
  command_line    $USER1$/check_ifstatus -H $HOSTADDRESS$ -C $ARG1$ -v $ARG2$ -x $ARG3$
}
```

Nagiosホストのサービス定義

```
define service{
  use                  generic-service
  host_name            web1
  service_description  IF_STATUS_ALL
  check_command        check_ifstatus!public!1!24
}
```

web1のネットワークインタフェースの監視を行います。この例ではifTypeがループバックデバイス（softwareLoopback(24)）であるインタフェースを除外しています（-x）。

Linux系リモートホストの監視

リモートホストの監視は、Nagiosサーバが直接監視できないサーバを監視する際に使用します。Linux系OSの場合はcheck_by_ssh、check_nrpe（NRPE）を利用します。check_nrpeの監視コマンドは、このあとのデータベースサービスの監視や、Linux（UNIX系）サーバリソース監視で頻繁に利用します。

check_nrpe
NRPEを使用してリモートホスト（UNIX系）を監視

構文

check_nrpe -H <対象ホスト> [省略可能なオプション]

オプション

-H <アドレス>	監視対象のホスト名もしくはIPアドレスを指定する
-n	接続時SSLを使用しない。省略時はSSL接続となる
-u	応答がタイムアウトした場合UNKNOWNを検出する。省略時はCRITICALを検出
-p <ポート番号>	NRPEサーバの接続ポート番号を指定する。省略時は5666
-c <コマンド名>	監視対象のnrpe.cfgで設定したチェックコマンド名を指定する。省略時はコマンドを実行せず、NRPEサーバの応答だけを監視する
-t <タイムアウト(秒)>	タイムアウト値を秒で指定する。省略時は10秒
-a <文字列> [<文字列>] [<…>]	-cで指定したチェックコマンドで引数が必要な場合、その引数を指定する。複数指定する場合は半角スペース区切りで指定可能。省略時は何も指定されない

解説

監視対象のNRPEへアクセスしてコマンドを実行し、結果を処理するためのプラグインで、Nagiosホストのコマンド定義の「command_name check_nrpe」で利用するプラグインです。本書では「Linux（UNIX系）サーバリソース監視」の項目や「データベースサービスの監視」で利用しています。チェック結果の状態はNRPEサーバ側で定義したコマンドが応答しますが、NRPEサーバに接続できない場合にもCRITICALまたは設定によりUNKNOWNを応答します。また、nrpe.cfgに定義したコマンドに異常がある場合はUNKOWNを応答します。

例1　NRPEを利用した監視コマンドを設定する

Nagiosホストのコマンド定義
```
define command{
  command_name    check_nrpe
  command_line    $USER1$/check_nrpe -H $HOSTADDRESS$ -c $ARG1$
}
```

監視対象ホストのnrpe.cfg定義
```
command[check_disk]=/usr/local/nagios/libexec/check_disk -w 30% -c 20%
```

Nagiosホストのサービス定義
```
define service{
  use                 generic-service
  host_name           web1
  service_description DISK
  check_command       check_nrpe!check_disk
}
```

check_diskの例です。nrpe.cfgでWARNING、CRITICAL閾値を指定しています。

例2　NRPEを利用した監視コマンドを設定する（$ARG<N>$を利用）

Nagiosホストのコマンド定義
```
define command{
  command_name    check_nrpe_arg
  command_line    $USER1$/check_nrpe -H $HOSTADDRESS$ -c $ARG1$ -a $ARG2$
}
```

監視対象ホストのnrpe.cfg定義
```
command[check_disk]=/usr/local/nagios/libexec/check_disk -w $ARG1$ -c $ARG2$
```

Nagiosホストのサービス定義
```
define service{
  use                 generic-service
  host_name           web1
  service_description DISK
  check_command       check_nrpe_arg!check_disk!30% 20%
}
```

　例1のWARNING、CRITICAL閾値を$ARG<N>$を使用してNagios側で設定した例です。サービス定義のcheck_commandの2番目の引数にnrpe.cfg内の$ARG1$、$ARG2$にあたる値を半角スペース区切りで設定しています。このように、-aは監視対象の閾値などをnagiosホスト側で設定する場合に利用します。

　ただし、この設定を行うためにはNRPEのconfigureオプションで--with-command-argsを付与してビルドし、nrpe.cfgの「dont_blame_nrpe」を「1」に設定する必要があります。

また、外部から任意の値を受けることを許可する設定なので、セキュリティの強度がやや下がります。

check_by_ssh
SSHを利用してリモートホストを監視

構文

check_by_ssh -H <対象ホスト> -C <コマンド名> [省略可能なオプション]

オプション

オプション	説明
-H <アドレス>	監視対象ホストのIPアドレスやホスト名を指定する
-C <コマンド>	リモートホストで実行するコマンドを入力する。複数回指定できる。複数回指定する場合はパッシブモードとなる
-p <ポート番号>	SSH接続するポート番号を指定。省略時は22
-4	IPv4接続を行う。省略時には-Hで指定した対象ホストアドレスがIPv4アドレスであれば-4が付与され、IPv6アドレスであれば-6が付与される
-6	IPv6接続を行う。省略時は-4の省略時と同様-Hで指定したアドレスにより決まる
-1	SSHのバージョン1を使用する。省略時は-1、-2どちらか接続可能な物を使用する
-2	SSHのバージョン2を使用する。省略時は-1、-2どちらか接続可能な物を使用する
-S [<行数>]	-Cで指定したコマンドの標準出力のすべて、もしくは最初の行から指定した行数分の出力をスキップする。省略時はスキップしない
-E [<行数>]	-Cで指定したコマンドの標準エラー出力のすべて、もしくは最初の行から指定した行数分の出力をスキップする。省略時はスキップしない
-l <ユーザ名>	SSHログインする際に使用するユーザ名を指定する
-i <秘密鍵へのパス>	SSHログインする際に使用する秘密鍵を指定する
-O <外部コマンドファイルパス>	パッシブモードで使用する場合に指定し、Nagiosの外部コマンドファイルを指定する。-sと-nが必須。省略時はアクティブモードとなる
-s <文字列>[:<文字列>][:<…>]	パッシブモード時にNagiosの対象サービス名を指定する。:区切りで複数指定可能。-Cを複数指定した場合、その数だけ指定する必要がある
-n <Nagiosホスト名>	パッシブモード時の監視対象ホスト名を指定する
-t <タイムアウト(秒)>	SMTPサーバの応答のタイムアウト値を秒で指定する。省略時は10秒
-v	デバッグのための詳細なコマンドラインを表示

解説

監視対象ホストにSSH接続を行い、対象ホスト内のコマンドを実行し、そのリターンコードで監視を行うプラグインです。リモートホストで実行されるコマンドは

どのようなものでもよいですが、Nagiosのプラグインを導入するとリソースの監視は行いやすいでしょう。このプラグインはNRPEを導入できない環境で有用です。

ただし、Nagiosホストから接続ユーザでパスワードなしSSHログインが行えるようSSHを設定し、コマンドも実行できるようにしておく必要があります。また、NRPEよりもオーバーヘッドが大きいというデメリットもあります。

このコマンドには通常モードと、パッシブモードがあり、通常モードではほかのプラグイン同様に監視結果を標準出力とリターンコードに出力します。一方でパッシブモードでは監視結果をNagiosの外部コマンドファイルに直接出力します。パッシブモードでは1回の接続で複数のコマンドを実行できるため、SSH接続のオーバーヘッドを小さくできます。

例1　SSHを利用してリモートホストを監視する（通常モード）

Nagiosホストのコマンド定義

```
define command{
  command_name    check_by_ssh
  command_line    $USER1$/check_by_ssh -H $HOSTADDRESS$ -i /usr/local/nagios/etc/id_rsa -l sshuser -C $ARG1$  実際は1行
}
```

Nagiosホストのサービス定義

```
define service{
  use                 generic-service
  host_name           web1
  service_description SSH_LOAD
  check_command       check_by_ssh!"$USER1$/check_load -w 2,2,2 -c 3,3,3"
}
```

秘密鍵を指定し(-i)、sshuserで監視対象web1に接続し(-l)、check_loadコマンドを実行しリモートホストのロードアベレージの監視を行います。この例ではリモートホストのcheck_loadは/usr/local/nagios/libexec/にインストールされている前提で、サービスのコマンド指定部分に$USER1$を使用しています。

「Remote command execution failed: Host key verification failed.」と出る場合はnagiosユーザで「ssh <対象ホスト>」を実行してsshのホストキーを登録してください。

例2　SSHを利用してリモートホストを監視する（パッシブモード）

パッシブモードで複数のチェックコマンドを監視する例を示します。パッシブモードでの例はcheck_by_sshをcrontabなどで定期実行する方法もありますが、この例では1つのアクティブチェックサービスとして登録し、複数のサービスを同時に監視しています。

Nagiosホストのコマンド定義

```
define command{
  command_name    check_by_ssh_p
  command_line    $USER1$/check_by_ssh -H $HOSTADDRESS$ -i /usr/local/nagios/etc/id_rsa -l sshuser -n $HOSTNAME$ -s $ARG1$ $ARG2$ -O $COMMANDFILE$
}
```

第2章 Nagios標準プラグイン

Nagiosホストのサービス定義（コマンド実行用）

```
define service{
    use                 generic-service
    host_name           web1
    service_description SSH_CHECKS
    check_command       $USER1$/check_by_ssh_p!P_LOAD:P_DISK:P_PROC!-C "$USER1$/check_load -w 5,5,5 -c 10,10,10" -C "$USER1$/check_disk -w 80 -c 90" -C "$USER1$/check_procs -w 100 -c 200"  実際は1行
}
```

　上記の定義は check_by_ssh を定期的に実行するためのサービスで、このサービスで check_load,check_disk,check_procs を実行し、P_LOAD、P_DISK、P_PROC サービスに登録するという処理をします。

各サービス用のサービス定義

```
define service{
    use                     generic-service
    host_name               web1
    service_description     P_LOAD
    active_checks_enabled   0
    passive_checks_enabled  1
    check_command           check_dummy!0
}
define service{
    use                     generic-service
    host_name               web1
    service_description     P_PROC
    active_checks_enabled   0
    passive_checks_enabled  1
    check_command           check_dummy!0
}
define service{
    use                     generic-service
    host_name               web1
    service_description     P_DISK
    active_checks_enabled   0
    passive_checks_enabled  1
    check_command           check_dummy!0
}
```

　上のコマンド実行用のサービスで実行された監視結果を処理するサービスを登録します。パッシブサービスですので active_checks_enabled は0にし無効としています（**245ページ**参照）。check_command は空にできないので check_dummy コマンドを使用しています。

データベースサービスの監視

データベースサーバ専用の監視プラグインとしてはPostgreSQL、MySQL、Oracleが標準監視プラグインに付属しています。データベースサービスはリモートから監視することも、NRPEを経由して監視することもできます。

データベースへのアクセスはセキュリティ上制限されていることのほうが多いと思いますので、ここではNRPE経由での監視方法を紹介します。

check_pgsql
PostgreSQLサーバを監視

構文
check_pgsql [省略可能なオプション]

オプション

オプション	説明
-H <アドレス>	監視対象のホスト名、IPアドレスを指定する。省略時はlocalhost。check_pgsql <ホスト>のように-Hは省略可能
-P <ポート番号>	PostgreSQLへの接続ポート番号を指定する。省略時は5432番
-4	IPv4接続を行う。省略時には-Hで指定した対象ホストアドレスがIPv4アドレスであれば-4が付与され、IPv6アドレスであれば-6が付与される
-6	IPv6接続を行う。省略時は-4の省略時と同様、-Hで指定したアドレスにより決まる
-d <データベース名>	監視するデータベースを指定する。省略時はtemplate1が指定される
-l <ユーザ名>	PostgreSQLへの接続ユーザを指定する。省略時はcheck_pgsql実行ユーザが指定される
-p <パスワード>	PostgreSQLへの接続パスワードを指定する。省略時はパスワードが指定されない
-w <応答速度(秒)>	PostgreSQLへ接続の応答速度のWARNING閾値を秒で指定する。省略時は2秒
-c <応答速度(秒)>	PostgreSQLへ接続の応答速度のCRITICAL閾値を秒で指定する。省略時は8秒
-t <タイムアウト(秒)>	接続タイムアウトを秒で指定する。省略時は10秒
-v	コマンドラインでのデバッグのための出力を行う

解説

PostgreSQLデータベースに接続および、接続速度の監視を行うプラグインです。PostgreSQLへの接続が行えない場合、あるいは接続速度がCRITICAL閾値より大きい場合にCRITICALを検出します。接続ができるが接続速度がWARNING閾値より大きい場合はWARNINGとなります。

オプションで接続ユーザ名とパスワードを指定できますが、このパスワードは

第2章 Nagios標準プラグイン

psのプロセスリストに表示されてしまうため、セキュリティ上権限を絞った専用のユーザを利用することをお勧めします。

例 PostgreSQLサーバをNRPEを使用して監視する

監視対象ホストのnrpe.cfg定義
```
command[check_pgsql]=/usr/local/nagios/libexec/check_pgsql -w 5 -c 10 -d template1 -l ext -p pass  実際は1行
```

Nagiosホストのサービス定義
```
define service{
    use                  generic-service
    host_name            db1
    service_description  PGSQL
    check_command        check_nrpe!check_pgsql
}
```

データベース名：template1(-d)、ユーザ名：ext(-l)、パスワード：pass(-p)で5秒以内に接続できない場合はWARNING(-w)、10秒以内に接続できない場合はCRITICAL(-10)を検知します。

check_mysql
MySQLサーバを監視

構文

check_mysql [省略可能なオプション]

オプション

-H <アドレス>	監視対象のホスト名、IPアドレスを指定する。省略時はlocalhost。check_mysql <ホスト>のように-Hは省略可能
-P <数値>	接続するポート番号を指定する。省略時は3306
-s <soketファイルパス>	MySQLサーバのsocketファイルのパスを指定する。省略時は/var/lib/mysql/mysql.sockが指定される
-d <データベース名>	監視対象のデータベース名を指定する。省略時はデータベース名を指定せず接続する
-u <ユーザ名>	データベース接続用のユーザ名を指定する。省略時はコマンド実行ユーザが指定される
-p <パスワード>	データベース接続用のユーザのパスワードを指定する。省略時はパスワードが指定されない
-S	スレーブ状態の監視を行う。スレーブとして設定されていない場合はWARNING、スレーブ状態に異常がある場合はCRITICALを検出する
-w <遅延時間(秒)>	スレーブのマスタとの遅延のWARNING閾値を秒で指定する。-Sとともに使用する

-c <遅延時間(秒)>	スレーブのマスタとの遅延のCRITICAL閾値を秒指定する。-S とともに使用する

解説

MySQLサーバの接続を監視します。Out Of Memoryなどで接続に問題がある場合にWARNING、サーバダウンなどで接続ができない場合にCRITICALとなります。また-Sを付与することで、スレーブで動作しているかや、マスタとスレーブのずれが閾値以内かどうかの監視もできます。

オプションで接続ユーザ名とパスワードを指定できますが、このパスワードはpsのプロセスリストに表示されてしまうため、セキュリティ上権限を絞った専用のユーザを利用することをお勧めします。

例1　MySQLサーバをNRPEを使用して監視する

監視対象ホストのnrpe.cfg定義
```
command[check_mysql]=/usr/local/nagios/libexec/check_mysql -d test -u ext -p pass
```

Nagiosホストのサービス定義
```
define service{
  use                  generic-service
  host_name            db1
  service_description  MySQL
  check_command        check_nrpe!check_mysql
}
```

監視対象ホストdb1のデータベースに、データベース名：test(-d)、ユーザ名：ext(-u)、パスワード：pass(-p)で接続し接続可能かどうかを監視します。

例2　NagiosホストからMySQLサーバのスレーブの状態を監視する

Nagiosホストのコマンド定義
```
define command{
  command_name  check-mysql-slave
  command_line  $USER1$/check_mysql -H $HOSTADDRESS$ -d $ARG1$ -u $ARG2$ -p $ARG3$ -w $ARG4$ -c $ARG5$ -S   実際は1行
}
```

Nagiosホストのホスト定義例
```
define service{
  use                  generic-service
  host_name            db2
  service_description  MySQL-Slave
  check_command        check-mysql-slave!test!ext!pass!5!10
}
```

リモートホスト「db2」のデータベースサーバがスレーブで動作し(-S)、マスタとの更新のずれが5秒以上の場合はWARNING(-w)、10秒以上の場合はCRITICAL(-c)を検出します。

check_mysql_query
MySQLでのクエリ応答監視

構文

check_mysql_query -q <SQLクエリ> [省略可能なオプション]

オプション

オプション	説明
-q <SQL文>	実行する SQL クエリを指定する。クエリ結果の最初の行だけが監視対象となる
-w <数値>:<数値>	クエリの結果で WARNING とみなさない範囲を指定する。1つの数値で指定する場合は指定した値以内という判定となる。**開始値:終了値、:終了値、開始値:** のように範囲での指定も可能。クエリの実行結果がこの範囲外の値であれば WARNING となる。省略時はクエリ結果による判定は行わない
-c <数値>:<数値>	クエリの結果で CRITICAL とみなさない範囲を指定する。指定方法は WARNING と同様。省略時はクエリ結果による判定は行わない
-H <アドレス>	監視対象のホスト名、IP アドレスを指定する。省略時は localhost が指定される
-P <数値>	接続するポート番号を指定する。省略時は 3306
-s <ソケットファイルパス>	MySQL サーバのソケットファイルのパスを指定する。省略時は /var/lib/mysql/mysql.sock が指定される
-d <データベース名>	監視対象のデータベース名を指定する。省略時はデータベースを指定せずに接続する
-u <ユーザ名>	データベース接続用のユーザ名を指定する。省略時はコマンド実行ユーザが指定される
-p <パスワード>	データベース接続用のユーザのパスワードを指定する。省略時はパスワードが指定されない

解説

　MySQLへ接続してクエリを実行し、その結果を監視します。WARNING、CRITICALの閾値には数値を指定します。このため、クエリの実行結果は数値となるようにします。

　たとえば、クエリの結果が5だとします。WARNING閾値が3、CRITICAL閾値が6とすれば、CRITICALの範囲には含まれますが、WARNINGの閾値外となるため、監視の状態はWARNINGとなります。

　オプションで接続ユーザ名とパスワードを指定できますが、このパスワードはpsのプロセスリストに表示されてしまうため、セキュリティ上権限を絞った専用のユーザを利用することをお勧めします。

例　MySQLへのSQLクエリの結果を監視する

監視対象ホストのnrpe.cfg定義

```
command[check_mysql_query]=/usr/local/nagios/libexec/check_mysql_query -q 'SELECT COU
NT(*) FROM nagios' -u nagiosuser -p password -d test -w 5:10 -c 1:10  実際は1行
```

Nagiosホストのサービス定義

```
define service{
    use                     generic-service
    host_name               db1
    service_description     MySQL Query
    check_command           check_nrpe!check_mysql_query
}
```

MySQL上のtestというデータベース(-d)のnagiosテーブルのレコードを数える「SELECT COUNT(*) FROM nagios」というクエリを発行し(-q)、このクエリの結果が5～10の範囲であればOK、1～4ならばWARNING(-w)、それ以外はCRITICALとなります(-c)。-u、-pでデータベース接続用のユーザ名とパスワードを指定しています。

check_oracle
オラクルデータベースを監視

構文

```
check_oracle (--tns <SIDあるいはホスト名/IPアドレス>|--db <SID
>|--login <SID>|--cache <SID> <ユーザ名> <パスワード> <CRITIAL
値> <WARNING値>|--tablespace <SID> <ユーザ名> <パスワード> <TA
BLESPACE名> <CRITIAL値> <WARNING値>) [省略可能なオプション]
```

オプション

--tns <SIDあるいはホスト名、IPアドレス>	指定したOracleデータベースに、tnspingコマンドに対する応答があるかどうかの監視を行う
--db <SID>	指定したSIDのOracle PMONプロセスが起動しているかどうか監視する
--login <SID>	ログイン可能状態の監視。sqlplusコマンドでダミーのログインを試み、ORA-01017: invalid username/passwordの応答があるかどうか監視行う。これ以外の応答の場合はCRITICALを検出する
--cache <SID> <ユーザ名> <パスワード> <CRITIAL値> <WARNING値>	指定したOracle SIDのデータベースインスタンスのライブラリおよびディクショナリキャッシュのヒット率の監視を行う。この監視を行うためには、Oracleの「v_」表をSELECT可能なOracleユーザを指定する必要がある
--tablespace <SID> <ユーザ名> <パスワード> <TABLESPACE名> <CRITIAL値> <WARNING値>	指定したOracle SID データベースの指定したテーブルスペースの使用量を監視する。この監視を行うためにはOracleの「dba_data_files」「dba_free_space」表をSELECT可能なOracleユーザを指定する必要がある

第2章 Nagios標準プラグイン

解説

Oracleデータベースについて、TNS接続性、データベース起動、ログイン可否、ライブラリ／バッファキャッシュヒット率、テーブルスペースの使用量の監視が行えます。このコマンドを実行するためにはOracleクライアントが導入されており、/etc/oratabまたはOracleの環境変数が正しく設定されている必要があります。そのため、通常Oracleサーバにこのプラグインを導入してNRPE経由での監視を行います。

例1　OracleデータベースへのTNS接続を監視する

監視対象ホストのnrpe.cfg定義

```
command[check_oracle_tns]=/usr/local/nagios/libexec/check_oracle --tns XTR
```

Nagiosホストのサービス定義

```
define service{
  use                  generic-service
  host_name            db1
  service_description  ORACLE TNS
  check_command        check_nrpe!check_oracle_tns
}
```

Oracle SID「XTR」のTNS接続が可能かどうかの監視を行います(--tns)。接続が行えない場合はCRITICALを検出します。

例2　Oracleデータベースのライブラリ、ディクショナリキャッシュヒット率を監視する

監視対象ホストのnrpe.cfg定義

```
command[check_oracle_cache]=/usr/local/nagios/libexec/check_oracle --cache XTR nagiosuser password 93 95   実際は1行
```

Nagiosホストのサービス定義

```
define service{
  use                  generic-service
  host_name            db1
  service_description  ORACLE CACHE
  check_command        check_nrpe!check_oracle_cache
}
```

Oracle SID「XTR」ライブラリおよびディクショナリキャッシュのヒット率を監視します(--cache)。ヒット率が95%以下の場合はWARNING、93%以下の場合はCRITICALを検出します。

なお、SQL接続が行えない場合などの「ORA-<数字>」エラーが発生した場合もCRITICALを検出します。Oracleユーザとして「v_」表のSELECT権限のある「nagiosuser」を指定しています。

Linux（UNIX系）サーバリソース監視

サーバリソースの監視はLinuxなどのUNIX系OSで実行することで、ディスク使用量やメモリ使用率などのサーバリソースの監視や、ログインユーザ数、アップデートのチェックなどのホストの状態を監視します。ネットワークサービスではないため、リモートのNagiosホストから接続を行うためにNRPEを導入した監視になります。

check_disk
ディスク使用率を監視

構文

check_disk -w <WARNING閾値> -c <CRITICAL閾値> [省略可能なオプション]

オプション

-w <空き容量>	空き領域のWARNING閾値を指定する。空き容量がここで指定した値以下になった場合にWARNINGを検出する。値は-uで指定したユニット単位、あるいは値%という表記でパーセンテージで指定する
-c <空き容量>	空き領域のCRITICAL閾値を指定する。空き容量がここで指定した値以下になった場合にCRITICALを検出する。値は-uで指定したユニット単位、あるいは値%という表記でパーセンテージで指定する
-W <inode空き%>	inodeの空き領域のWARNING閾値をパーセンテージで指定する。省略時はinodeの空き容量監視を行わない
-K <inode空き%>	inodeの空き領域のCRITICAL閾値をパーセンテージで指定する。省略時はinodeの空き容量監視を行わない
-p <パーティション>	監視するパーティションをデバイスへのフルパスあるいはマウントポイントへのフルパスで指定する。-p / -p /bootのように監視対象に含めるパーティションの数だけ繰り返し指定可能。省略時はマウントされているディスク全体が対象となる
-x <パーティション>	除外するパーティションをマウントポイントあるいはデバイスへのフルパスで指定する。このオプションは-pを付与していない場合に使用する
-C	閾値設定を無視し、監視対象ディスクへアクセスできない場合にのみCRITICALを検出する
-e	チェック結果の表示でWARNINGやCRITICALと判断されたパーティションだけを表示する。指定しない場合はすべてのパーティションを表示する
-l	NFSなどのネットワークマウントは除外され、ローカルのディスクのみをチェック対象とする。省略時はマウントされているすべてが対象となる

第2章 Nagios標準プラグイン

オプション	説明
-L	ローカルのディスクのみをチェック対象とするがNFSへのアクセスは試みる。NFS領域をディスク使用量の監視は除外したいが、NFSへアクセスできるかの監視を行う場合に使用する。省略時はマウントされているすべてが対象となる
-k	閾値の単位を「KB」で行う。-u kBと同じ意味
-m	閾値の単位を「MB」で行う。-u MBと同じ意味
-A	すべてのパーティションを選択する。-iや-Iで正規表現を使用して、除外するパーティションを指定する場合に使用する。省略時はパスやパーティションを除外しない
-R <正規表現>	大文字小文字区別なしの正規表現でパスやパーティションを指定する。-R <正規表現> -R <正規表現>のように繰り返し指定可能。省略時はパスやパーティションを指定しない
-r <正規表現>	大文字小文字区別ありの正規表現でパスやパーティションを指定する。-r <正規表現> -r <正規表現>のように繰り返し指定可能。省略時はパスやパーティションを指定しない
-I <正規表現>	大文字小文字区別なしの正規表現で除外するパスやパーティションを指定する。-I <正規表現> -I <正規表現>のように繰り返し指定可能。省略時はパスやパーティションを除外しない
-i <正規表現>	大文字小文字区別ありの正規表現で除外するパスやパーティションを指定する。-i <正規表現> -i <正規表現>のように繰り返し指定可能。省略時はパスやパーティションを除外しない
-u <kb|MB|GB|TB>	閾値の単位をKB、MB、GB、TBで指定する。省略時はMB
-X <FSタイプ>	除外するファイルシステムタイプを指定する。-X <FSタイプ> -X <FSタイプ>のように複数指定可能
-t <タイムアウト(秒)>	プログラムのタイムアウト値を秒で指定する。省略時は10秒
-v	デバッグ用の出力を表示する。コマンドラインからのテストに使用する

解説

監視対象ホストのディスクの使用率(容量、inode)および、ディスクアクセスの可否について監視を行います。ディスクの監視はこのプラグインをリモートホストに導入し、NRPEなどで監視を行います。

例1 ディスク上のすべてのパーティションを監視する

監視対象ホストのnrpe.cfg定義

```
command[check_disk]=/usr/local/nagios/libexec/check_disk -w 30% -c 20%
```

Nagiosホストのサービス定義

```
define service{
    use                  generic-service
    host_name            web1
    service_description  DISK
    check_command        check_nrpe!check_disk
}
```

マウントしているパーティションのいずれかのパーティションの空き容量が30％以下になった場合にWARNING(-w)、20％以下(-c)、あるいは値が10秒以内に値が取得できない場合にCRITICALを応答します

例2　ディスク上の一部のパーティションを監視する

監視対象ホストのnrpe.cfg定義

```
command[check_disk_not_tmp]=/usr/local/nagios/libexec/check_swap -w 30% -c 20% -A -i tmp
```

Nagiosホストのサービス定義

```
define service{
  use                 generic-service
  host_name           web1
  service_description DISK
  check_command       check_nrpe!check_disk_not_tmp
}
```

マウントしているパーティションのうち「tmp」文字列が含まれるパーティション以外(-i)の空き容量が30％以下になった場合にWARNING(-w)、20％以下(-c)、あるいは値が10秒以内に値が取得できない場合にCRITICALを応答します。

check_load
ロードアベレージを監視

構文

check_load ［省略可能なオプション］ -w <1分平均閾値>,<5分平均閾値>,<15分平均閾値> -c <1分平均閾値>,<5分平均閾値>,<15分平均閾値>

オプション

- **-w <1分平均閾値>,<5分平均閾値>,<15分平均閾値>**
  ロードアベレージのWARNINGの閾値を「1分平均値,5分平均値,15分平均値」の形式で指定する

- **-c <1分平均閾値>,<5分平均閾値>,<15分平均閾値>**
  ロードアベレージのCRITICALの閾値を「1分平均値,5分平均値,15分平均値」の形式で指定する

- **-r**　CPU数で割った平均値を監視対象とする

解説

サーバのロードアベレージの値を監視します。WARNING、CRITICAL閾値はuptimeやwコマンドの「load average:」欄の形式で指定します。-rを使用すると、複数CPUがある場合にロードアベレージをCPU数で割った値で判断します。

このプラグインをリモートホストにインストールしてNRPE経由などで監視を行います。

例　ロードアベレージを監視する

監視対象ホストのnrpe.cfg定義
```
command[check_load]=/usr/local/nagios/libexec/check_load -w 10,3,2 -c 20,10,5
```

Nagiosホストのサービス定義
```
define service{
    use                  generic-service
    host_name            web1
    service_description  LOAD
    check_command        check_nrpe!check_load
}
```

ロードアベレージの値が1分平均10、5分平均3、15分平均2でWARNING、1分平均20、5分平均10、15分平均5でCRITICALを検出します。

check_swap
スワップメモリを監視

構文

check_swap [省略可能なオプション] -w <空き容量> -c <空き容量>

オプション

-w <空き容量>	WARNING閾値を空き領域で設定する。**数値%**でパーセンテージ、**数値**でバイトでの指定を行う
-c <空き容量>	CRITICAL閾値を空き領域で設定する。**数値%**でパーセンテージ、**数値**でバイトでの指定を行う
-v[vv]	コマンドラインを用いてデバッグ表示をする。-vv、-vvvと3レベルまで指定可能

解説

　ホストのスワップメモリ使用量をチェックします。空き領域のパーセンテージ、あるいはバイト数での監視が行えます。スワップメモリの監視はこのプラグインを監視対象ホストへインストールし、NRPEなどを経由して監視を行います。

例　スワップメモリ空き領域を監視する

監視対象ホストのnrpe.cfg定義
```
command[check_swap]=/usr/local/nagios/libexec/check_swap -w 50% -c 30%
```

Nagiosホストのサービス定義
```
define service{
    use                  generic-service
    host_name            web1
```
（次ページに続く）

```
service_description    SWAP_FREE
check_command          check_nrpe!check_swap
}
```

監視対象ホストのSWAP空き領域が30%より多く50%以下になるとWARNING(-w)を検出し、30%以下になるとCRITICAL(-c)となるように設定します。

check_users
ログインユーザ数を監視

構文
check_users -w <ログイン数> -c <ログイン数>

オプション

-w <ログイン数>	WARNINGとなる同時ログイン数を指定する。ログイン数がこの値を上回ればWARNINGとなる
-c <ログイン数>	CRITICALとなる同時ログイン数を指定する。ログイン数がこの値を上回ればCRITICALとなる

解説

Linuxのシステムアカウントでログインしているユーザ数に応じてWARNINGやCRITICALを検出するプラグインです。ログインユーザの判定は内部的にwhoコマンドで行っています。FTPやPOP3、IMAPでのログインユーザはカウントされず、シェルアカウントのみカウントされます。このプラグインは監視対象ホストにインストールし、NRPEなどのツールを利用して監視を行います。

例　ログインユーザ数を監視する

監視対象ホストのnrpe.cfg定義
```
command[check_users]=/usr/lib/nagios/plugins/check_users -w 5 -c 10
```

Nagiosホストのサービス定義
```
define service{
    use                  generic-service
    host_name            web1
    service_description  USERS
    check_command        check_nrpe!check_users
}
```

対象ホストのシェルログインユーザが6以上10未満でWARNING(-w)、11以上でCRITICAL(-c)を検出します。

第2章　Nagios標準プラグイン

check_procs
プロセスに関する監視

構文
check_procs ［省略可能なオプション］

オプション

-w <範囲>		WARNINGレベルの範囲を指定する。省略時は範囲によるチェックを行わない
-c <範囲>		CRITICALレベルの範囲を指定する。省略時は範囲によるチェックを行わない
-m [PROCS|VSZ|RSS|CPU|ELAPSED]		
		監視対象のメトリックを、PROCS(プロセス数)、VSZ(プロセスのVSZサイズ)、RSS(プロセスのRSSサイズ)、CPU(プロセスのCPU使用率)、ELAPSED(プロセスの経過時間)から指定する。省略時はPROCS
-t <タイムアウト値(秒)>		
		タイムアウト値を秒単位で指定する。省略時は10秒
-v		このプラグイン発行時の経過を詳細に表示する。デバッグ用に利用する。-vv、-vvvの3レベルまで利用可能

フィルタオプション

フィルタオプションは監視対象プロセスを絞るためのオプションです。いずれも指定しない場合はすべてのプロセスが対象となります。

-s <D|R|S|T|W|X|Z>	OSのpsコマンドで表示されるプロセス状態コードを、D(割り込み不可能なスリープ状態)、R(実行中または実行可能状態)、S(割り込み可能なスリープ状態)、T(ジョブ制御シグナルまたはトレースされているために停止中の状態)、W(ページング状態)、X(死んだ状態)、Z(ゾンビプロセス)で指定する
-p <親プロセスID>	指定した親プロセスからforkした子プロセスのみを対象とする
-z <VSZサイズ>	指定したVZS(仮想メモリ)サイズよりも大きなプロセスのみを対象とする
-r <RSSサイズ>	指定したRSS(物理メモリ)サイズよりも大きなプロセスのみを対象とする
-P <CPU%>	指定したよりも大きなCPU使用率のプロセスのみを対象とする
-u <USER>	指定したユーザIDあるいはユーザ名のプロセスのみを対象とする
-a <プロセス文字列>	文字列が含まれるプロセスのみを対象とする
--ereg-argument-array=<正規表現>	対象となる文字列が含まれるプロセスを正規表現で指定する
-C <コマンド名>	指定したコマンド(ps -eで表示されるコマンド名[パスは含まず])のみを対象とする

範囲指定

-w、-cで指定する際の範囲指定の方法を示します。

数値	指定値より多い場合に異常
最小値:最大値	最小値以上、最大値以下が正常。この範囲外の場合が異常

最小値:	最小値以上が正常。最小値未満の場合は異常
:最大値	最大値以下が正常。最大値より多い場合は異常
最大値:最小値	最小値より大きく、最大値より小さい値が異常。この範囲外が正常

解説

プロセスのさまざまな状態を監視するためのプラグインです。プロセス数を集計し閾値の範囲を超えるとアラートを上げます。-mを使用すると、psコマンドのVSZ、RSS、CPU、ELAPSED行を使用した監視が行えます。

また、フィルタオプションを使用すると監視するプロセスを特定のプロセス、特定のCPU使用率以上のプロセスのみを対象とすることも可能です。何も引数を指定しない場合はプロセス数の集計を行い常にOKを返します。なお、範囲指定はプラグイン開発ガイドラインの閾値フォーマットとは異なり独自のフォーマットです。

プロセスの監視はこのプラグインをリモートホストに導入しNRPEなどで監視を行います。

例1　ゾンビプロセス数を監視する

監視対象ホストのnrpe.cfg定義

```
command[check_z_proc]=/usr/local/nagios/libexec/check_procs -w 10 -c 20 -s Z
```

Nagiosホストのサービス定義

```
define service{
  use                  generic-service
  host_name            wcb1
  service_description  PROC_Z
  check_command        check_nrpe!check_z_proc
}
```

ゾンビプロセス(-s Z)が10より多い(11以上)の場合WARNING(-w)、20より多い(21以上)の場合CRITICAL(-c)を検出します。

例2　特定のユーザのプロセスのCPU使用率を監視する

監視対象ホストのnrpe.cfg定義

```
command[check_rootcpu_procs]=/usr/local/nagios/libexec/check_procs -w 10
-c 20 -u root -m=CPU 実際は1行
```

Nagiosホストのサービス定義

```
define service{
  use                  generic-service
  host_name            web1
  service_description  CPU_ROOT_PROCS
  check_command        check_nrpe!check_rootcpu_procs
}
```

rootユーザ実行プロセス(-u)でそのプロセスのCPU使用率(-m)が10%より多い場合にWARNING(-w)、20%より多い場合にCRITICAL(-c)を検知します。

例3 　特定の名前のプロセス数を監視する

監視対象ホストのnrpe.cfg定義

```
command[check_sqlgrey_procs]=/usr/local/nagios/libexec/check_procs -c 1: -C sqlgrey
```

Nagiosホストのサービス定義

サービス定義
```
define service{
  use                  generic-service
  host_name            web1
  service_description  PROC_SQLGREY
  check_command        check_nrpe!check_sqlgrey_procs
}
```

-Cでsqlgreyコマンドに限定し、1プロセス以上で正常という条件です(-c)。つまりデーモンとして起動するプロセスを監視するのに有効で、落ちると0プロセスになりCRITICALを検出します。

例4 　特定のコマンド名のプロセス数を監視する

監視対象ホストのnrpe.cfg定義

```
command[check_httpd_procs]=/usr/local/nagios/libexec/check_procs -c 5:150 -C httpd
```

Nagiosホストのサービス定義

```
define service{
  use                  generic-service
  host_name            web1
  service_description  PROC_HTTPD
  check_command        check_nrpe!check_httpd_procs
}
```

5プロセス以上、150プロセス未満で正常という条件で監視をします(-c)。一定数以上でも以下でも異常という状況で利用します。-Cでコマンド名を限定しています。

例5 　特定の文字列が含まれるプロセス数を監視する

監視対象ホストのnrpe.cfg定義

```
command[check_httpd2_procs]=/usr/local/nagios/libexec/check_procs -c 1: -a /etc/httpd2/conf/httpd.conf
```
実際は1行

Nagiosホストのサービス定義

```
define service{
  use                  generic-service
  host_name            web1
  service_description  PROC_HTTPD2
```

(次ページに続く)

check_command	check_nrpe!check_httpd2_procs
}	

「/etc/httpd2/conf/httpd.conf」という文字列がプロセスに含まれており1以上起動している場合は正常とみなします。-Cではps -eで出てくるコマンド名を指定しますが、その場合、たとえば引数を変えて同じプロセスを2つ別々の用途で利用している場合には検出できません。-aではプロセスの引数を含めた文字列が指定できます。

check_nagios
Nagiosを監視

構文

```
check_nagios -F <Nagiosのステータスファイル> -e <期限（分）>
-C <Nagiosプロセス文字列> [省略可能なオプション]
```

オプション

-F <ステータスファイルパス>	
	監視対象Nagiosプロセスのステータスファイルを指定する
-e <期限(分)>	ステータスファイルの未更新時間を分単位で指定。この値より更新時間が過去になるとWARNINGを検出
-C <プロセス文字列>	Nagiosプロセスに含まれる文字列を指定する。プロセスリストにこの文字列がマッチしない場合はCRITICALとなる
-v	コマンドラインでのデバッグのための出力を行う

解説

nagiosプロセスの監視を、プロセスが存在するかどうかと、ステータスファイルが定期的に更新されているかの2つの観点で行います。

Nagiosホスト自身に利用することもできますがNagiosプロセスに異常が出るとこのプラグインも実行されませんので、リモートNagiosホストをNRPE経由で監視するのがよいでしょう。

例　リモートのNagiosをNRPE経由で監視する

監視対象ホストのnrpe.cfg定義

```
command[check_nagios]=/usr/local/nagios/libexec/check_nagios -F /usr/local/nagios/var/status.dat  -e 5 -C /usr/local/nagios/bin/nagios
```
（実際は1行）

Nagiosホストのサービス定義

```
define service{
    use                 generic-service
    host_name           mon
    service_description NAGIOS
```
（次ページに続く）

第2章　**Nagios標準プラグイン**

```
    check_command            check_nrpe!check_nagios
}
```

　リモートNagiosホスト（mon）のステータスファイル（-F）の最終更新時間が直前の5分以内（-e）か、またはプロセスに/usr/local/nagios/bin/nagiosを含むものが存在するか（-C）を監視します。

check_ntp_time
NTPサーバとの時間のずれを監視

構文

check_ntp_time -H <対象ホスト> [省略可能なオプション]

オプション

-H <アドレス>	NTPサーバのホスト名もしくはIPアドレスを指定する
-w <誤差（秒）>	WARNINGの閾値を秒単位で指定する。省略時は60秒。閾値フォーマットが使用可能
-c <誤差（秒）>	CRITICALの閾値を秒単位で指定する。省略時は120秒。閾値フォーマットが利用可能
-p <ポート番号>	NTPサーバが使用するポート番号を指定する。省略時は123番
-q	NTPサーバと正常に通信できない場合、CRITICALではなくUNKNOWNを検出する
-t <タイムアウト値（秒）>	NTPサーバと通信する場合のタイムアウト値を秒単位で指定する。省略時は10秒
-v	コマンドラインでのデバッグのための出力を行う

解説

　監視ホストのシステムクロックとNTPサーバから返ってきた時刻を比較して、時刻がずれていないかをチェックします。WARNINGとCRITICALの閾値より監視ホストの時刻が早い、または遅れている場合、-w、-cで設定した監視状態になります。

例1　NTPDが起動しているホストの時刻のずれを監視する

Nagiosホストのコマンド定義

```
define command{
   command_name  check_ntp_time
   command_line  $USER1$/check_ntp_time -H $HOSTADDRESS$ -w $ARG1$ -c $ARG2$
}
```

087

Nagios ホストのサービス定義

```
define service{
  use                 generic-service
  host_name           web1
  service_description NTP_TIME
  check_command       check_ntp_time!30!60
}
```

　監視対象ホストに時刻同期のためのntpdが起動しており、Nagiosホストから接続可能である場合は、Nagiosホストと監視対象ホストとの時刻のずれを比較することで監視対象ホストの時刻の監視が行えます。この場合Nagiosホストのシステムクロックが正確である必要があります。この例では監視対象ホストの差が30秒以上、60未満の場合はWARNING(-w)、60秒以上の際はCRITICAL(-c)になるように設定しています。

例2　NTPDが起動していないホストの時刻のずれを監視する（NRPE経由）

監視対象ホストのnrpe.cfg定義

```
command[check_ntp_time]=/usr/local/nagios/libexec/check_ntp_time -H ntp.nict.jp -w 30 -w 60
```
実際は1行

Nagios ホストのサービス定義

```
define service{
  use                 generic-service
  host_name           web1
  service_description NTP_TIME
  check_command       check_nrpe!check_ntp_time
}
```

　監視対象ホストにNTPDを起動していない場合は、対象ホストにNRPEを導入して監視対象ホストとNTPサーバ（例ではntp.nict.jp）との時刻を比較しNRPE経由での監視を行います。

check_disk_smb
SMB経由でのディスク使用率を監視

構文

check_disk_smb -H <対象ホスト> -s <共有名> [省略可能なオプション]

オプション

-H <NetBIOS名>	監視対象サーバのNetBIOS名を指定
-s <共有名>	監視対象のWindows共有名を指定
-W <ワークグループ名>	ワークグループ名を指定する。省略時は「WORKGROUP」
-a <アドレス>	「-H」で指定したホストがほかのネットワークにある場合に監視対象のIPアドレスを指定する。省略時はIPアドレスが指定されない

第2章 Nagios標準プラグイン

-u <ユーザ名>	監視対象サーバへのログイン文字列を指定する。省略時は「guest」
-p <パスワード>	監視対象サーバへのログイン時のパスワードを指定する。省略時はパスワードが指定されない
-w <使用量 [k|M|G]>	監視対象であるSMBディスク使用量のWARNING閾値を指定する。単位を指定しない場合はパーセンテージでの指定となり、指定した場合はk(キロバイト)、M(メガバイト)、G(ギガバイト)となる。省略時は85%
-c <使用量 [k|M|G]>	監視対象SMBディスクの使用量のCRITICAL閾値を指定する。単位を指定しない場合はパーセンテージでの指定となり、指定した場合はk(キロバイト)、M(メガバイト)、G(ギガバイト)となる。省略時は95%
-P <ポート番号>	Windows共有への接続ポート(139あるいは445)を指定する。省略時はsmbclientコマンドの省略時の値を使用する

解説

Windows共有あるいはSambaサーバの共有ディスク使用率を監視し、閾値以上の使用率になるとWARNINGやCRITICALとなります。またユーザ名、共有名間違いや、接続不能などSMB接続に失敗した場合もCRITICALとなります。

例　Windows共有フォルダのディスク使用量を監視する

Nagiosホストのコマンド定義

```
define command {
  command_name    check_disk_smb
  command_line    $USER1$/check_disk_smb -a $HOSTADDRESS$ -H $ARG1$ -s $ARG2$ -W $ARG3$ -w $ARG4$ -c $ARG5$   実際は1行
}
```

Nagiosホストのサービス定義

```
define service{
  use                  generic-service
  host_name            web1
  service_description  DISK_SMB_SHARE
  check_command        check_disk_smb!SMBHOST!public!MYGROUP!80!90
}
```

監視対象web1のWindows共有名「public」の使用率を監視します。この例では、web1ホストのNetBIOS名「SMBHOST」(-H)の共有名「public」(-s)の使用率を監視しています。80%以上でWARNING(-w)、90%以上の使用率でCRITICAL(-c)となるようにしています。

check_file_age
ファイルの更新情報を監視

構文
check_file_age [-f] <監視対象ファイル> [省略可能なオプション]

オプション

-f <ファイルパス>	監視対象のファイルを指定する。check_file_age <対象ファイル>のように、-fは省略可能
-w <更新間隔(秒)>	更新時間がこの値より前の場合はWARNINGを検出する。省略時は240秒が指定される
-c <更新間隔(秒)>	更新時間がこの値より前の場合はCRITICALを検出する。省略時は600秒が指定される
-W <サイズ(バイト)>	ファイルサイズがこの値より小さい場合にWARNINGを検出する。値はバイトで指定する。省略時はファイルサイズの監視は行わない
-C <サイズ(バイト)>	ファイルサイズがこの値より小さい場合にCRITICALを検出する。値はバイトで指定する。省略時はファイルサイズの監視は行わない

解説
指定したファイルの更新時刻とファイルサイズを監視し、指定した閾値よりも更新時刻が前の場合やファイルサイズが小さい場合に異常として検出します。定期的に内容が更新されなければならないファイルが更新されているかを監視できます。この監視はプラグインを対象ホストに導入してNRPEなどで監視をします。

例　Webサーバのログファイルの更新頻度を監視する

監視対象ホストのnrpe.cfg定義
```
command[check_http_access_log]=/usr/local/nagios/libexec/check_file_age -f /var/log/httpd/access_log -w 60 -c 120 -C 1024
```
実際は1行

Nagiosホストのサービス定義
```
define service{
  use                 generic-service
  host_name           web1
  service_description HTTP_ACCESS_LOG
  check_command       check_nrpe!check_http_access_log
}
```

対象ホストweb1のWebサーバのログ/var/log/httpd/access_log(-f)の更新時間が60秒より前の場合はWARNING(-w)、120秒よりも前の場合(-c)、またはファイルサイズが1024バイトよりも小さい場合(-C)はCRITICALを検出します。

check_log
ログファイル内に出現する文字列の監視

構文
check_log -F <ログファイル> -O <旧ログファイル> [省略可能なオプション]

オプション

-F <ファイルパス>	監視対象ログファイルを指定する
-O <ファイルパス>	監視対象ログファイルをdiffで比較するための一時ファイルを指定する
-q <文字列>	障害として検出する文字列を指定する。省略時はファイルが存在する限り正常となる

解説

監視対象のテキストファイルに指定した文字列が出現するとCRITICALを検出します。しくみとしては-Fで指定したファイルを-Oで指定したファイルとしてコピーしておき、両者をdiffし、その結果の中に指定した文字列があるかどうかをチェックします。この監視もプラグインを対象ホストに導入しNRPEなどを経由して監視します。

例　ログファイルに含まれる文字列を監視する

監視対象ホストのnrpe.cfg定義
```
command[check_aplog]=/usr/local/nagios/libexec/check_log -F /var/log/httpd/aplog -O /tmp/.aplog_OLD -q ERROR  実際は1行
```

Nagiosホストのサービス定義
```
define service{
    use                  generic-service
    host_name            web1
    service_description  APLOG_ERROR
    check_command        check_nrpe!check_aplog
    is_volatile          1
}
```

web1のaplogを監視し、「ERROR」文字列が表示されるとCRITICALを検出します(-q)。-Oで一時ファイルを指定しています。

注意したいのは一度検出した文字列は次回のチェックでは検出されないため、1回でも出現したら通知を行いたい場合はis_volatile(241ページ参照)を1にして「volatileサービス」に設定するか、監視の「max_check_attempts」(243ページ参照)を1にして出現のごとに通知を送るようにする必要があります。

check_mrtg
MRTGを使用した監視

構文

check_mrtg [-F] <ログファイルパス> -v <1|2> -w <数値> -c <数値> [省略可能なオプション]

オプション

-F <ログファイルパス>	監視したいMRTGのログファイルを指定する。check_mrtg <ログファイルパス>のように-Fは省略可能
-v <1|2>	MRTGログ内の2つのデータのうちどちらを使用するか1、2で指定する。たとえばMRTGでトラフィックを取得している場合は1が入力側、2が出力側
-w <数値>	値のWARNING閾値を指定する
-c <数値>	値のCRITICAL閾値を指定する
-a <AVG|MAX>	監視する値を、MAX(MRTGの最大値)、AVG(平均値)で指定する。省略時にはAVGが指定される
-e <更新閾値(分)>	MRTGのログファイルがが更新されていない場合にWARNINGを検出する。その際の閾値を分単位で指定する。省略時にはログファイルの更新チェックを行わない
-l <ラベル文字列>	出力に使用するラベルを指定する。省略時は「value」
-u <単位文字列>	出力に使用する単位ラベルを指定する。省略時はラベルはなく値だけが出力される

解説

MRTG(*Multi Router Traffic Grapher*)のログファイルを監視し、閾値に達したログが出力されると検出するためのプラグインです。MRTGの設定は別途行う必要があります。

MRTGは主にホストのトラフィック量をグラフ化するツールで、このプラグインでもトラフィック量の監視が行えますが、トラフィック量の監視はcheck_mrtgtraf(**93ページ参照**)を利用するのが簡単です。なお、MRTGが稼働しているホストがNagiosホスト以外の場合は、このプラグインをMRTGホストに導入してNRPE経由で監視します。

例　MRTGのログを使ってCPU使用率を監視する

監視対象ホストのnrpe.cfg定義

```
command[check_mrtg]=/usr/local/nagios/libexec/check_mrtg -F /var/www/html/mrtg/192.0.2.1_1.log -w 70 -c 90 -l "CPU Usage" -v 2 -a AVG -u % -e 10
```
実際は1行

第2章 Nagios標準プラグイン

Nagiosホストのサービス定義

```
define service{
    use                  generic-service
    host_name            web1
    service_description  MRTG
    check_command        check_nrpe!check_mrtg
}
```

　MRTGホストのMRTGのログをNRPE経由で監視します。値が70でWARNING(-w)、90以上でCRITICAL(-c)、値は2番目を使用し(-v)、平均値を取ります(-a)。ラベルは「CPU Usage」で(-l)、単位は「%」とします(-u)。また、MRTGのログファイルの更新が10分ない場合はWARNINGを検出します(-e)。

check_mrtgtraf
MRTGを使用したトラフィック監視

構文

check_mrtgtraf [-F] <ログファイルパス> -w <入力値>,<出力値> -c <入力値>,<出力値> [省略可能なオプション]

オプション

-F <ログファイルパス>
　　監視したいMRTGのログファイルを指定する。check_mrtgtraf <ログファイルパス>のように-Fは省略可能

-w <入力値(bps)>,<出力値(bps)>
　　入力値,出力値というペアでWARNING閾値を指定する。単位はbps

-c <入力値(bps)>,<出力値(bps)>
　　入力値,出力値というペアでCRITICAL閾値を指定する。単位はbps

-a <AVG|MAX>
　　監視する値を、MAX(MRTGの最大値)、AVG(平均値)で指定する。省略時にはAVGが指定される

-e <更新閾値(分)>
　　MRTGのログファイルがが更新されていない場合にWARNINGを検出する。その際の閾値を分単位で指定する。省略時にはログファイルの更新チェックを行わない

解説

　check_mrtgtrafはMRTGの本来の用途で最も利用頻度の高いと考えられるMRTGで、トラフィックを取得していることを前提とした監視プラグインです。入力側、出力側を同時に監視できます。

093

例　MRTGのログを使ってトラフィック量を監視する

監視対象ホストのnrpe.cfg定義

```
command[check_mrtgtraf]=/usr/local/nagios/libexec/check_mrtgtraf -F /var/www/html/mrt
g/192.0.2.1_1.log -w 1000000,1000000 -c 2000000,2000000 -a AVG -e 10   実際は1行
```

Nagiosホストのサービス定義

```
define service{
  use                  generic-service
  host_name            web1
  service_description  MRTGTRAFFIC
  check_command        check_nrpe!check_mrtgtraf
}
```

　MRTGホストのMRTGトラフィックのログをNRPE経由で監視します。入力、出力共に平均値が1Mbpsを超えるとWARNING(-w)、2Mbpsを超えるとCRITICAL(-c)を検出します。また、MRTGのログファイルが10分更新されていない場合はWARNINGを検出します(-e)。

check_mailq
メールキュー数を監視

構文

check_mailq -w <WARNING閾値> -c <CRITICAL閾値> [省略可能なオプション]

オプション

-w <メール数>	WARNINGとして検出するメールキュー内のメール数を指定する
-c <メール数>	CRITICALとして検出するメールキュー内のメール数を指定する
-W <メール数>	WARNINGとして検出するメールキュー内の同じドメイン(FROM、TO)メール数を指定する。MTAがsendmailの場合にのみ利用可能。省略時はすべてのドメインが対象となる
-C <メール数>	CRITICALとして検出するメールキュー内の同じドメイン(FROM、TO)メール数を指定する。MTAがsendmailの場合にのみ利用可能。省略時はすべてのドメインが対象となる
-t <タイムアウト値(秒)>	プラグインのタイムアウト値を秒で指定する。省略時は15秒
-M <sendmail|qmail|postfix|exim>	MTAサーバの種類を指定する。省略値はsendmail
-v	コマンドラインでのデバッグのための出力を行う

解説

　メールサーバのメールキュー数を監視します。監視対象ホストにインストールしてNRPEなどから監視します。実際にmailqコマンド(qmailの場合はqmail-qstat)を発行しメールキューを取得します。そのため、Nagiosプラグイン実行ユーザから

mailqあるいはqmail-qstatコマンドが実行できる必要があります。また、プラグインconfigure時にqmail-qstatコマンドへのパスが通っている必要があります。

例　Postfix MTAのメールキューの数を監視する

監視対象ホストのnrpe.cfg定義
```
command[check_mailq]=/usr/local/nagios/libexec/check_mailq -w 10 -c 20 -M postfix
```

Nagiosホストのサービス定義
```
define service{
    use                     generic-service
    host_name               web1
    service_description     MAILQ
    check_command           check_nrpe!check_mailq
}
```

監視対象ホストweb1のpostfix MTAのメールキューの数(-M)を監視します。メールキューが10以上でWARNING(-w)、20以上でCRITICAL(-c)を検出します。

check_apt
Debian GNU/Linuxのアップデートをチェック

構文
```
check_apt [[-d|-u|-U] <apt-getオプション>] [省略可能なオプション]
```

オプション

[-d|-u|-U] <apt-getコマンドオプション>
　apt-getの動作モードを-d(dist-upgrade)、-u(updateおよびupgrade)、-U(upgrade)のいずれか指定する。省略すると-Uが指定される。引数としてapt-getコマンドのオプションを指定可能。apt-getオプションを省略した場合は-o 'Debug::NoLocking=true' -s -qqが付与される。なお、-uの場合はこのプラグインをroot権限で実行しなければならない

-i <対象パッケージ名>
　チェック対象のパッケージを指定する。指定には正規表現が利用できる。省略時はすべてのパッケージを対象とする

-e <除外パッケージ名>
　除外するパッケージを指定する。指定には正規表現が利用できる。省略時はすべてのパッケージを対象とする

-c <対象パッケージ名>
　CRITICALとして検出するパッケージを指定する。指定には正規表現が利用できる。指定外のパッケージはWARNINGとして検出する。省略時はすべてのパッケージがCRITICALになる

-t <タイムアウト値(秒)>
　プラグインのタイムアウト値を秒単位で指定する。省略時は10秒

解説

Linuxディストリビューションの一つであるDebian GNU/Linux系に付属しているパッケージ操作コマンドapt-getを利用したパッケージアップデートが存在するかどうかのチェックを行います。このプラグインはapt-getコマンドが必要で、監視対象のDebian系ホストにインストールしてNRPEなどから利用します。

例: Debian GNU/Linuxサーバの導入パッケージにアップデートの存在を監視する

監視対象ホストのsudoの設定

```
nagios    ALL=(root) NOPASSWD:/usr/local/nagios/libexec/check_apt
```
※「Defaults requiretty」が設定されている場合はコメントアウト

監視対象ホストのnrpe.cfg定義

```
command[check_apt]=/usr/sbin/sudo /usr/local/nagios/libexec/check_apt -u
```

Nagiosホストのサービス定義

```
define service{
  use                   generic-service
  host_name             web1
  service_description   CHECK_APT
  check_command         check_nrpe!check_apt
  check_interval        1440
}
```

apt-get updateでリストを更新したあと、apt-get upgradeでアップデートが存在するかチェックを行います(-u)。check_aptコマンドをrootで動かす必要があるため、sudoを利用して、NRPEの実行ユーザnagiosがroot権限でcheck_aptをパスワード入力なしで実行できるように設定します。

アップデートは日に何度もあるわけではないので、サービスの定義では1日1回チェックを行うようにcheck_intervalを1440に設定しています[注]。

注 check_intervalはタイムユニットで指定します。タイムユニットはメイン設定ファイルのintervanl_lengthで指定します。この例ではタイムユニットを初期値の60(1分)として設定しています。

check_ide_smart
S.M.A.R.T. Linux を使用してハードディスク状態を監視

構文

check_ide_smart [-d] <デバイス名> [省略可能なオプション]

オプション

-d <デバイス名>	テストするデバイスをフルパスで指定する。check_ide_smart <デバイス名>のように-dは省略可能
-n	Nagios用の出力で表示する。省略するとS.M.A.R.T.から取得したデータがすべて表示される

解説

S.M.A.R.T. Linux(http://smartlinux.sourceforge.net/)を利用したハードディスクのヘルス監視を行います。

デバイスが見つからない、S.M.A.R.T.非対応のデバイスである、値が読み出せない、S.M.A.R.T.テストのPreFailure項目が閾値以上である場合にCRITICALを検出し、S.M.A.R.T.でAdvisoryテスト項目が失敗している場合はWARNINGを応答します。

監視する際はこのプラグインをリモートホストに導入し、NRPEなどで監視を行います。

例　S.M.A.R.Tを利用してハードディスクを監視する

監視対象ホストのnrpe.cfg定義

```
command[check_smart]=/usr/lib/nagios/plugins/check_ide_smart -d $ARG1$ -n
```

Nagiosホストのサービス定義

```
define service{
    use                 generic-service
    host_name           web1
    service_description HDD_SMART_SDA
    check_command       check_nrpe!check_smart!/dev/sda
}
```

デバイス/dev/sdaのS.M.A.R.T.ヘルス情報からハードディスクのヘルスを監視します。NRPEの定義でデバイス指定を$ARG1$を使用し、サービス定義側でデバイスごとのサービス定義を記述しています。

Windowsの監視

　Nagiosの標準監視プラグインの中には、唯一Windowsサーバのリソース系の監視を行うためのcheck_ntプラグインがあります。このプラグインを利用するとWindowsのCPU、プロセス、サービスの状態監視が行えます。ただし、監視対象のWindowsホストにNSClient(http://nsclient.ready2run.nl/)を導入する必要があります。NSClientのインストール方法は**Appendix A**で解説しています。

check_nt
NSClientを利用してWindowsサーバを監視

構文

check_nt -H <対象ホスト> -v <監視項目> [省略可能なオプション]

全体オプション

-H <アドレス>	監視対象のホスト名、もしくはIPアドレスを指定する
-p <ポート番号>	NSClientが使用するポート番号を指定する。省略時は1248
-s <パスワード>	NSClientで指定したパスワードを指定する。省略時は設定されない
-w <閾値>	WARNING閾値を指定する。監視項目により設定内容は異なる
-c <閾値>	CRITICAL閾値を指定する。監視項目により設定内容は異なる
-v <CPULOAD|USEDDISKSPACE|PROCSTATE|CLIENTVERSION|FILEAGE|COUNTER|SERVICESTATE|MEMUSE>	監視項目を指定する(監視項目別オプション参照)
-l	-vで指定した監視項目それぞれに固有のパラメータを指定する(監視項目別オプション参照)
-t <タイムアウト値(秒)>	プラグインのタイムアウト値を秒単位で指定する。省略時は10秒
-d SHOWALL	監視結果を詳細に表示する。デバッグ時使用する

監視項目別オプション

-v CPULOAD -l <1-1440>,<WARNING閾値>,<CRITICAL閾値>[,<10回まで繰り返し>]
　　　　指定された時間でのCPUの平均の使用率を監視する。範囲は1～1440(分)まで指定でき、範囲と閾値のセットは一度に10回まで指定可能

-v USEDDISKSPACE -l <ドライブレター> [-w <WARNING閾値(%)>] [-c <CRITICAL閾値(%)>]
　　　　指定したドライブレターのボリューム使用率を監視する。ドライブレターは1文字で指定する。閾値は使用率を1～100の数値で指定する。閾値を指定しない場合は常に正常を検出する

第2章 Nagios標準プラグイン

-v SERVICESTATE [-d SHOWALL] -l <サービス1>[,<サービス2>][,<サービス3>][,<…>]
: Windowsサービスの監視を行う。複数のサービスを指定でき、いずれかが停止していたらCRITICALを検出する。-d SHOWALLを付与すると個々のサービスの状態も表示する。指定するサービスはWindowsの各サービスのプロパティの「表示名」ではなく「サービス名」を指定する

-v PROCSTATE [-d SHOWALL] -l <プロセス1>[,<プロセス2>][,<プロセス3>][,<…>]
: Windows上のプロセスの監視を行う。指定するプロセスはWindowsのタスクマネージャのプロセスタブのイメージ名に表示されている名称を指定する(例:WINLOGON.EXE)。また、-d SHOWALLを付与すると個々のプロセスの状態も表示する

-v CLIENTVERSION [-l <バージョン>]
: WindowsのNSClientのバージョンを表示する。-lでバージョンを指定すると、監視対象ホストの応答が指定したバージョンと一致しない場合はWARNINGを検出する

-v MEMUSE [-w <WARNING閾値(%)>] [-c <CRITICAL閾値(%)>]
: 物理メモリ使用率の監視を行う。閾値は1~100の使用率のパーセンテージで指定し、超えた場合障害を検出する。閾値を指定しない場合は常に正常を検出する

-v FILEAGE -l "<ファイルパス>" [-w <WARNING閾値(分)>] [-c <CRITICAL閾値(分)>]
: 指定したファイルの更新日時が指定した閾値以内であるかどうかを監視する。ファイルパスはドライブレターから始める必要がある(例: C:¥¥Windows¥logs.txt)。指定したファイルの更新日時が閾値より前の場合に障害を検出する。閾値を指定しない場合はファイルが存在する限り正常を検出する

-v COUNTER -l <カウンタ名>[,<カウンタの説明>] [-w <WARNING閾値>] [-c <CRIITCAL閾値>]
: Windowsの任意のパフォーマンスモニタのカウンタを使用した監視を行う。カウンタ名は"¥¥カウンタ名¥¥"と表記し、カウンタ名を完全な形で記述する。カウンタの説明は出力用のフォーマットの設定でprintfの形式で指定する。たとえば%.2f表記はカウンタ値を小数点第2位までの数値で表す

解説

WindowsでNSClientを通じて各種リソースやプロセスなどを監視するコマンドです。この監視プラグインは-vオプションに監視項目を指定することで、8種類の機能を使い分けます。またそれぞれの監視機能別に特有のパラメータを-lオプションで指定します。

例1　NSClientを使用してWindowsのCPU使用率を監視する

Nagiosのコマンド定義

```
define command{
  command_name    check_wincpuload
  command_line    $USER1$/check_nt -H $HOSTADDRESS$ -p $ARG1$ -v CPULOAD -l $ARG2$
}
```

Nagiosのサービス定義

```
define service{
  use                  generic-service
  host_name            win
  service_description  WINCPULOAD
  check_command        check_wincpuload!1248!3,80,90,5,70,80
}
```

WindowsのCPU使用率を監視します。この例では3分平均のCPU使用率が80%、あるいは5分平均が70%より大きい場合にWARNINGを検出し、3分平均が90%、5分平均が80%より大きい場合にCRITICALを検出します。

例2　NSClientを使用してWindowsのCドライブ使用率を監視する

Nagiosのコマンド定義
```
define command{
  command_name   check_windisk
  command_line   $USER1$/check_nt -H $HOSTADDRESS$ -p $ARG1$ -v USEDDISKSPACE -l $ARG2$ -w $ARG3$ -c $ARG4$  実際は1行
}
```

Nagiosのサービス定義
```
define service{
  use                  generic-service
  host_name            win
  service_description  WINDISK_C
  check_command        check_windisk!1248!C!80!90
}
```

WindowsのCドライブを監視します。80%以上の使用率でWARNING、90%以上でCRITICALを検出します。

例3　NSClientを使用してWindowsのサービスを監視する

Nagiosのコマンド定義
```
define command{
  command_name   check_winsv
  command_line   $USER1$/check_nt -H $HOSTADDRESS$ -p $ARG1$ -v SERVICESTATE -l $ARG2$ -d SHOWALL  実際は1行
}
```

Nagiosのサービス定義
```
define service{
  use                  generic-service
  host_name            win
  service_description  WIN_SERVICE
  check_command        check_winsv!1248!browser,AntiVrService,wuauserv
}
```

Windowsのサービスを監視します。browser、AntiVirService、wuauservサービスのいずれかが停止するとCRITICALを検出します。

第2章 Nagios標準プラグイン

例4 NSClientを使用してWindowsのプロセスを監視する

Nagiosのコマンド定義

```
define command{
  command_name   check_winproc
  command_line   $USER1$/check_nt -H $HOSTADDRESS$ -p $ARG1$ -v PROCSTATE -l $ARG2$ -d SHOWALL 実際は1行
}
```

Nagiosのサービス定義

```
define service{
  use                  generic-service
  host_name            win
  service_description  WIN_PROC_WINLOGON
  check_command        check_winproc!1248!WINLOGON.EXE
}
```

Windowsのプロセスを監視します。次の例ではWINLOGON.EXEプロセスが停止するとCRITICALを検出します。

例5 NSClientを使用してページングサイズ（カウンタ）を監視する

Nagiosのコマンド定義

```
define command{
  command_name   check_winpage
  command_line   $USER1$/check_nt -H $HOSTADDRESS$ -p $ARG1$ -v COUNTER -l "\\Paging File(_Total)\\% Usage","Paging file usage is %.2f %%" -w $ARG2$  -c $ARG3$ 実際は1行
}
```

Nagiosのサービス定義

```
define service{
  use                  generic-service
  host_name            win
  service_description  WIN_PAGEUSE
  check_command        check_winpage!1248!50!60
}
```

Windowsのパフォーマンスカウンタを使用してページングサイズを監視します。ページ使用率が50％を超えたらWARNING、60％を超えるとCRITICALを検出します。

Nagiosの監視補助ユーティリティ

最後に、プラグイン自体にサービスをチェックする機能はありませんが、ほかのプラグインや機能との組み合わせでいろいろな使い方ができるプラグインを紹介します。

check_cluster
クラスタサービスを監視

構文
check_cluster (-s | -h) -d <状態ID>[,<状態ID>][,<…>] [省略可能なオプション]

オプション

オプション	説明
-s	サービスのクラスタ監視を行う。-s、-hどちらかが必須
-h	ホストのクラスタ監視を行う。-s、-hどちらかが必須
-d <状態ID>[,<状態ID>][,<…>]	検出したい対象の状態IDを, 区切りで指定する。指定できる値はサービスの場合は0(OK)、1(WARNING)、2(CRITICAL)、3(UNKNOWN)、ホストの場合は0(UP)、1(UPあるいはDOWN/UNREACHABLE)、2(DOWN/UNREACHABLE)、3(UNKNOWN)。ホストの状態ID「1」はメイン設定ファイルのuse_aggressive_host_checking設定により変わる。実際に使うときにはマクロを利用し、ホストの場合は $HOSTSTATEID: ホスト名 $、サービスの場合は $SERVICESTATEID: ホスト名 : サービス名 $ で指定する
-l <ラベル文字列>	プラグインの出力のラベルに表記する文字列を指定する。省略時は「Host Cluster」あるいは「Service Cluster」となる
-w <閾値>	WARNING閾値を閾値フォーマットで指定する。指定した閾値を超えた数のホストやサービスが異常である場合にWARNINGを検出する。省略時は設定されない
-c <閾値>	CRITICAL閾値を閾値フォーマットで指定する。指定した閾値を超えた数のホストやサービスが異常である場合にCRITICALを検出する。省略時は設定されない
-v	コマンドラインでのデバッグ用出力を行う

解説
このプラグインは若干特殊で、実際にホストやサービスにアクセスしてチェックするのではなく、すでにNagiosに登録されているホストやサービスをグループ化して、グループ化したホストやサービスの異常数によってWARNINGやCRITICALを検出するコマンドです。したがって、ほかにすでにNagiosに登録さ

第2章 Nagios標準プラグイン

れているホストやサービスがある必要があります。

例1 3つのホストの状態を監視する

```
─ Nagios ホストのコマンド定義 ─
define command{
  command_name    check_host_cluster
  command_line    /usr/local/nagios/libexec/check_cluster -h  -w $ARG1$ -c $ARG2$ -d $ARG3$  実際は1行
}
```

```
─ Nagios ホストのサービス定義 ─
define service{
  use                 generic-service
  host_name           localhost
  service_description HOST CLUSTER
  check_command       check_host_cluster!0!1!$HOSTSTATEID:web1$,$HOSTSTATEID:web2$,$HOSTSTATEID:web3$  実際は1行
}
```

　すでに登録済みのweb1、web2、web3ホストのうち1つ異常であればWARNING、2つ以上異常であればCRITICALになります。$ARG1$、$ARG2$を使用してサービス定義側に閾値(-w、-c)を指定し、$ARG3$に監視対象ホストの状態IDを指定しています(-d)。$HOSTSTATEID$マクロは定義したホストの状態IDが入りますが、$HOSTSTATEID:ホスト名$という書き方で任意のホストの状態IDを格納できます。

例2 3つのホストのHTTPサービスの状態を監視する

```
─ Nagios ホストのコマンド定義 ─
define command{
  command_name    check_service_cluster
  command_line    /usr/local/nagios/libexec/check_cluster -s  -w $ARG1$ -c $ARG2$ -d $ARG3$  実際は1行
}
```

```
─ Nagios ホストのサービス定義 ─
define service{
  use                 generic-service
  host_name           localhost
  service_description HTTP CLUSTER
  check_command       check_service_cluster!0!1!$SERVICESTATEID:web1:HTTP$,$SERVICESTATEID:web2:HTTP$,$SERVICESTATEID:web3:HTTP$  実際は1行
}
```

　登録済みのweb1、web2、web3ホストのHTTPサービスが1つ異常になった場合はWARNING(-w)、2つ以上異常の場合はCRITICAL(-c)を検出します。

103

check_dummy
任意の状態を応答するプラグイン

構文

check_dummy <0|1|2|3> [任意の文字列]

オプション

<0|1|2|3>	状態番号を指定する。状態番号は0(OK)、1(WARNING)、2(CRITICAL)、3(UNKNOWN)
[<文字列>]	任意の応答文字列を指定する

解説

任意の指定した状態を応答するためのプラグインです。

利用方法としては、パッシブサービスチェックでCRONジョブから1日1回ジョブの結果がNagiosに通知されるようなサービスを監視する場合が挙げられます。まず、このプラグインが動作すると常にWARNINGを応答するように設定しておきます。そしてフレッシュネスチェック(**3章**参照)を利用してフレッシュネスチェックの閾値を25時間経過した場合にこのプラグインが動作するようにしておけば、WARNINGを返すようにできます。

また、ホストの監視がPING監視できない場合などに常にOKしたいという場合にも利用できます。

例　CRONジョブが定期的に完了しているかの監視を行う

Nagiosホストのコマンド定義
```
define command {
  command_name    check_dummy
  command_line    $USER1$/check_dummy!$ARG1$
}
```

Nagiosホストのサービス定義
```
define service{
  use                    generic-service
  host_name              web1
  service_description    CRON_JOB
  check_command          check_dummy!1
  retry_interval         1
  active_checks_enabled  0
  check_freshness        1
  freshness_threshold    90000
}
```

第2章 Nagios標準プラグイン

　web1のCRON_JOBサービスで、フレッシュネスチェックを有効にしアクティブチェックを無効にしています。generic-serviceテンプレートでパッシブチェックは有効になっています。freshness_thresholdを90000秒に設定すると25時間以上経過してもこのサービス状態の更新時刻が変化しない場合はcheck_dummyコマンドによりWARNINGが検出されます。この監視を行うには、CRONジョブ側でNagiosに監視結果を登録するように設定する必要があります[注]。

注　設定方法については公式ドキュメントの「Service and Host Freshness Checks」(http://nagios.sourceforge.net/docs/3_0/freshness.html)を参照するとよいでしょう。

> **Column**
>
> ### 監視の動作を目視で確かめる
>
> ●監視は定型的な作業を覚えるだけで良い?
>
> 　Nagiosは標準プラグインだけでもかなりの数があり、どれを使用するか迷うときもあります。当社でもそうですが、システム監視を業務で行っている場合は、サービスを開始する、新しくサーバを追加する際にどのプラグインを使用するなど、テンプレート的に決まっているのではないでしょうか。
>
> 　この場合、誰が監視を追加する作業を行ってもスムーズに行えるというメリットがあります。しかし、新入社員など初めて監視の仕事をする人にとってはただのルーチンワークに感じられ、監視の重要性がわからないかもしれません。
>
> ●監視を目視できる便利な-vオプション
>
> 　障害を検知して初めて監視の重要性を実感したという方もいるのではないでしょうか。**2章**で解説をした標準プラグインには多くのオプションがあり、その中に-vオプションを持つプラグインがあります。本書の解説でもあるとおり、デバッグで用いるオプションなのですが、本当に監視できているかを確かめるためにも使用できます。たとえばcheck_procs(**83ページ参照**)では-vvvの3レベルまで詳細な表示が行えます。
>
> 　実際にNagiosサーバ上でコマンドラインで実行すると、たとえば上記のcheck_procsの場合は、-vvを付けることによりプラグインがどのようなコマンドを発行したか、それにより検出したプロセスはどれかを表示できます。さらに、-vvvを付けるとコマンド発行時のプロセス一覧も表示できます。これにより、追加した監視が本当に正しく動作しているのか、障害時に正常に動作するのかを目で確認できます。
>
> ●動作のしくみを知る
>
> 　的確な監視を行うには、「このプラグインは何を監視しているのか?」「なぜこのプロセスを監視するのか?」などをしっかりと理解する必要があり、とてもたいへんな仕事です。新入社員にとってはわかりづらい部分もあると思いますが、このように目で確かめてもらうようにすると、見る目が変わるかもしれません。さらに、プラグインについての興味を引き立てる要因になり、新しいサービスや要件が起こった際に柔軟に対応できるようになると思います。

Column

Red Hat Enterprise Linux 6 の EPEL 版 Nagios を導入

ここでは Red Hat Enterprise Linux 6(RHEL6)に RPM パッケージを使って導入する方法を紹介します。

RHEL6 では標準で Nagios のパッケージは提供されていませんが、Extra Packages for Enterprise Linux(EPEL)から RHEL6 向けパッケージが提供されています。

● GPG キーをインポート

まずは EPEL の GPG キーをインポートします。

```
# rpm --import http://download.fedora.redhat.com/pub/epel/RPM-GPG-KEY-EPEL   実際は1行
```

● epel-release パッケージのインストール

続いて、次の Web ページからリンクされている epel-release パッケージをインストールします。

```
http://download.fedora.redhat.com/pub/epel/6/i386/repoview/epel-release.html
```

上記の URL は i386 となっていますが、epel-release パッケージはアーキテクチャ非依存のため、x86_64 環境でもこのパッケージで問題ありません。執筆時点では epel-release-6-5.noarch ですので、次のようにインストールします。

```
# rpm -ihv http://download.fedora.redhat.com/pub/epel/6/i386/epel-release-6-5.noarch.rpm   実際は1行
```

● Nagios 本体と基本的な監視プラグインのインストール

これで EPEL パッケージのリポジトリが利用可能となりました。Nagios 本体と基本的な監視プラグインを yum でインストールします。httpd パッケージなど動作に必要なものが入っていなければ、依存により一緒にインストールされます。

```
# yum install nagios nagios-plugins-ping nagios-plugins-http nagios-plugins-smtp nagios-plugins-dig nagios-plugins-load nagios-plugins-users nagios-plugins-disk nagios-plugins-ssh nagios-plugins-swap nagios-plugins-procs   実際は1行
```

● Apache と Nagios の起動

インストールが完了したら、httpd(Apache)と Nagios を起動します。ブラウザで http://<IP アドレス>/nagios/ を開き、認証ダイアログにユーザ名・パスワードともに nagiosadmin と入力し、Nagios の Web ページが表示されれば OK です。なお、パッケージ版では設定ファイルのディレクトリは /etc/nagios/ となります。

第3章
メイン設定ファイル

構成ファイルのパスを指定
Nagios実行ユーザの設定
基本監視機能の有効／無効を設定
外部コマンド機能に関する設定
自動アップデートチェック機能に関する設定
状態自動保存機能に関する設定
ログ機能に関する設定
イベントハンドラに関する設定
監視スケジューリングに関する設定
自動再スケジューリング（実験的機能）
ホスト／サービス依存定義に関する監視調整の設定
監視機能を異常から復旧させる機能
Nagios Event Broker機能に関する設定
nagiosデーモンのパフォーマンスに関する設定
頻繁な状態変更に関する設定
各種タイムアウトの設定
分散監視に関する設定
パフォーマンスデータ機能に関する設定
監視結果の新しさのチェックに関する設定
日付フォーマット、Nagios管理者メールアドレスに関する設定
禁止文字列、正規表現に関する設定
デバッグオプション

構成ファイルのパスを指定

ログファイルや、オブジェクト設定ファイル、ステータスファイルなどNagiosを設定を行ううえでの基本的な設定ファイル群のファイルパスを設定します。

log_file
ログファイルを指定

構文
log_file=<ログファイルパス>

初期値 /<インストールディレクトリ>/var/nagios.log
省略時 /<インストールディレクトリ>/var/nagios.log

解説
Nagiosのログファイルの場所を指定します。この設定はメイン設定ファイルの先頭に記述する必要があり、指定ディレクトリには、nagios実行ユーザの読み書き権限が必要です。

例 ログファイルを/usr/local/nagios/var/nagios.log に指定する
```
log_file=/usr/local/nagios/var/nagios.log
```

cfg_file
コンフィグファイルを指定

構文
cfg_file=<オブジェクト設定ファイルパス>

初期値
cfg_file=/<インストールディレクトリ>/etc/objects/commands.cfg
cfg_file=/<インストールディレクトリ>/etc/objects/contacts.cfg
cfg_file=/<インストールディレクトリ>/etc/objects/timeperiods.cfg
cfg_file=/<インストールディレクトリ>/etc/objects/templates.cfg
cfg_file=/<インストールディレクトリ>/etc/objects/localhost.cfg

省略時 定義しない

解説
監視対象ホストやサービス、通知先、時間帯などの監視設定を行うオブジェク

ト設定ファイルをフルパスで指定します。複数行記述することで複数のファイルを指定できます。

例 localhost用のオブジェクト設定ファイルを指定する

```
cfg_file=/usr/local/nagios/etc/objects/localhost.cfg
```

cfg_dir
コンフィグディレクトリを指定　**2 3**

構文

cfg_dir=<オブジェクト設定ファイルのあるディレクトリ>
初期値 未定義　**省略時** 定義しない

解説

cfg_dirで指定されたディレクトリに存在する、拡張子が「.cfg」のファイルはオブジェクト設定ファイルとみなされます。複数行記述することで複数のディレクトリを指定できます。1ホスト1定義ファイル、1サービス1定義ファイルといった使い方をするのに利用できます。

例 サービス用のオブジェクト設定ファイル用ディレクトリを指定する

```
cfg_dir=/usr/local/nagios/etc/objects/services
```

object_cache_file
オブジェクトキャッシュファイルを指定　**2 3**

構文

object_cache_file=<オブジェクトキャッシュファイルパス>
初期値 /<インストールディレクトリ>/var/objects.cache
省略時 /<インストールディレクトリ>/var/objects.cache

解説

Webインタフェース(CGI)が設定ファイルを高速に処理するためのキャッシュファイルを指定します。なおこのディレクトリには、nagios実行ユーザの読み書き権限が必要です。

例 オブジェクトキャッシュファイルに
/usr/local/nagios/var/objects.cacheを使う

```
object_cache_file = /usr/local/nagios/var/objects.cache
```

precached_object_file
オブジェクト定義のプレキャッシュ用ファイルを指定　❸

構文
precached_object_file=<オブジェクトプレキャッシュ用ファイルのパス>
- 初期値　/<インストールディレクトリ>/var/objects.precache
- 省略時　/<インストールディレクトリ>/var/objects.precache

解説
　Nagiosを高速起動するためのキャッシュファイルを指定します。指定するディレクトリには、nagios実行ユーザの読み書き権限が必要です。なお、設定後Nagiosコマンドにプレキャッシュを処理するオプション-pに加えて、設定ファイルの検証であるオプション-vあるいは、スケジューリングのテストを行うオプション-sを付与して実行しなければこのファイルは更新されません。また、このファイルを使用して起動するためのオプション-uを付与して起動する必要があります。

例　precached_object_fileを /usr/local/nagios/var/objects.precacheに指定する

設定例
```
precached_object_file=/usr/local/nagios/var/objects.precache
```

precached_object_fileの更新コマンド発行例
```
# /usr/local/nagios/bin/nagios -pv /usr/local/nagios/etc/nagios.cfg
```

precached_object_fileを使用した起動例
```
# /usr/local/nagios/bin/nagios -ud /usr/local/nagios/etc/nagios.cfg
```

resource_file
リソース設定ファイルを指定　❷❸

構文
resource_file=<リソース設定ファイルのパス>
- 初期値　/<インストールディレクトリ>/etc/resource.cfg
- 省略時　定義しない

解説
　プラグイン格納ディレクトリのパスやワード情報など、ユーザの任意の定義を行う$USER<N>$マクロに格納する値を記述する設定ファイルを指定します。複数のファイルを指定する場合は複数行記述します。このリソース設定ファイルはWeb

インタフェース(CGI)から参照されません、そのためパーミッションを600などほかのユーザに読み取り不可能にすることができます。

例 リソースファイルを /usr/local/nagios/etc/resource.cfg に指定する

```
resource_file=/usr/local/nagios/etc/resource.cfg
```

temp_file
一時ファイルを指定

構文

temp_file=<一時ファイルのパス>

初期値 /<インストールディレクトリ>/var/nagios.tmp
省略時 /<インストールディレクトリ>/var/nagios.tmp

解説

Nagiosデーモンがコメント、監視の状態のデータを更新する際に書き込む一時ファイルを指定します。指定ディレクトリには、nagios実行ユーザの読み書き権限が必要です。

例 一時ファイルに /usr/local/nagios/var/nagios.tmp を使用する

```
temp_file=/usr/local/nagios/var/nagios.tmp
```

temp_path
一時ファイル群の作成場所を指定

構文

temp_path=<一時ファイル群作成ディレクトリのパス>

初期値 /tmp **省略時** /tmp

解説

ホストチェックやサービスチェック時の一時ファイルを生成するためのディレクトリを指定します。このディレクトリには、nagios実行ユーザの読み書き権限が必要です。

このディレクトリの中身は自動削除されませんので、定期的に24時間以前のファイルを削除するように設定するのがよいでしょう。

例 一時ファイル群の作成場所を /tmp にする

```
temp_path=/tmp
```

status_file
ステータスファイルを指定 ❷❸

構文

status_file=<ステータスファイルのパス>
(初期値) /<インストールディレクトリ>/var/status.dat
(省略時) /<インストールディレクトリ>/var/status.dat

解説

現在の監視状態、コメント、ダウンタイムに関する情報を保存するファイルをフルパスで指定します。このファイルはNagiosデーモン起動時に生成され、停止時に消滅します。このファイルはWebインタフェース(CGI)から参照されるため、Webサーバのユーザから読み込み可能である必要があります。

例 ステータスファイルを /usr/local/nagios/var/status.dat に指定する

```
status_file=/usr/local/nagios/var/status.dat
```

lock_file
ロックファイルを指定 ❷❸

構文

lock_file=<ロックファイルのパス>
(初期値) /<インストールディレクトリ>/var/nagios.lock
(省略時) /<インストールディレクトリ>/var/nagios.lock

解説

Nagiosをデーモンモードで起動する場合に作成されるロックファイルのパスを指定します。このファイルにはデーモン起動時のnagiosプロセスのPIDが格納されます。このファイルが作成されるディレクトリには、nagios実行ユーザの読み書き権限が必要です。

例 ロックファイルを /usr/local/nagios/var/nagios.lock に指定する

```
lock_file=/usr/local/nagios/var/nagios.lock
```

check_result_path
ホスト／サービスチェック結果の一時ファイル置き場を指定　　**3**

構文
check_result_path=<チェック結果の一時ファイルを格納するディレクトリ>
- **初期値** /<インストールディレクトリ>/var/spool/checkresults
- **省略時** /<インストールディレクトリ>/var/spool/checkresults

解説
　ホストやサービスチェックの結果で未処理分を一時的にファイルに書き出すためのディレクトリを指定します。このディレクトリには、nagios 実行ユーザの読み書き権限が必要です。また、1ホストで Nagios インスタンスを複数起動する場合にはそれぞれのインスタンスで異なるパスを指定する必要があります。

例　　チェック結果の一時ファイル用ディレクトリを指定する
```
check_result_path=/usr/local/nagios/var/spool/checkresults
```

downtime_file
スケジュールダウンタイムを保存するファイルを指定する　　**2**

構文
downtime_file=<ダウンタイム保存用ファイル>
- **初期値** /<インストールディレクトリ>/var/downtime.dat
- **省略時** /<インストールディレクトリ>/var/downtime.dat

解説
　Web インタフェースの Scheduled Downtime でダウンタイムを設定した設定情報を保存するファイルを指定します。この設定は Nagios 3 では廃止され、ダウンタイムも自動保存ファイルに保存されるようになりました。

例　　ダウンタイム保存場所を指定する
```
downtime_file=/usr/local/nagios/var/downtime.dat
```

comment_file
コメントの保存ファイルを指定する

構文

comment_file=<コメント保存用ファイル>

- **初期値** /<インストールディレクトリ>/var/comments.dat
- **省略時** /<インストールディレクトリ>/var/comments.dat

解説

WebインタフェースでAcknowledgeやDowntimeを設定する際のコメント文を保存するファイルを指定します。この設定はNagios 3では廃止され、コメントも自動保存ファイルに保存されるようになりました。

例　　コメント保存場所を /usr/local/nagios/var/comments.dat に設定する

```
comment_file=/usr/local/nagios/var/comments.dat
```

Nagios実行ユーザの設定

Nagiosはデーモンとして起動しますが、その実行ユーザ/グループを指定します。

nagios_user
nagiosデーモンの実行ユーザを指定

構文
nagios_user=<ユーザ名|UID>

初期値 nagios   **省略時** nagios

解説
nagiosをデーモンとして起動する際のOSのユーザを指定します。ユーザの指定はユーザ名(nagiosなど)あるいはUID(503など)で指定できます。

例　nagiosプロセス実行ユーザにnagiosユーザを指定する
```
nagios_user=nagios
```

nagios_group
nagiosデーモンの実行グループを指定

構文
nagios_group=<グループ名|GID>

初期値 nagios   **省略時** nagios

解説
nagiosをデーモンとして起動する際のOSのグループを指定します。グループの指定はグループ名(nagiosなど)あるいはGID(503など)で指定できます。

例　nagiosプロセス実行グループをnagiosグループに指定する
```
nagios_group=nagios
```

基本監視機能の有効／無効を設定

Nagiosの監視機能のうち、アクティブチェック、パッシブチェック、通知などの基本的な監視機能の有効／無効を全体設定として設定します。

execute_service_checks
アクティブサービスチェックの有効／無効を指定　　　自動保存　2 3

構文

execute_service_checks=<0|1>
初期値 1　省略時 1

値

値	
0	無効
1	有効

解説

アクティブサービスチェックの有効／無効を設定します。アクティブチェックはNagiosが監視をスケジュールし、スケジュールどおりに監視コマンドを実行する機能です。個々のサービスでこの設定を有効／無効とする場合は、サービス定義のactive_checks_enabled（**245ページ参照**）で設定します。ただし、メイン設定ファイルで無効にする場合はメイン設定ファイルが優先されます。

この設定はWebインタフェースのProcess InfoページのProcess Commandsにある「Start（あるいはStop）executing service checks」より変更が可能です。

例　アクティブサービスチェックを全体設定として有効にする

execute_service_checks=1

accept_passive_service_checks
パッシブサービスチェックの有効／無効を指定　　　自動保存　2 3

構文

accept_passive_service_checks=<0|1>
初期値 1　省略時 1

値	
0	無効
1	有効

解説

　パッシブサービスチェックの有効／無効を設定します。パッシブサービスチェックはNagios以外のソフトウェアから、Nagiosの外部コマンドファイルにサービスの監視結果を登録する機能です。個々のサービスでこの設定を有効／無効とする場合は、サービス定義のpassive_checks_enabled（**245ページ**参照）で設定します。ただし、メイン設定ファイルで無効にする場合はメイン設定ファイルが優先されます。

　この設定はWebインタフェースのProcess InfoページのProcess Commandsにある「Start（あるいはStop) accepting passive service checks」より変更が可能です。

例　パッシブサービスチェックを全体設定として有効にする

```
accept_passive_service_checks=1
```

execute_host_checks
ホストチェックの有効／無効を指定　　2 3

構文

execute_host_checks=<0|1>

（初期値）1　（省略時）1

値	
0	無効
1	有効

解説

　アクティブホストチェックの有効／無効を設定します。アクティブホストチェックはNagiosが監視をスケジュールし、スケジュールどおりに監視コマンドを実行する機能です。個々のホストでこの設定を有効／無効とする場合は、ホスト定義のpassive_checks_enabled（**216ページ**参照）で設定します。ただし、メイン設定ファイルで無効にする場合はメイン設定ファイルが優先されます。

　この設定はWebインタフェースのProcess InfoページにあるProcess Commands「Start（あるいはStop) executing host checks」より変更が可能です。

例　アクティブホストチェックを全体設定として有効にする

```
execute_host_checks=1
```

accept_passive_host_checks
パッシブホストチェックの有効／無効を指定　　**2** **3**

構文

accept_passive_host_checks=<0|1>

（初期値）1　（省略時）1

値

0	無効
1	有効

解説

　パッシブホストチェックの有効／無効を設定します。パッシブホストチェックはNagios以外のソフトウェアからNagiosの外部コマンドファイルに監視結果を書き込むことで、ホストの監視結果を登録する機能です。個々のホストでこの設定を有効／無効とする場合は、ホスト定義のpassive_checks_enabledで設定します（216ページ参照）。ただし、メイン設定ファイルで無効にする場合はメイン設定ファイルが優先されます。

　この設定はWebインタフェースのProcess InfoページにあるProcess Commands「Start（あるいはStop）accepting passive host checks」より変更が可能です。

例　　パッシブホストチェックを全体設定として有効にする

accept_passive_host_checks=1

enable_notifications
通知の有効／無効を指定　　（自動保存）**2** **3**

構文

enable_notifications=<0|1>

（初期値）1　（省略時）1

値

0	無効
1	有効

解説

　通知機能の有効／無効を設定します。通知機能はNagiosが障害および復旧、フラッピング[注]、ダウンタイムなどのイベントを検出した際に、メール通知など指

第3章 メイン設定ファイル

定したコマンドにより、オブジェクト定義で指定した宛先に通知を行う機能です。

個々のホスト／サービス／通知先でこの設定を有効／無効とする場合は、各定義の notifications_enabled より変更が可能です(通知先の場合は「host_notifications_enabled」「service_notifications_enabled」)。ただし、メイン設定ファイルで無効にする場合はメイン設定ファイルが優先されます。

この設定は Web インタフェースの Process Info ページにある Process Commands 「Enable(あるいは Disable) notifications」より変更が可能です。

例　通知を全体設定として有効にする

```
enable_notifications=1
```

注　監視対象の状態が正常と異常を頻繁に繰り返している状態のことです。

status_update_interval
ステータスファイルの更新間隔を指定

構文

```
status_update_interval=<1以上の数値 (秒) >
```

初期値 15秒 (Nagios 2)、10秒 (Nagios 3)
省略時 60秒 (Nagios 2)、60秒 (Nagios 3)

解説

status_file(**112ページ**参照)で指定したステータスファイルを更新する間隔を秒で指定します。更新間隔の最小値は1(秒)です。通知機能はこの設定には関係なく障害確定後即座に行われます。

ステータスファイルの更新は Nagios ホストにディスク I/O が発生するため、パフォーマンスに影響が出る可能性があります。この値は Nagios ホストのパフォーマンスを見ながら設定するのがよいでしょう。

例　ステータスファイルの更新間隔を10秒ごとに設定する

```
status_update_interval=10
```

aggregate_status_updates
ステータスファイルの更新モードを指定

構文
aggregate_status_updates=<0|1>
初期値 1　省略時 0

値

0	無効
1	有効

解説
ステータスファイルを更新する方式を決めます。有効にすると、ステータスファイルは status_update_interval（**119ページ**参照）で指定した間隔でステータスファイルをディスクに書き込みます。一方、無効に設定するとステータスファイルへ変化があると即座にファイルを更新します。

この設定は Nagios 3 では廃止され、常に有効になりました。

例　ステータスファイルを即時更新に設定する
aggregate_status_updates=0

外部コマンド機能に関する設定

外部コマンドと言われる、Nagiosを制御するための外部インタフェースを有効にするかどうかの設定を行います。パッシブチェックを有効にする場合、この機能を有効しなければNagiosへサービスの状態を登録できません。また、Webインタフェースから監視を制御するためにも利用されていますので、通常有効にするのがよいでしょう。

check_external_commands
外部コマンドの有効／無効を指定

構文

check_external_commands=<0|1>

初期値 0 (Nagios 2)、1 (Nagios 3)
省略時 0 (Nagios 2)、1 (Nagios 3)

値

値	説明
0	無効
1	有効

解説

外部コマンド機能を有効にするかどうかを指定します。前述のとおりパッシブチェックを使用したい場合や、Webインタフェースの機能をすべて使用したい場合は有効にします。

例 外部コマンドを有効にする

```
check_external_commands=1
```

command_check_interval
外部コマンドのチェック間隔を指定

構文

command_check_interval=<タイムユニット|数値s|-1>

初期値 -1 **省略時** -1

値

タイムユニット	数値を指定
数値s	数値を秒で指定
-1	最大限の頻度

解説

外部コマンド機能は、設定した名前付きパイプ注ファイルへのコマンド書き込みで実現されていますが、そのコマンドファイルをどの程度の頻度でチェックするかを指定します。指定方法は、メイン設定ファイルのinterval_length（**140ページ**参照）で指定したタイムユニットと言われる単位や秒で指定したり、最大限の頻度で行うよう設定できます(-1)。なお、0には設定できません。

例　外部コマンドのチェック間隔を最大限の頻繁に設定する

```
command_check_interval=-1
```

注　名前付きパイプ(named pipe)は複数のプロセスで双方向にデータをやりとりするためのOSの機能です。パイプ文字(|)をファイルで表したもので、複数のプロセスからそのファイルに入力、読み取りを行うことで、データをやりとりします。

command_file
外部コマンドの入力ファイルを指定

構文

command_file=<外部コマンドファイルのパス>

初期値 /<インストールディレクトリ>/var/rw/nagios.lock
省略時 /<インストールディレクトリ>/var/rw/nagios.lock

解説

外部コマンド用のファイルをフルパスで指定します。格納ディレクトリには、Nagiosデーモン実行ユーザと外部コマンドファイルを更新するグループ(Webサーバなど)の読み書き権限が必要です。

例　コマンドファイルを /usr/local/nagios/var/rw/nagios.cmdに指定する

```
command_file=/usr/local/nagios/var/rw/nagios.cmd
```

external_command_buffer_slots
外部コマンドのバッファサイズを指定 ② ③

構文
```
external_command_buffer_slots=<スロット数>
```
初期値 4096　**省略時** 4096

解説

外部コマンドを読み込んで実行前に溜めるバッファ数を指定します。プロセス起動後どの程度バッファスロットを使用したかについては、nagiostatコマンドで見ることができますので値を設定する際の参考にするとよいでしょう。この機能はNagios 2.7から実装されました。

例　外部コマンドのバッファサイズを4096に指定
```
external_command_buffer_slots=4096
```

check_result_buffer_slots
チェック結果処理のバッファサイズを指定 ②

構文
```
check_result_buffer_slots=<スロット数>
```
初期値 4096　**省略時** 4096

解説

チェック結果を処理する際のバッファ数を指定します。このオプションはNagios 2.7で実装されましたが、Nagios 3で取り除かれました。

例　チェック結果処理のバッファサイズを4096に指定
```
check_result_buffer_slots=4096
```

自動アップデートチェック機能に関する設定

公式サイトに問い合わせ、Nagiosのアップデートがあるかどうかチェックする機能に関する設定を行います。

check_for_updates
Nagiosのアップデートをチェック 3

構文
check_for_updates=<0|1>
初期値 1　**省略時** 1

値
0	無効
1	有効

解説
Nagiosが最新バージョンがリリースされていないか、1日1回api.nagios.orgに確認するかどうか指定します。この機能はNagios 3.1より実装されました。アップデートがあった場合、Webインタフェースのトップページにアップデート版が存在することが表示されます。

例　アップデートが存在するか自動的に確認するように設定する
```
check_for_updates=1
```

bare_update_checks
アップデート時の送信情報を制限する 3

構文
bare_update_checks=<0|1>
初期値 0　**省略時** 0

値
0	制限しない
1	制限する

解説

アップデートチェックの際に、api.nagios.orgに新規インストールかどうかのフラグを送信するかを指定します。1の制限するに指定すると、現在使用しているNagiosのバージョンのみ送信するように制限できます(Nagios Enterprisesのデータの取り扱いについてはhttp://api.nagios.org/に明記されています)。

例　アップデートチェック時に自ホストの情報をバージョン情報のみ送信するよう制限する

```
bare_update_checks=1
```

Column

障害発生! そのとき必要な情報

　Nagiosやほかの監視ソフトを利用してホストやサービスを監視する場合、必須となってくるのが障害を検知した際の対応です。監視の目的は突発的な障害によるサービスの停止時間を最小限にすることにあると言えますから、その対応はとても重要なものになってきます。

　しかし、一口に「対応」と言ってもその内容は監視対象によってさまざまでしょうし、対応方法がはっきりしていても、その技術を持った人員がその場にいなければ役に立たないこともあり得ます。これはごく個人的な意見ですが、障害時の対応に最低限必要な情報は次の2つです。

- 対象ホストおよびサービスの情報
- 障害検知時の対応手順

　これらの情報がなければ、障害を検知しても即座に対応できず、サービスの停止時間を長引かせることになってしまいます。監視対象がどのようなホストで、何のサービスを提供しており、停止した際にはどのような影響が出るかはそのまま障害発生時の対応につながります。

　そして、対象が決まればその対処も自ずと決まってきますが、よほど特殊な事情がない限り、障害の対応にあたる人員の誰が見ても理解できるよう手順を文書化しておくことを推奨します。

　また、障害の影響を受ける先の担当者への障害発生・復旧の連絡や、監視体制によっては第三者へ指示を仰ぐ必要が出てきますから、その場合の連絡先やその順番などもそれぞれ控えておく必要があるでしょう。

　これらの情報はほんの一例にすぎませんが、実際に障害が発生したとき慌てずに済むよう、それぞれのケースで必要な情報は何なのか考え、障害に備えておくことをお勧めします。

状態自動保存機能に関する設定

ホストやサービスの状態、Webインタフェースから指定した機能の設定、ダウンタイム、コメントはNagios再起同時には削除されますが、この状態自動保存機能を使用することで再起動後も状態を維持できます。

retain_state_information
監視状態を自動保存する／しないを指定　　2 3

構文
retain_state_information=<0|1>
初期値 1　　**省略時** 0

値

0	無効
1	有効

解説

監視対象の状態を自動保存するかどうかを指定します。無効にするとNagios起動時にはステータスファイルはクリアされます。有効にしておくとNagiosプロセス停止時にstate_retention_file(**本ページ下部**参照)で指定したファイルにステータスファイルの情報を保存し、次回起動時に読み込まれます。

保存される情報は、5章のオブジェクト定義で **自動保存** と記載された設定項目と監視対象の状態です。なお、メイン設定ファイルの「自動保存」に関する設定はメイン設定ファイルのuse_retained_program_state(**127ページ**参照)で指定します。

例　　状態自動保存機能を全体設定として有効にする
```
retain_state_information=1
```

state_retention_file
監視状態保存ファイルを指定　　2 3

構文
state_retention_file=<監視状態保存ファイルのパス>
初期値 /<インストールディレクトリ>/var/retention.dat
省略時 /<インストールディレクトリ>/var/retention.dat

値	
0	無効
1	有効

解説

　retain_state_information設定（**126ページ**参照）が有効の場合に監視状態の保存先ファイルを指定します。このファイルが作成されるディレクトリには、nagios実行ユーザの読み書き権限が必要です。

例　監視状態保存ファイルを指定する

```
state_retention_file=/usr/local/nagios/var/retention.dat
```

retention_update_interval
監視状態保存ファイルの自動保存間隔を指定

構文

```
retention_update_interval=<数値（秒）>
```
初期値 60　　**省略時** 60

解説

　retain_state_information設定（**126ページ**参照）が有効の場合に、ステータスファイルの内容をstate_retention_file（**126ページ**参照）で指定した監視状態保存ファイルに保存する間隔を秒で指定します。0に設定するとステータスファイルを保存するタイミングはNagiosプロセスが停止する際のみになります。

例　監視状態保存ファイルの更新間隔を60秒に設定する

```
retention_update_interval=60
```

use_retained_program_state
保存した設定情報を使用する／しないを指定

構文

```
use_retained_program_state=<0|1>
```
初期値 1　　**省略時** 1

値	
0	無効
1	有効

解説

メイン設定ファイルの 自動保存 となっている設定値について、保存された値を使用するかどうかを指定します。

有効にした場合は、Nagiosは起動時にはメイン設定ファイルの値よりも監視状態保存ファイルの内容を優先して使用します。

この設定はメイン設定ファイルの retain_state_information（**126ページ参照**）の値を有効にしなければ意味をなしません。

オブジェクト定義の「自動保存」に関する設定はメイン設定ファイルの retain_state_information とオブジェクト定義の retain_status_information（**222、251、271ページ参照**）、retain_nonstatus_information（**222、251、272ページ参照**）で指定します。

例　保存した設定情報を使用する

```
use_retained_program_state=1
```

use_retained_scheduling_info
保存した監視スケジュールを使用する／しないを指定

構文

```
use_retained_scheduling_info=<0|1>
```

初期値 0（Nagios 2）、1（Nagios 3）
省略時 0（Nagios 2）、1（Nagios 3）

値

値	意味
0	無効
1	有効

解説

retain_state_information（**126ページ参照**）が有効の場合にこのオプションを有効にすると、Nagiosプロセス起動時のホストやサービスの監視スケジューリングに、自動保存されている次回チェック時刻を使用します。

例　保存した監視スケジュール情報を使用する

```
use_retained_scheduling_info=1
```

ログ機能に関する設定

　Nagiosは異常や正常になった際のログ以外にも、各機能ごとにログを取得できます。それらのログを取るか取らないかの設定を行います。

use_syslog
Syslogを使用する／しないを指定

構文

use_syslog=<0|1>

初期値 1　**省略時** 1

値

値	
0	無効
1	有効

解説

　log_file（**108ページ参照**）で指定したファイルに加え、syslog機構を使用してOSのログに出力するかどうかを設定します。Nagiosのログはイベント発生時刻がタイムスタンプで表現されていますが、syslogでは一般的なsyslogフォーマットで出力されます。

例 　Nagiosのログ出力をSyslogにも出力する

設定例

use_syslog=1

nagiosデーモン起動時のsyslog出力例

```
Jan  5 02:23:44 xtranstest nagios: Nagios 3.2.3 starting... (PID=2624)
Jan  5 02:23:44 xtranstest nagios: Local time is Wed Jan 05 02:23:44 JST 2011
Jan  5 02:23:44 xtranstest nagios: LOG VERSION: 2.0
```

log_notifications
通知に関するログを出力する／しないを指定

構文

log_notifications=<0|1>

初期値 1　**省略時** 1

値	
0	無効
1	有効

解説

通知に関する動作ログを出力するかどうか設定します。

例 通知動作時にログに記録する

設定例
```
log_notifications=1
```

ログ出力例
```
[1295139006] SERVICE NOTIFICATION: nagiosadmin;web1;PING;CRITICAL;notify-service-by-email;PING CRITICAL - Packet loss = 100%
```

log_service_retries
サービスチェック再試行をログに記録する／しないを指定

構文

```
log_service_retries=<0|1>
```
初期値 1　省略時 0

値	
0	無効
1	有効

解説

サービスチェック時に異常を検出した際の再試行をログに記録するかしないかを決定します。

例 サービスチェックの再試行をログに記録する

設定例
```
log_service_retries=1
```

ログ出力例
```
[1295138976] SERVICE ALERT: web1;HTTP;CRITICAL;SOFT;2;CRITICAL - Socket timeout after 10 seconds
```

log_host_retries
ホストチェック再試行をログに記録する/しないを指定

構文
log_host_retries=<0|1>

初期値 1　省略時 0

値

0	無効
1	有効

解説
ホストチェック時に異常を検出した際の再試行をログに記録するかしないかを決定します。有効に設定するとホスト異常時の再試行をログに記録します。

例　ホストのチェックの再試行をログに記録する

設定例
```
log_host_retries=1
```

ログ出力例
```
[1295139096] HOST ALERT: web1;DOWN;SOFT;1;(Host Check Timed Out)
```

log_event_handlers
イベントハンドラログを記録する/しないを指定

構文
log_event_handlers=<0|1>

初期値 1　省略時 1

値

0	無効
1	有効

解説
イベントハンドラ動作時、ログに記録するかしないかを決定します。有効に設定するとサービスやホストの異常検出時にイベントハンドラが動作した場合ログに記録が残ります。

例　イベントハンドラ動作時にログに記録する

設定例
```
log_event_handlers=1
```

ログ出力例
```
[1295139096] HOST EVENT HANDLER: web1;DOWN;SOFT;1;hostmacro
```

log_initial_states
初期状態をログに記録する／しないを指定　**2 3**

構文
```
log_initial_states=<0|1>
```
初期値 0　**省略時** 0

値	
0	無効
1	有効

解説

Nagiosプロセス起動時に、監視対象の初期状態をログに出力するかどうかを指定します。初期状態は、自動保存が有効の場合は最終チェック結果時の状態です。自動保存が無効な場合やまだチェックされていない場合はオブジェクト定義のinitial_state（**213**、**242**ページ参照）で指定した値です。

例　初期状態をログに出す

設定例
```
log_initial_states=1
```

ログ出力例
```
[1294164846] INITIAL SERVICE STATE: localhost;SSH;OK;HARD;1;SSH OK - OpenSSH_4.3 (protocol 2.0)
```

log_external_commands
外部コマンド実行をログに記録する／しないを指定　**2 3**

構文
```
log_external_commands=<0|1>
```
初期値 1　**省略時** 1

第3章 メイン設定ファイル

値	
0	無効
1	有効

解説

外部コマンドファイルから読み込んだコマンドを実行した際のログを出力するかどうかを設定します。有効にした場合は外部コマンドが実行された際にログが出力されます。

例 外部コマンド実行時にログに出力する

設定例
```
log_external_commands=1
```

ログ出力例
```
[1295139058] EXTERNAL COMMAND: ENABLE_HOST_CHECK;web1
```

log_passive_checks
パッシブチェックをログに記録する／しないを指定

構文
```
log_passive_checks=<0|1>
```
初期値 1　省略時 1

値	
0	無効
1	有効

解説

外部コマンドファイルから読み込んだチェック結果を処理した際のログを出力するかどうかを設定します。有効にした場合はパッシブホスト／サービスチェックが行われた際にログが出力されます。

例 パッシブチェック実行時にログに出力する

設定例
```
log_passive_checks=1
```

ログ出力例
```
[1294165296] PASSIVE SERVICE CHECK: web1;PING;0;No Problem
```

log_rotation_method
ログローテーション方式を指定　　2 3

構文

log_rotation_method=<n|h|d|w|m>
初期値 d　**省略時** n

値

n	なし
h	毎時0分
d	毎日0時
w	毎週日曜日0時
m	毎月1日0時

解説

メイン設定ファイルのlog_file(**108ページ**参照)で指定したログファイルをどのようなタイミングでログローテーションするか決定します。ローテーション先はlog_archive_path(**本ページ下部**参照)で設定します。nを指定するとログローテーションは行われません。

例　**ログローテーションを1日1回に設定する**

```
log_rotation_method=d
```

log_archive_path
ローテーションしたログの保存先を指定　　2 3

構文

log_archive_path=<log_fileで指定したログの過去ログ保存先ディレクトリ>
初期値 /<インストールディレクトリ>/var/archives
省略時 /<インストールディレクトリ>/var/archives

解説

log_rotation_method(**本ページ上部**参照)の設定でローテーションするように設定している場合、ローテーション後のログの保存先ディレクトリを指定します。このファイルが作成されるディレクトリには、nagios実行ユーザの読み書き権限が必要です。

例　**ローテーションしたログの保存先を/usr/local/nagios/var/archivesディレクトリに設定する**

```
log_archive_path=/usr/local/nagios/var/archives
```

イベントハンドラに関する設定

イベントハンドラは、ホストやサービスの状態がSOFT状態(サービスやホストの障害が再試行中で確定していない状態)の際に、チェックするたび、あるいはSOFT状態からHARD状態(障害あるいは復旧が確定した状態)に遷移した際に動くコマンドを指定できる機能です。

enable_event_handlers
イベントハンドラの有効／無効を指定　　　　　　　　　　　自動保存 2 3

構文
enable_event_handlers=<0|1>
初期値 1　省略時 1

値

0	無効
1	有効

解説
イベントハンドラ機能を全体として有効にするか無効にするかを設定します。個々のホスト／サービスでこの設定を有効／無効とする場合は、それぞれの定義のevent_handler_enabledで設定します。ただし、メイン設定ファイルで無効にする場合はメイン設定ファイルが優先されます。また、この設定はWebインタフェースのProcess Infoページにある Process Commands「Enable(または Disable) event handlers」より変更が可能です。

例　イベントハンドラ機能を全体設定として有効にする
enable_event_handlers=1

global_host_event_handler
グローバルホストイベントハンドラを指定　　　　　　　　　　　　2 3

構文
global_host_event_handler=<コマンド名>
初期値 未定義　省略時 定義しない

解説

ホスト共通のイベントハンドラコマンドを設定します。ホスト個々で違うコマンドを指定したい場合には、ホストのオブジェクト定義でコマンドを定義します。

本設定に加え、ホストのオブジェクト定義にもイベントハンドラコマンドを指定すると、イベントハンドラは2回動きます。設定するコマンド名はオブジェクト定義のコマンド定義のcommand_name（**280ページ**参照）の値を設定します。

例　全ホスト共通のイベントハンドラとして log-host-event-db コマンドを設定する

```
global_host_event_handler=log-host-event-db
```

global_service_event_handler
グローバルサービスイベントハンドラを指定

構文

```
global_service_event_handler=<コマンド名>
```
初期値 未定義　**省略時** 定義しない

解説

global_host_event_handler（**135ページ**参照）はホスト用ですが、こちらはサービス用です。動作の説明についてはglobal_host_event_handlerを参照してください。

例　全サービス共通のイベントハンドラとして log-service-event-db コマンドを設定する

```
global_service_event_handler=log-service-event-db
```

Column　機械は生き物？

サーバやネットワーク機器は生き物であると筆者は考えたことがあります。これだけサービスやインフラを支えているのですから、たまには疲れてシャットダウンしたり暴走したりしてしまいます。しかし、異常な状態になる前に、その兆候を見せることが多くあります。

Nagiosもそうですが監視には閾値があります。これをうまく利用すればその兆候を把握できます。機器が何か起こそうとしているのを事前に把握すること、これも監視業務において大切なことです。

というのも、ただ検知するだけならCRITICALのみでよいはずで、なぜWARNINGがあるのか？　ふと考えたときに、この考えが浮かびました。

その際にどう対応するか？　それは人間の力が頼りになります。そこがただ漠然と監視をしているか、していないかの重要な境目かもしれません。

監視スケジューリングに関する設定

監視スケジューリング機能は、より多くのホストやサービスを、設定した間隔で監視するための基礎となる機能です。そのスケジューリングに関する微調整を行えます。

sleep_time
監視スケジュールのスリープ時間を指定 **2 3**

構文
sleep_time=<数値（秒）>

初期値 0.25　**省略時** 0.5

解説
Nagios監視スケジュールのキュー内にある次のサービスチェックやホストチェックが実行されるべきかチェックする前に、どの程度待つか指定します。

例　スリープ時間を0.25秒に設定する
```
sleep_time=0.25
```

service_inter_check_delay_method
サービスの初期チェック時のスケジューリング方法を指定 **2 3**

構文
service_inter_check_delay_method=<n|d|s|x.xx数値（秒）>

初期値 s　**省略時** s

値

n	すべての監視を同時実行
d	すべて1秒間隔
s	スマート方式。自動計算
x.xx	秒を手動指定(例：0.23秒)

解説
Nagios起動時、サービスの初期チェックスケジュールをどのように決定するか指定します。数値(秒)を手動で設定すると、それぞれのサービスの初期チェックを指定秒間隔を開けるようにスケジューリングされます。

> **例** サービスの初期チェック時のスケジューリング方法を
> スマート方式に設定する
>
> service_inter_check_delay_method=s

max_service_check_spread
サービス初期チェックにかける時間の最大値を指定　2 3

構文

max_service_check_spread=<数値（分）>
初期値 30　**省略時** 30

解説

　Nagios起動時、サービスの初期チェックスケジュールをどの程度拡散するか最大値を分で指定します。

　たとえば100のサービスを登録した際にこの設定が30の場合は、Nagiosは起動時の初期スケジュールを30分以内にすべてのチェックが行えるようスケジューリングします。この設定は必然的にservice_inter_check_delay_method（**137ページ**参照）の設定に影響を及ぼします。

> **例** 初期サービスチェックの完了を
> Nagios起動後30分以内にスケジューリングする
>
> max_service_check_spread=30

service_interleave_factor
サービスチェックのインターリーブ方式を指定　2 3

構文

service_interleave_factor=<s|1以上の数値>
初期値 s　**省略時** s

値

s	Nagiosデーモンによる自動計算（スマート方式）
1	インターリーブを無効にする
2以上の数値	この数値をインターリーブの値として使う

解説

　サービスチェックのインターリービングを行う際の値を設定します。インターリービング機能は、多くのサービスチェックを分散して実行することで監視され

るリモートホストの負荷を低減し、より高速にすべての監視を完了させるための機能です。

特に理由がない場合はsに設定し、Nagiosデーモンが自動で計算するようにしてください。

例 サービスチェックのインターリーブの方式をスマート方式に設定する
```
service_interleave_factor=s
```

max_check_result_file_age
チェック結果の一時ファイルが生存する期間の最大値を指定

構文
```
max_check_result_file_age=<数値（秒）>
```
初期値 3600　**省略時** 3600

解説

check_result_path(**113ページ**参照)に指定したディレクトリにある、未処理の監視結果の一時ファイルが生存する最大期間を秒で指定します。この期間を過ぎても存在するファイルはNagiosデーモンによって削除され処理されません。0に設定した場合は無限大の意味になり削除しません。

例 チェック結果の一時ファイルの生存期間を3600秒に設定する
```
max_check_result_file_age=3600
```

host_inter_check_delay_method
ホストの初期チェック時のスケジューリング方式を指定

構文
```
host_inter_check_delay_method=<n|d|s|x.xx数値（秒）>
```
初期値 s　**省略時** s

値

n	同時実行
d	すべて1秒
s	Nagiosデーモンによる自動計算
x.xx	秒を手動指定(例：0.23秒)

解説

Nagios起動時、ホストの初期チェックスケジュールをどのように決定するか指定します。service_inter_check_delay_method(**137ページ**参照)はサービス用ですが、この設定はそのホスト用です。

例　ホストの初期チェック時のスケジューリング方法をスマート方式に設定する

```
host_inter_check_delay_method=s
```

max_host_check_spread
ホストの初期チェックにかける時間の最大値を指定

構文

```
max_host_check_spread=<数値（分）>
```
初期値 30　**省略時** 30

解説

Nagios起動時のホストの初期チェックスケジュールをどの程度拡散するか最大値を分で指定します。max_service_check_spread(**138ページ**参照)はサービス用ですが、この設定はそのホスト用です。

例　ホストの初期チェックを30分以内にスケジューリングする

```
max_host_check_spread=30
```

interval_length
タイムユニット(内部の間隔)の単位を指定

構文

```
interval_length=<数値（秒）>
```
初期値 60　**省略時** 60

解説

この設定はNagiosの設定でよく出てくる「タイムユニット」という単位が何秒であるか決定します。例のようにinterval_lengthが60の場合、1タイムユニットは60秒、つまり1分になります。

例　タイムユニットを60秒に設定する

```
interval_length=60
```

time_change_threshold
OSの時刻の変化を検出する閾値を指定

2 3

構文

time_change_threshold=<数値（秒）>

初期値 未定義　**省略時** 900

解説

　OSのシステム時刻が何らかの理由で大幅に変化してしまった場合、それを検出する閾値を指定します。

　Nagios 3.0.4ではデフォルトのメイン設定ファイルで設定値がNULLとなっており、最初の起動に失敗しますのでコメントアウトするとよいでしょう。

例　時刻の変化の閾値を10分とする

time_change_threshold=600

自動再スケジューリング（実験的機能）

次の機能はチェックスケジューリングにずれが生じた場合の自動補正機能に関する設定です。これら機能は実験的実装で将来のバージョンで削除されるかもしれません。また有効にするとパフォーマンスに重大な影響が出るおそれがあります。

auto_reschedule_checks
自動再スケジュールを行う／行わないを指定（実験的機能）

構文
auto_reschedule_checks=<0|1>

初期値 0　省略時 0

値

値	意味
0	無効
1	有効

解説
ホストやサービスの監視に時間がかかり過ぎた場合、再スケジュールを自動で行う機能です。この機能は監視サーバの負荷のバランスをとる役目がありますが、チェック時間の一貫性を犠牲にします。

例　自動再スケジュール機能を無効にする
```
auto_reschedule_checks=0
```

auto_rescheduling_interval
自動再スケジュール間隔を指定（実験的機能）

構文
auto_rescheduling_interval=<数値（秒）>

初期値 30　省略時 30

解説
auto_reschedule_checks（本ページ上部参照）が有効の場合、ホストやサービスの監視を自動で組み替える機能を働かせる間隔を指定します。

例　自動再スケジュールのタイミングを30秒ごとにする

```
auto_rescheduling_interval=30
```

auto_rescheduling_window
自動再スケジュールウインドを指定（実験的機能）

構文

```
auto_rescheduling_window=<数値（秒）>
```
初期値 180　省略時 180

解説

auto_reschedule_checks（**142ページ**参照）が有効の場合、組み替えの対象を現在時刻からここで指定した値よりも後のスケジュールのみにします。

例　自動再スケジュールのウインド値を180秒とする

```
auto_rescheduling_window=180
```

Column: 監視設定の失敗例

監視設定で失敗した経験は誰にでもあると思います。設定構文の間違いはNagiosコマンドの-vオプションで設定反映前に検知できますが、ハードウェアスペックやネットワーク環境などの要因で監視が失敗することがあります。いくつか筆者が経験した失敗例を挙げます。

●監視対象ホストの動作が重くなった

NRPEなどでリモートホストの監視を行っている場合に特に多く見受けられました。check_logプラグイン（**91ページ**参照）によるログ監視では、監視対象のログサイズが大きいとチェックに時間がかかります。回避するには、ログローテーションの周期を短くするとよいでしょう。

また、NRPEを使用した監視で自作のプラグインを利用する際は、監視対象ホストに負荷がかからないように意識して作成してください。

●障害通知メールが来ない

こちらもよくある問題で、単にメールサーバが動作していない、メールアドレスが間違っているなどであればよいのですが、次のケースも考えられます。

一気に大量のステータスが変化した場合、設定されたメールアドレスに大量にメールが送られます。携帯電話のメールアドレスに通知を送るようにしている場合、キャリアによっては大量のメールの受信はスパム扱いされ、送信拒否されてしまうことがあります。注意が必要です。

ホスト／サービス依存定義に関する監視調整の設定

Nagiosは障害をすばやく検出するため依存定義と親子関係があります。次の設定ではこれらの監視の挙動を調整します。これらの機能は多少処理にオーバーヘッドが生じますが、依存関係にあるホストやサービスの障害検出速度を高めたい場合には有効にしておくのがよいでしょう。

enable_predictive_host_dependency_checks
ホスト依存設定による予測機能の有効／無効を指定

構文
enable_predictive_host_dependency_checks=<0|1>

初期値 1　**省略時** 1

値

0	無効
1	有効

解説

オブジェクト定義のホスト依存定義（**282ページ**参照）を考慮した監視スケジュールを行うかどうか指定します。有効にすると、ホスト異常時に依存定義に定義されたホストを優先してチェックを行います。無効にすると親子関係のみが考慮されます。

例　ホストの依存設定による予測機能を有効にする
enable_predictive_host_dependency_checks=1

enable_predictive_service_dependency_checks
サービス依存設定による予測機能の有効／無効を指定

構文
enable_predictive_service_dependency_checks=<0|1>

初期値 1　**省略時** 1

値	
0	無効
1	有効

解説

サービスに異常が発生した場合、依存設定に設定されているサービスを同時にチェックするかを有効にするかどうかの設定です。無効にした場合は依存設定に関係なくすべてのサービスが通常の監視スケジューリングで行われます。

例　サービス依存設定に基づいた予測機能を有効にする

```
enable_predictive_service_dependency_checks=1
```

soft_state_dependencies
ホスト／サービスの依存によるチェックでSOFT状態を使用する／しないを指定

構文

```
soft_state_dependencies=<0|1>
```

初期値 0　**省略時** 0

値	
0	無効
1	有効

解説

SOFT状態のとき、ホストやサービスの依存関係のチェックを行うかどうかを設定します。通常、ホストやサービスの依存性のチェックはサービスやホストの状態がHARD状態になった時点でチェックされますが、この設定を有効にするとSOFT状態でも行われます。

例　ホストやサービスの依存性のチェックをSOFT状態で行うようにする

```
soft_state_dependencies=1
```

監視機能を異常から復旧させる機能

Nagiosは監視活動をプラグインに任せますが、そのプラグインが想定外の動作をした場合にNagiosが異常を検出してリカバリを行う機能があります。その機能のための設定を行います。

check_for_orphaned_services
孤立サービスを検出する／しないを設定

構文
check_for_orphaned_services=<0|1>

初期値 0（Nagios 2.5以前）、1（Nagios 2.6以降）
省略時 0（Nagios 2.5以前）、1（Nagios 2.6以降）

値

値	説明
0	無効
1	有効

解説

孤立状態のサービスを検出するかを設定します。孤立状態とは、チェックが実行されても正常とも異常とも状態を応答してこない状態を指します。このオプションを有効にしていると、孤立サービスが検出されたときにNagiosはそのサービスを即座に再チェックするようスケジューリングします。

例　孤立サービス検出機能を有効にする
check_for_orphaned_services=1

check_for_orphaned_hosts
孤立ホストを検出する／しないを設定

構文
check_for_orphaned_hosts=<0|1>

初期値 1　**省略時** 1

値

値	説明
0	無効
1	有効

第3章 メイン設定ファイル

解説

　孤立ホストの検出機能の有効／無効を設定します。この機能はNagios 3で追加されました。動作はcheck_for_orphaned_services（**146ページ**参照）と同じです。

例　孤立ホスト検出機能を有効にする

```
check_for_orphaned_hosts=1
```

Nagios Event Broker機能に関する設定

Nagois 2から実装されたNagios Event Broker(NEB)に関する設定を行います。

NEBはNagiosの監視ロジックのイベントをフックして別の処理を行わせるためのAPIです。NEBの公式ドキュメントはまだ公開されていないため、NEBを利用したモジュール(NEBモジュール)はあまり出回っていませんが、公式のアドオンとして配布しているNDOUtilsがNEBモジュールです。NEBモジュールを作成したい方はNDOUtilsを参考にするとよいでしょう。

event_broker_options
NEB機能の有効／無効を指定

構文

event_broker_options=<0|-1|その他個別の値>

初期値 -1　**省略時** 0

値

0	NEB機能を無効にする
-1	すべてのNEB機能を有効にする
その他個別の値	NEB機能を有効にするイベントを指定

解説

NEBの有効／無効を設定します。0、-1以外の値はNEBをどのNagiosのイベントで有効にするのかを指定しますが、そのオプション値についてはinclude/broker.hのEVENT_BROKER_OPTIONSに記載されているので参照してください。この値を2つ以上選択する場合はそれぞれの値の和を指定します。

例　NEBをすべての機能で利用する

```
event_broker_options=-1
```

第3章　メイン設定ファイル

broker_module
NEBモジュールを指定　　2 3

構文

broker_module=<モジュールのパス> [引数]

初期値 未定義　**省略時** 定義しない

解説

　読み込むNEBモジュールと、モジュール固有の引数を指定します。モジュールによっては引数は不要な場合もあります。指定するモジュールファイルには、nagios実行ユーザの実行権限が必要です。

例　　NDOUtilsのモジュールを読み込む

broker_module=/usr/local/nagios/bin/ndomod.o cfg_file=/usr/local/nagios/etc/ndomod.cfg

---

> **Column**
>
> ## 監視時と運用時に考えること
>
> ●監視時に考えること
>
> 　監視を計画するにあたって、はじめに考えることは何を監視するかです。
> 　まず思い浮かぶのは、サービスを提供するホストやネットワーク機器のUP、DOWNを監視する生存監視でしょう。次に考えるのはHTTPやSMTPなどといったそのホストが提供しているサービスそのものの監視です。次は、HTTPやSMTPを提供するためのリソース(ロードアベレージ、プロセス数、スワップメモリ使用量、ディスク使用量)です。これらのリソース監視は、MRTGやCactiといったSNMPを使用してグラフを生成するツールを併用して監視を行うこともよくあります。
> 　番外的ですが、根本的な原因が特定できていないが、何かしらの障害に発展する兆候があるプロセスも監視します。たとえば特定のプロセスでステータスが「D」(割り込み不可能なスリープ状態)であるものが、5個になる前にプロセスをkillすると障害とならないことがわかっている場合などに有効です。
>
> ●運用時に考えること
>
> 　監視がひととおり終わってもそれで終了ではありません。ここからが本当に監視を役立てるところですが、この監視項目一つ一つに対して、WARNINGが出た場合、CRITICALが出た場合などにどう対応するかを決定します。たとえばHTTPの監視がCRITICALとなった場合、プロセスを再起動するのか、原因究明のために情報収集したのちにプロセスを再起動するのかという具合に決めるとよいでしょう。
> 　また、復旧手順だけではなく、サービスに異常が出た際の利用者や関係各位への連絡も大事です。そのため障害発生時にはいつ、誰に、どのように連絡を行うのかも決めておくと障害発生時に慌てなくて済むでしょう。

nagiosデーモンのパフォーマンスに関する設定

監視パフォーマンスに関する設定を行います。監視対象が多く、監視スケジュールに遅延が生じた場合は、ログ出力機能とここの設定を吟味してください。

use_aggressive_host_checking
アグレッシブホストチェック機能の有効／無効を指定

構文
use_aggressive_host_checking=<0|1>
初期値 0　省略時 0

値

値	
0	無効
1	有効

解説
よりホストの状態を確実にとらえることができる監視ロジックであるアグレッシブホストチェックモードを有効にするかどうかを指定します。ただし、ホストチェックの回数が増える分Nagiosの負荷は高まります。

例　ホストのアグレッシブホストチェックを有効にする
use_aggressive_host_checking=1

check_result_reaper_frequency
リーパーイベントの頻度を設定（Nagios 3）

構文
check_result_reaper_frequency=<1以上の数値（秒）>
初期値 10　省略時 10

解説
リーパーイベントの頻度を数値（秒）で指定します。リーパーイベントとは、サービスやホストのチェック結果を処理し、結果に応じた処理（通知、イベントハンドラなど）を行う一連の動作を指します。Nagios 2のservice_reaper_frequency（**151ページ**参照）から変更になりました。

例 リーパーイベントを5秒ごとに設定する

```
check_result_reaper_frequency=5
```

max_check_result_reaper_time
リーパーイベントの実行可能時間の最大値を指定 　**3**

構文

```
max_check_result_reaper_time=<数値（秒）>
```
初期値 30　**省略時** 30

解説

リーパーイベントが動く最大実行時間を数値(秒)で指定します。ここで指定した実行時間を過ぎると、リーパーイベントは処理を終了し次の処理へ進みます。

例 1回のリーパーイベントの最大稼働時間を30秒に設定する

```
max_check_result_reaper_time=30
```

service_reaper_frequency
リーパーイベントの頻度を設定（Nagios 2） 　**2**

構文

```
service_reaper_frequency=<1以上の数値（秒）>
```
初期値 10　**省略時** 10

解説

このオプションは、Nagios 3でcheck_result_reaper_frequency（**150ページ**参照）に変更されました。ただし、Nagios 3でも下位互換のため利用できます。

例 リーパーイベントの発生頻度を5秒にする

```
service_reaper_frequency=5
```

max_concurrent_checks
監視を並列実行する数の最大値を指定 　**2 3**

構文

```
max_concurrent_checks=<0|並列実行の最大値>
```
初期値 0　**省略時** 0

値

0	無制限
1以上	指定された値

解説

サービスチェックの最大同時並列実行数を指定します。どの程度の値にしたらよいかは、nagiosコマンドに-sオプションを付けて実行することで、Nagiosが遅延状況などから判断して推奨値を提示してくれます。

例　最大同時実行数を200とする

設定例

```
max_concurrent_checks 200
```

nagios -sの推奨値出力例

```
# /usr/local/nagios/bin/nagios -s /usr/local/nagios/etc/nagios.cfg
略
 Value for 'max_concurrent_checks' option should be >= 287
```

cached_host_check_horizon
ホストチェック結果のキャッシュ有効時間を設定

構文

```
cached_host_check_horizon=<0|キャッシュを残す最大の数値（秒）>
```

初期値 15　省略時 15

値

0	ホストチェック結果のキャッシュを無効
1以上	指定された数値(秒)

解説

ホストチェック結果のキャッシュファイルの有効時間を指定します。0に設定するとキャッシュファイルを使用しません。この設定は、サービスの異常時にのみホストチェックを行うオンデマンドチェック時に有効です。

例　ホストチェックのキャッシュの有効期間を15秒とする

```
cached_host_check_horizon=15
```

cached_service_check_horizon
サービスチェック結果のキャッシュ有効時間を設定

構文

cached_service_check_horizon=<0|キャッシュを残す最大の数値(秒)>

初期値 15　**省略時** 15

値

0	サービスチェック結果のキャッシュを無効
1以上	指定された数値(秒)

解説

　サービスチェックの結果をキャッシュする最大数値(秒)を指定します。0に設定するとキャッシュしません。この設定はenable_predictive_host_dependency_checks(144ページ参照)およびenable_predictive_service_dependency_checks(144ページ参照)でホスト／サービスの依存設定による予測機能を有効に設定して、サービスの依存定義に基づいた予測機能を利用する場合に有効です。

例　サービスチェックのキャッシュの有効期間を15秒とする

cached_service_check_horizon=15

use_large_installation_tweaks
大規模サイトでのパフォーマンス調整設定の有効／無効を指定

構文

use_large_installation_tweaks=<0|1>

初期値 0　**省略時** 0

値

0	無効
1	有効

解説

　監視数が非常に多い監視サーバの負荷を軽減しパフォーマンスを改善するために、いくつかの処理を省略する機能を利用するかどうかを設定します。1にするとenable_environment_macros(155ページ参照)、free_child_process_memory(154ページ参照)、child_processes_fork_twice(154ページ参照)の3つを0に設定したのと同じ動きをします。

例 パフォーマンスを向上させるための機能縮小の設定を行う

```
use_large_installation_tweaks=1
```

free_child_process_memory
子プロセスがメモリを解放する方法を指定　3

構文

```
free_child_process_memory=<0|1>
```
初期値 未定義　**省略時** 1 (use_large_installation_tweaksが0の場合)

値

0	子プロセスのメモリを解放しない
1	子プロセスのメモリを解放する

解説

　Nagiosの子プロセス終了時に、メモリを解放するかを設定します。この設定を0にして無効とすると、Nagiosは子プロセスのメモリの解放処理を行わずOSに任せます。なお、この設定はuse_large_installation_tweaks（**153ページ**参照）よりも優先されます。use_large_installation_tweaksが無効の場合、本設定を省略すると有効に設定されます。

例 子プロセスのメモリ解放をNagiosが行わないよう設定する

```
free_child_process_memory=0
```

child_processes_fork_twice
子プロセスのfork方法を指定　3

構文

```
child_processes_fork_twice=<0|1>
```
初期値 未定義　**省略時** 1 (use_large_installation_tweaksが0の場合)

値

0	fork()を一度だけ行う
1	fork()を二度行う

解説

　Nagiosのホスト／サービスチェックを実行する際の子プロセスのfork()を一度だけにするのか、二度行うのかを設定します。この設定を0としてfork()を一度だ

けにすることにより、サーバの負荷を軽減させることができます。なお、この設定はuse_large_installation_tweaks(**153ページ**参照)よりも優先されます。

例　fork()を一度にして高速化する
```
child_processes_fork_twice=0
```

enable_environment_macros
環境変数マクロの有効／無効を設定

構文
```
enable_environment_macros=<0|1>
```
初期値 1　**省略時** 1 (use_large_installation_tweaksが0の場合)

値	
0	無効
1	有効

解説

環境変数マクロ(**Appendix B**参照)の有効／無効を設定します。監視対象数が増えると、環境変数マクロの計算にCPUとメモリを使用しますが、この環境変数マクロを無効にすることでリソースの使用量を減らし高速化が見込めます。なお、この設定はuse_large_installation_tweaks(**153ページ**参照)よりも優先されます。

例　環境変数マクロを無効にする
```
enable_environment_macros=0
```

enable_embedded_perl
埋め込みPerlを利用する／しないを設定

構文
```
enable_embedded_perl=<0|1>
```
初期値 1　**省略時** 0

値	
0	無効
1	有効

解説

NagiosのPerlインタプリタの有効／無効を設定します。有効にすると、Nagiosは埋め込みPerlインタプリタを使用します。この設定はインストール時は有効になっていますが、Nagiosが埋め込みPerlを利用するようにconfigureオプションで--enable-embedded-perl --with-perlcacheを付与してコンパイルされている必要があります。

例　埋め込みPerlの使用を無効にする

```
enable_embedded_perl=0
```

use_embedded_perl_implicitly
埋め込みPerlを自動で使用する／しないを指定

構文

```
use_embedded_perl_implicitly=<0|1>
```
初期値 1　省略時 1

値

0	無効
1	有効

解説

デフォルトで埋め込みPerlを使用するかどうかを指定します。プラグイン個別に埋め込みPerlを使用しないよう指定するには、各プラグインに# nagios: -epnの行を入れます。逆にこの設定を無効にして個別に埋め込みPerlを使用する場合は、# nagios: +epn行を入れます。

この設定はインストール時は有効になっていますが、Nagiosが埋め込みPerlを利用するようにconfigureオプションで--enable-embedded-perl --with-perlcacheを付与してコンパイルされている必要があります。

例　埋め込みPerlを自動で使用する

```
use_embedded_perl_implicitly=1
```

頻繁な状態変更に関する設定

Nagiosには、フラッピング(FLAPPING)という特殊な状態があります。フラッピングとは、監視対象の状態が頻繁に変化する状態を指します。フラッピングの判定は過去20回の状態の変化(OKからWARNING、WARNINGからCRITICALなど)の割合(パーセンテージ)で行われます。

判断する閾値には高閾値と低閾値の2種類があり、前者はフラッピング開始状態を判定するために、後者はフラッピング解消を判定するために利用されます。

enable_flap_detection
サービスフラッピングを検出する／しないを設定　　自動保存　2 3

構文

enable_flap_detection=<0|1>

初期値 0 (Nagios 2)、1 (Nagios 3)
省略時 0 (Nagios 2)、1 (Nagios 3)

値

0	無効
1	有効

解説

全体設定としてフラッピング検出機能の有効／無効を設定します。フラッピングが検出、解消されるとログに記録され通知が行われます。個々のホスト／サービスでこの設定を有効／無効にしたい場合は、それぞれの定義のflap_detection_enabledで設定します。ただし、メイン設定ファイルで無効にしている場合はメイン設定ファイルが優先されます。

この設定はWebインタフェースのProcess InfoページにあるProcess Commands「Enable(またはDisable) flap detection」より変更が可能です。

例　　フラッピング検出機能を有効にする

enable_flap_detection=1

high_service_flap_threshold
サービスのフラッピング検出の高閾値を指定　**2 3**

構文

high_service_flap_threshold=<パーセンテージ>
初期値 20.0　**省略時** 30.0

解説

　サービスのフラッピング検出の高閾値を設定します。サービスの過去20回の状態変化の割合がこの値以上になると、フラッピングしたと判断されます。

例　全体設定としてのサービスのフラッピングを検出する高閾値を50.0%とする

high_service_flap_threshold=50.0

low_service_flap_threshold
サービスのフラッピング検出の低閾値を指定　**2 3**

構文

low_service_flap_threshold=<パーセンテージ>
初期値 5.0　**省略時** 20.0

解説

　サービスのフラッピング検出の低閾値を設定します。フラッピングにあるサービスにおいて過去20回の状態変化の割合がこの値以下になると、フラッピングが解消されたとみなされます。

例　全体設定としてサービスのフラッピング検出の低閾値を25.0%とする

low_service_flap_threshold=25.0

high_host_flap_threshold
ホストのフラッピング検出の高閾値を指定　**2 3**

構文

high_host_flap_threshold=<パーセンテージ>
初期値 20.0　**省略時** 30.0

解説

ホストのフラッピング検出の高閾値を設定します。ホストの過去20回の状態変化の割合がこの値以上になると、フラッピングしたと判断されます。

例 全体設定としてホストのフラッピング検出の高閾値を50.0%とする

```
high_host_flap_threshold=50.0
```

low_host_flap_threshold
ホストのフラッピング検出の低閾値を指定 ② ③

構文

```
low_host_flap_threshold=<パーセンテージ>
```

初期値 5.0 **省略時** 20.0

解説

ホストのフラッピング検出の低閾値を設定します。フラッピング中のホストで過去20回の状態変化の割合がこの値以下になると、フラッピングが解消されたとみなされます。

例 全体設定としてのホストのフラッピング検出の低閾値を25.0%とする

```
low_host_flap_threshold=25.0
```

Column

Trendsレポート

NagiosのWebインタフェースのレポートの中にある「Trends」では、指定した期間に発生したイベントを時系列でグラフ化します(**図a**)。左から右に日時が新しくなり、X軸にはイベントの発生した日時が表示されます。グラフのY軸にはステータスに応じた高さが設定されています。一番下はデータ不足で取得できなかったものです。グラフの「Down」の部分が障害発生中であった状態で、この状態が長いと障害が続いた時間が長かったことがわかります。

次にState Breakdownsにはそれぞれの状態がこのレポートの期間のどのぐらいを占めるのかの割合と、その状態であった合計の期間が表示されています。

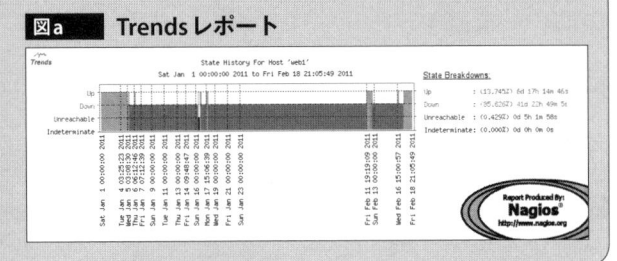

図a Trendsレポート

各種タイムアウトの設定

　Nagiosの各種コマンドのタイムアウトを設定します。コマンドの種類ごとに異なるタイムアウト値を設定できます。実行中のコマンドがタイムアウト時間を経過しても動き続ける場合はNagiosプロセスによりコマンドがkillされます。これにより不正に長くコマンドが実行されるのを防ぎ、Nagiosホストの負荷低減につながります。
　一方、正常な処理中にタイムアウトしてしまうような場合でコマンド側の改善が望めない場合はタイムアウト時間を長くしてコマンドの処理が完了するように調整する必要があります。

service_check_timeout
サービスチェック実行時のタイムアウトを指定

構文
```
service_check_timeout=<数値（秒）>
```
初期値 60　**省略時** 60

解説

　サービスチェックコマンド実行時間のタイムアウト値を秒で指定します。この数値(秒)を経過しても実行中のプラグインは、Nagiosプロセスによってkillされます。

例　　サービスチェックコマンドのタイムアウトを10秒に設定する
```
service_check_timeout=10
```

host_check_timeout
ホストチェック実行時のタイムアウトを指定

構文
```
host_check_timeout=<数値（秒）>
```
初期値 30　**省略時** 30

解説

　ホストチェックコマンド実行時間のタイムアウト値を秒で指定します。この数値(秒)を経過しても実行中のプラグインは、Nagiosプロセスによってkillされます。

例　　サービスチェックコマンドのタイムアウトを10秒に設定する
```
host_check_timeout=10
```

event_handler_timeout
イベントハンドラ実行時のタイムアウトを指定　　❷❸

構文
event_handler_timeout=<数値（秒）>
初期値 30　**省略時** 30

解説
　イベントハンドラコマンド実行時間のタイムアウト値を秒で指定します。イベントハンドラ用のコマンド実行時間がここで指定した値を超えた場合、Nagiosはイベントハンドラのコマンドをkillします。

例　　イベントハンドラコマンドのタイムアウトを10秒に設定する
event_handler_timeout=10

notification_timeout
通知コマンド実行時のタイムアウトを指定　　❷❸

構文
notification_timeout=<数値（秒）>
初期値 30　**省略時** 30

解説
　通知コマンド実行時間のタイムアウト値を秒で指定します。通知コマンドの実行時間がここで指定した値を超えた場合、Nagiosはそのコマンドをkillします。

例　　通知コマンドのタイムアウトを10秒に設定する
notification_timeout=10

ocsp_timeout
OCSPコマンド実行時のタイムアウトを指定　　❷❸

構文
ocsp_timeout=<数値（秒）>
初期値 5　**省略時** 15

解説
　サービスを分散監視するためのOCSPコマンド（*Obsessive Compulsive Service*

Processor Command)実行時間のタイムアウト値を指定します。OCSPコマンドの実行時間がここで指定した値を超えた場合、NagiosはそのOCSPコマンドをkillします。

例　OCSPコマンドのタイムアウトを10秒に設定する
```
ocsp_timeout=10
```

ochp_timeout
OCHPコマンド実行時のタイムアウトを指定

構文
```
ocsp_timeout=<数値（秒）>
```
初期値 5　**省略時** 15

解説
ホストを分散監視する際に定義するOCHPコマンド（*Obsessive Compulsive Host Processor Command*）実行時間のタイムアウト値を指定します。OCHPコマンドの実行時間がここで指定した値を超えた場合、NagiosはそのOCHPコマンドをkillします。

例　OCHPコマンドのタイムアウトを10秒に設定する
```
ocsp_timeout=10
```

perfdata_timeout
パフォーマンスデータコマンド実行時のタイムアウトを指定

構文
```
perfdata_timeout=<数値（秒）>
```
初期値 5　**省略時** 15

パフォーマンスデータコマンド実行時間のタイムアウト値を指定します。パフォーマンスデータコマンド実行時間がここで指定した数値を超えた場合、Nagiosはそのコマンドをkillします。

例　パフォーマンスデータコマンドのタイムアウトを10秒に設定する
```
perfdata_timeout=10
```

分散監視に関する設定

　Nagiosには、ネットワーク的に監視対象に直接到達できないような複数のネットワーク内のホストやサービスを、1つのNagiosサーバで集中的に監視対象の状態を表示させたり、通知のコントロールを行う分散監視機能があります。

　図では中央監視サーバのNagiosから監視対象へは直接アクセスはできませんが、ネットワーク2、3の分散監視サーバから中央監視サーバへのアクセスは可能です。監視対象のあるそれぞれのネットワークに、NSCAクライアントとNagiosを設定した分散監視サーバ設置し、分散監視サーバが監視対象のチェックを行います。

　次に、分散監視サーバはチェック結果をNSCAデーモンとNagiosを設定した中央監視サーバへ送信します。そして中央監視サーバは送信されてきた結果をもとに、状態の変更や通知を行います。

　分散監視の構築には、メイン設定ファイルで取り扱う設定のほかにも分散監視用コマンドの定義や、公式アドオンのNSCA（*Nagios Service Check Acceptor*）の設定などの設定も必要です。分散監視の構築手順は、Nagiosの公式サイトにあるオンラインマニュアルの「Distributed Monitoring」（http://nagios.sourceforge.net/docs/3_0/distributed.html）の項目を参考にしてください。

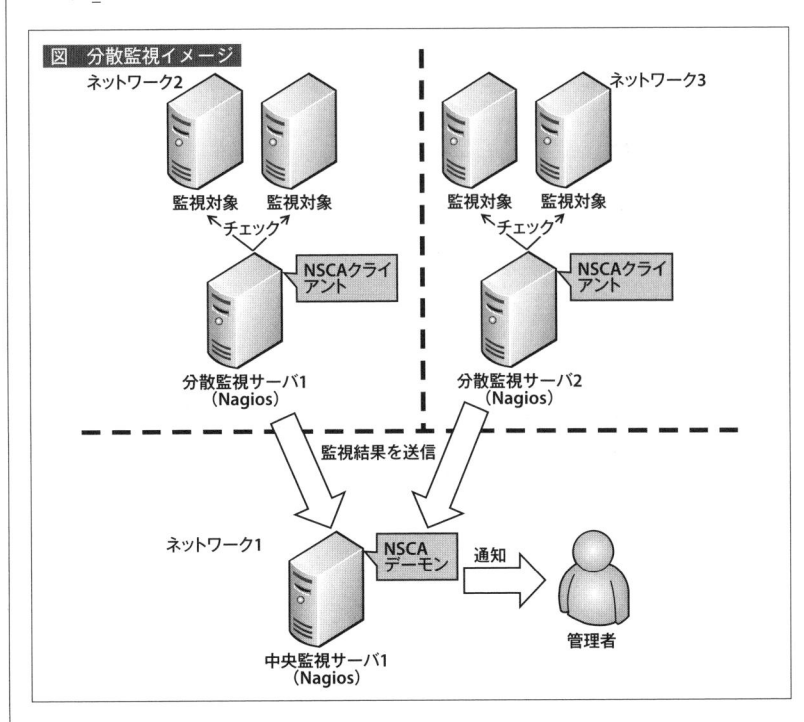

図　分散監視イメージ

obsess_over_services
サービスのオブセスオーバー機能の有効／無効を指定　　自動保存 ２３

構文
obsess_over_services=<0|1>
初期値 0　省略時 0

値

値	意味
0	無効
1	有効

解説

　OCSPコマンド定義(ocsp_command、**本ページ下部**参照)で定義されたコマンド実行の有効／無効を指定します。この設定はサービス用の設定で、ホストの設定はobsess_over_hosts(**165ページ**参照)で定義します。また、この設定は分散監視サーバで設定します。

　個々のサービスでこの設定を有効／無効とする場合は、それぞれの定義のobsess_over_service(**246ページ**参照)で設定します。ただし、メイン設定ファイルで無効にした場合はメイン設定ファイルが優先されます。

　この設定はWebインタフェースのProcess InfoページにあるProcess Commands「Start(またはStop)obsessing over services」より変更が可能です。

　オブセスオーバー(Obsess Over)は日本語訳すると「執着する」「取りつく」といった意味合いになりますが、Nagiosでは「チェックごとに常に動くコマンド」という意味合いで使用されていると思われます。

例　分散監視を構築するためにサービスのオブセスオーバー機能を有効にする

obsess_over_services=1

ocsp_command
サービスのオブセスオーバー機能のコマンドを指定　　２３

構文
ocsp_command=<コマンド名>
初期値 未定義　省略時 定義しない

解説

　サービスを分散監視するためのコマンドを指定します。コマンド名はオブジェ

クト定義のコマンド定義で定義したcommand_nameの値（**280ページ**参照）を指定します。この設定は中央監視サーバではなく分散監視サーバで設定します。

> **例** OCSPコマンドをsubmit_chek_resultに設定する
>
> `ocsp_command=submit_check_result`

obsess_over_hosts
ホストのオブセスオーバー機能の有効／無効を指定　　　自動保存 ❷❸

構文
`obsess_over_hosts=<0|1>`

初期値 0　省略時 0

値

0	無効
1	有効

解説

オブセスオーバーホストコマンド定義（ochp_command、**本ページ下部**参照）で定義されたコマンドの実行を行うかどうかを指定します。この設定は中央監視サーバではなく分散監視サーバで設定します。個々のホストでこの設定を有効／無効とする場合は、それぞれの定義のobsess_over_hostで設定します。ただし、メイン設定ファイルで無効にする場合はメイン設定ファイルが優先されます。

この設定はWebインタフェースのProcess InfoページにあるProcess Commands「Start（またはStop）obsessing over host」より変更が可能です。

> **例** 分散監視を構築するためにホストのオブセスオーバー機能を有効にする
>
> `obsess_over_hosts=1`

ochp_command
ホストのオブセスオーバー機能のコマンドを指定　　　❷❸

構文
`ochp_command=<コマンド名>`

初期値 未定義　省略時 定義しない

解説

分散監視のためのオブセスオーバーサービス用のコマンドを指定します。コマ

ンド名はオブジェクト定義のコマンド定義で定義したcommand_nameの値(**280ページ**参照)を指定します。この設定は分散監視サーバで設定します。

例　　OCHPコマンドをsubmit_chek_resultに設定する
```
ochp_command=submit_host_check_result
```

translate_passive_host_checks
パッシブホストチェック結果の変換機能の有効／無効を指定

構文
```
translate_passive_host_checks=<0|1>
```
初期値 0　**省略時** 0

値

値	説明
0	無効
1	有効

解説

　オブジェクト定義のホスト定義で親子関係(parents)を設定している場合、同じ監視対象の設定でも中央監視サーバから見た監視対象の階層と、分散監視サーバから見た監視対象はその階層が異なる場合があります。

　たとえば下の図を例にすると、ホストAは、中央監視サーバから見ると間にあるのはスイッチ2だけですが、分散監視サーバから見るとスイッチ1とスイッチ2がホストAとの間にあります。

　NagiosではUNREACHABLEの状態を判定するのに、Nagiosから監視対象までのホストがすべてダウンしているかどうかで判定するため、分散監視サーバから見るとUNREACHABLEではない場合でも、中央監視サーバから見るとUNREACHABLEの状態である可能性があります。

　このような状況では、中央監視サーバでこの設定を有効にしておくと、分散監視サーバでDOWNあるいはUNREACHABLEの結果が届いた場合、中央監視サーバからの監視対象の親子関係に応じてDOWN/UNREACHABLEを判断します。

第3章 メイン設定ファイル

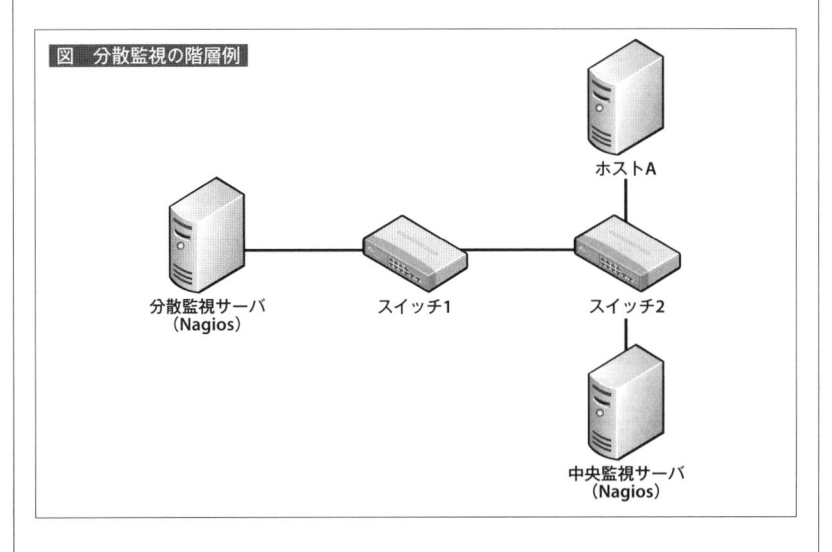

図 分散監視の階層例

```
分散監視サーバ ── スイッチ1 ── スイッチ2 ── ホストA
  (Nagios)                            │
                                   中央監視サーバ
                                    (Nagios)
```

例　分散監視を使うためパッシブホストチェックの変換を有効にする

```
translate_passive_host_checks=1
```

passive_host_checks_are_soft
パッシブホストチェックでの状態の扱いを指定　　3

構文

```
passive_host_checks_are_soft=<0|1>
```
初期値 0　　**省略時** 0

値

0	HARD状態とみなす
1	SOFT状態とみなす

解説

すべてのパッシブホストチェックの結果をHARD状態とみなすのかSOFT状態とみなすのかを設定します。これはオブジェクト定義の再試行回数(max_check_attempts、**214**、**243ページ**参照)を1と設定するのと同等の効果があります。分散監視を行う場合には、中央監視サーバではpassive_host_checks_are_softは0と設定するのがよいでしょう。

例　ホストのパッシブチェックはHARD状態として扱う

```
passive_host_checks_are_soft=0
```

パフォーマンスデータ機能に関する設定

パフォーマンスデータとは、プラグインの応答メッセージ部分にパイプ文字|で区切られたあとに;で区切られたデータを指します。ここではこのパフォーマンスデータ処理機能について設定します。

プラグインcheck_pingの例
```
PING OK - Packet loss = 0%, RTA = 1.63 ms|rta=1.628000ms;50.000000;100.000000;0.000000 pl=0%;20;40;0
```

process_performance_data
パフォーマンスデータを収集する/しないを設定　　自動保存　2 3

構文
process_performance_data=<0|1>
初期値　1　省略時　0

解説

全体設定としてパフォーマンスデータの収集機能を有効にするかどうか設定します。個々のホスト/サービスでこの設定を有効/無効とする場合は、それぞれの定義のprocess_perf_dataで設定します。ただし、メイン設定ファイルで無効にした場合はメイン設定ファイルが優先されます。

この設定はWebインタフェースのProcess InfoページにあるProcess Commands「Enable(またはDisable) performance data」より変更が可能です。

例　パフォーマンスデータ収集機能を有効にする
process_performance_data=1

host_perfdata_command
ホスト用のパフォーマンスデータコマンドを指定　　2 3

構文
host_perfdata_command=<コマンド名>
初期値　未定義　省略時　定義しない

解説

監視対象ホストのパフォーマンスデータを収集するためのコマンドを指定します。コマンドはオブジェクト設定ファイルで指定したコマンド名を指定します。このコマンドはprocess_

performance_data（**168**ページ参照）とホスト定義ファイルのprocess_perf_data
（**221**ページ参照）でともに1を指定している場合のみ実行されます。

例 ホスト用のパフォーマンスデータ処理コマンドを
process-host-perfdataに指定する

```
host_perfdata_command=process-host-perfdata
```

service_perfdata_command
サービス用のパフォーマンスデータコマンドを指定

構文
```
service_perfdata_command=<コマンド名>
```
初期値 未定義　**省略時** 定義しない

解説

　監視対象サービスのパフォーマンスデータを収集するためのコマンドを指定します。コマンドはオブジェクト設定ファイルで指定したコマンド名を指定します。このコマンドはprocess_performance_data（**168**ページ参照）とサービス定義ファイルのprocess_perf_data（**250**ページ参照）でともに1を指定している場合のみ実行されます。

例 サービス用のパフォーマンスデータ処理コマンドを
process-service-perfdataに指定する

```
service_perfdata_command=process-service-perfdata
```

host_perfdata_file
ホスト用のパフォーマンスデータ出力先ファイルを指定

構文
```
host_perfdata_file=<ホストパフォーマンスデータ出力ファイルのパス>
```
初期値 未定義　**省略時** 定義しない

解説

　ホストのパフォーマンスデータをファイルに書き出したい場合に、出力先のファイルを指定します。出力形式はhost_perfdata_file_template（**170**ページ参照）で、出力方法はhost_perfdata_file_mode（**171**ページ参照）で決定されます。

例 パフォーマンスデータを
/usr/local/nagios/var/host-perfdata.logに書き出す

```
host_perfdata_file=/usr/local/nagios/var/host-perfdata.log
```

service_perfdata_file
サービス用のパフォーマンスデータ出力先ファイルを指定 　2 3

構文

service_perfdata_file=<ホストパフォーマンスデータ出力ファイルのパス>
（初期値）未定義　（省略時）定義しない

解説

サービスのパフォーマンスデータをファイルに書き出したい場合に出力先のファイルを指定します。出力形式はservice_perfdata_file_template（171ページ参照）で、出力方法はservice_perfdata_file_mode（172ページ参照）で決定されます。

**例　　パフォーマンスデータを
　　　　/usr/local/nagios/var/service-perfdata.log に書き出す**

```
service_perfdata_file=/usr/local/nagios/var/service-perfdata.log
```

host_perfdata_file_template
ホスト用のパフォーマンスデータ出力形式を指定 　2 3

構文

host_perfdata_file_template=<ホストパフォーマンスデータ出力形式>
（初期値）未定義　（省略時）定義しない

解説

監視対象ホストのパフォーマンスデータを host_perfdata_file（169ページ参照）で指定したファイルに出力する際のフォーマットを指定します。テンプレートには Nagiosのマクロと特殊文字¥t（タブ）、¥r（キャリッジリターン）¥n（改行）、プレーンテキストの任意の文字列が利用できます。なお、出力ごとに自動改行されます。

例　　ホストのパフォーマンスデータ出力形式を設定する

定義例
```
host_perfdata_file_template=[HOSTPERFDATA]¥t$TIMET$¥t$HOSTNAME$¥t$HOSTEXECUTIONTIME$¥t$HOSTPERFDATA$ 実際は1行
```

出力例
```
[HOSTPERFDATA]    1285264716    localhost    4.034    PING OK - Packet loss = 0%,
RTA = 0.09 ms    rta=0.085000ms;3000.000000;5000.000000;0.000000 pl=0%;80;100;0
```

service_perfdata_file_template
サービス用のパフォーマンスデータ出力形式を指定

構文

service_perfdata_file_template=<サービスパフォーマンスデータ出力形式>

初期値 未定義　**省略時** 定義しない

解説

監視対象サービスのパフォーマンスデータを service_perfdata_file（**170ページ**参照）で指定したファイルに出力する際のフォーマットを指定します。テンプレートの指定方法は host_perfdata_file_template（**170ページ**参照）と同じです。

例　サービスのパフォーマンスデータ出力形式を設定する

定義例

service_perfdata_file_template=[SERVICEPERFDATA]¥t$TIMET$¥t$HOSTNAME$¥t$SERVICEDESC$¥t$SERVICEEXECUTIONTIME$¥t$SERVICEOUTPUT$¥t$SERVICEPERFDATA$　**実際は1行**

出力例

```
[SERVICEPERFDATA]    1285567149       localhost       PING     4.139    0.000   PING
OK - Packet loss = 0%, RTA = 0.19 ms      rta=0.194000ms;100.000000;500.000000;0.000
000 pl=0%;20;60;0
```

host_perfdata_file_mode
ホスト用のパフォーマンスデータ書き出しモードを指定

構文

host_perfdata_file_mode=<a|w|p>

初期値 a　**省略時** a

値

値	
a	追記モード
w	上書きモード
p	パイプ出力モード

解説

ホストパフォーマンスデータを host_perfdata_file（**169ページ**参照）で指定したファイルに書き出す際のモードを指定します。

pのパイプ出力モードは、host_perfdata_file で指定した出力先が名前付きパイプの場合に使用します。

例 ホストのパフォーマンスデータのファイルの書き出しを追記で行う

```
host_perfdata_file_mode=a
```

service_perfdata_file_mode
サービス用のパフォーマンスデータ書き出しモードを指定

構文

```
service_perfdata_file_mode=<a|w|p>
```

`初期値` a `省略時` a

値

a	追記モード
w	上書きモード
p	パイプ出力モード

解説

サービスパフォーマンスデータをservice_perfdata_file（**170ページ**参照）に書き出す際のモードを指定します。

pはパイプモードでservice_perfdata_fileで指定したファイルが名前付きパイプ場合に使用します。

例 サービスのパフォーマンスデータのファイルの書き出しを追記で行う

```
service_perfdata_file_mode=a
```

host_perfdata_file_processing_interval
ホスト用のパフォーマンスデータファイル処理コマンド実行間隔を指定

構文

```
host_perfdata_file_processing_interval=<数値（秒）>
```

`初期値` 0 `省略時` 0

解説

host_perfdata_file_processing_command（**173ページ**参照）で指定したホストパフォーマンスデータファイルの処理コマンドを実行する間隔を数値(秒)で指定します。0に設定すると無効となり、コマンドは実行されなくなります。

第3章　メイン設定ファイル

例 ホスト用パフォーマンスデータファイルの処理用コマンドを30秒ごとに動かす

```
host_pefdata_file_processing_interval=30
```

service_perfdata_file_processing_interval
サービス用のパフォーマンスデータファイル処理コマンドの処理間隔を指定 ❷❸

構文
```
service_perfdata_file_processing_interval=<数値（秒）>
```
初期値 0　　**省略時** 0

解説
　service_perfdata_file_processing_command（**174ページ**参照）で指定したサービスパフォーマンスデータファイルの処理コマンドを実行する間隔を数値(秒)で指定します。0に設定すると無効となり、コマンドは実行されなくなります。

例 サービス用パフォーマンスデータファイルの処理用コマンドを30秒ごとに動かす

```
service_perfdata_file_processing_interval=30
```

host_perfdata_file_processing_command
ホスト用のパフォーマンスデータファイルを処理するコマンドを定義 ❷❸

構文
```
host_perfdata_file_processing_command=<コマンド名>
```
初期値 未定義　　**省略時** 定義しない

解説
　ホストパフォーマンスデータ出力ファイルを処理するためのコマンドを指定します。コマンド名には、オブジェクト設定ファイルで指定したコマンド名を指定します。
　host_perfdata_command（**168ページ**参照）はプラグインからパフォーマンスデータが届いた際に随時実行されるのに対し、このコマンドはhost_pefdata_file_processing_interval（**172ページ**参照）で指定した間隔で定期的に動くという違いがあります。

例 process-host-perfdata-fileコマンドを指定する

```
host_perfdata_file_processing_command=process-host-perfdata-file
```

service_perfdata_file_processing_command
サービス用のパフォーマンスデータを処理するコマンドを定義　❷❸

構文

service_perfdata_file_processing_command=<コマンド名>
(初期値) 未定義　(省略時) 定義しない

解説

サービスパフォーマンスデータ出力ファイルを処理するコマンドを指定します。指定方法、動作はhost_perfdata_file_processing_command（**173ページ**参照）と同じです。

例　**process-service-perfdata-file**コマンドを指定する

service_perfdata_file_processing_command=process-service-perfdata-file

---

Column　監視スケジュールの遅延を調査するには

NagiosのWebインタフェース「Performance Info」ではNagiosのパフォーマンス情報を見ることができます。「最近監視のアラートが上がるのが体感的に遅い」「なぜかユーザが先に気がついて連絡をもらう」という場合、Nagiosのスケジュールに遅延が発生しているのかもしれません。Nagiosのパフォーマンスに関する設定は3章の「Nagiosデーモンのパフォーマンスに関する設定」（**150ページ**）を参照していただければと思いますが、ここでは遅延の調査方法を紹介します。

遅延の発生状況は、この「Performance Info」あるいは/usr/local/nagios/nagiostatsコマンドから見ることができます。ポイントとしては、Webインタフェースの「Check Latency:」、またはnagiostatsコマンドの「Active Service Latency:」を見ます。この値は左から、最小、最大、平均遅延時間を秒で表しています。ここでの遅延時間とはスケジュールされた時間からどの程度遅れてチェックされたかを表します。遅延時間が10分、20分と大きい場合、監視スケジュールが何らかの理由で遅れています。

監視結果の新しさのチェックに関する設定

ホストやサービスの監視活動は定期的に行われ、ホストやサービスの監視結果は定期的に更新されます。つまり、ステータスファイルが更新されない場合は監視活動に何らかの問題があるか、何か別の障害が発生している可能性があります。Nagiosには、監視結果が一定期間更新されない場合に強制的に監視コマンドを実行する機能があります。それをフレッシュネスチェックと言います。

check_service_freshness
サービスのフレッシュネスチェック機能の有効／無効を指定

構文
```
check_service_freshness=<0|1>
```
初期値 1　省略時 1

値

値	意味
0	無効
1	有効

解説
全体設定として、監視対象サービスのフレッシュネスチェックを有効にするかどうかを設定します。定期的な間隔はservice_freshness_check_interval(**本ページ下部**参照)で設定できます。

例　サービスのフレッシュネスチェックを有効にする
```
check_service_freshness=1
```

service_freshness_check_interval
サービスのフレッシュネスチェック間隔を指定

構文
```
service_freshness_check_interval=<数値（秒）>
```
初期値 60　省略時 60

解説
サービスのフレッシュネスチェックが有効の場合、フレッシュネスチェックを実行する間隔を秒単位で指定します。0に設定することはできません。

例 サービスのフレッシュネスチェックの実行間隔を30秒に設定する

```
service_freshness_check_interval=30
```

check_host_freshness
ホストのフレッシュネスチェック機能の有効／無効を指定　**2 3**

構文

```
check_host_freshness=<0|1>
```

初期値 0　**省略時** 0

値

0	無効
1	有効

解説

全体設定として、監視対象ホストのフレッシュネスチェックを有効にするかどうかを設定します。設定値、動作についてはcheck_service_freshness（**175ページ**参照）と同じです。

例 ホストのフレッシュネスチェックを有効にする

```
check_host_freshness=1
```

host_freshness_check_interval
ホストのフレッシュネスチェック間隔を指定　**2 3**

構文

```
host_freshness_check_interval=<数値（秒）>
```

初期値 60　**省略時** 60

解説

ホストのフレッシュネスチェックの実行間隔を指定します。設定値、動作についてはservice_freshness_check_interval（**175ページ**参照）と同じです。

例 ホストのフレッシュネスチェックの実行間隔を30秒に設定する

```
host_freshness_check_interval=30
```

additional_freshness_latency
フレッシュネスチェックの閾値への追加遅延時間を指定

構文
additional_freshness_latency=<数値（秒）>

初期値 60　省略時 60

解説
フレッシュネスチェックの閾値はオブジェクト定義のfreshness_threshold（**218**、**247ページ**参照）で決定します。

閾値を0に設定した場合はNagiosが過去の監視間隔から判断して自動的に計算します。その自動計算値に明示的に加える数値(秒)をこの設定で指定します。

例　フレッシュネスチェックの追加の閾値をプラス30秒する
```
additional_freshness_latency=30
```

Column　監視スケジュールが遅延する原因

遅延の発生原因としては次のようなものがあります。

●プラグインの終了が遅い
プラグインの実行時間が影響しているかもしれません。プラグインの実行時間はPerformance Infoページの「Check Execution Time:」、nagiostatsコマンドの「Active Service Execution Time」を見ます。この値は左から最小、最大、平均のプラグインの実行時間が記録されています。この値を見て平均が10秒を超えているような場合だと何らかの見直しが必要だと思います。主にプラグインを高速化するような対策(埋め込みPerlやコンパイラ言語の使用など)が求められます。

●ログを出しすぎている
ログの出力は思ったよりも負荷が高い処理です。とりわけ分散監視を構築している場合、中央監視サーバで遅延が目立つことがあります。その場合は、パッシブチェックのログや、外部コマンドのログの取得を停止すると改善することがあります。また、サービス定義のstalking_options（**255ページ**参照）を多用していないかなども注意が必要です。

日付フォーマット、Nagios管理者メールアドレスに関する設定

　日付の書式や、Nagios管理者のメールアドレスに関する設定を行います。Nagios管理者メールアドレスは、専用のマクロに格納されます。

date_format
日付の書式を設定 　　　　　　　　　　　　　　　　　　　　　　　2 3

構文

date_format=<オプション>

初期値 us　**省略時** us

値

オプション	出力形式	出力例
us	MM/DD/YYYY HH:MM:SS	08/31/2010 16:53:08
euro	DD/MM/YYYY HH:MM:SS	31/08/2010 16:53:08
iso8601	YYYY-MM-DD HH:MM:SS	2010-08-31 16:53:08
strict-iso8601	YYYY-MM-DDTHH:MM:SS	2010-08-31T16:53:08

解説

　NagiosのWebインタフェースや日時指定のマクロの日時フォーマットを指定します。

例　　**日付のフォーマットをISO 8601形式にする**

```
date_format=iso8601
```

use_timezone
タイムゾーンを指定 　　　　　　　　　　　　　　　　　　　　　　　　3

構文

use_timezone=<タイムゾーン>

初期値 未定義　**省略時** 定義しない

解説

　特に指定のない場合、NagiosはOS上のタイムゾーンで稼働しますが、このオ

プションを使ってNagiosのタイムゾーンを変更できます。

タイムゾーンを変更した際は、Apacheの設定でNagiosのCGIを格納しているディレクトリに対してもタイムゾーンの設定が必要です。

例　タイムゾーンをAsia/Tokyoに設定する場合のNagiosとApacheの設定例

NagiosでタイムゾーンAsia/Tokyoに設定する
```
use_timezone=Asia/Tokyo
```

Apacheでのタイムゾーンの設定例
```
<Directory "/usr/local/nagios/sbin/">
  SetEnv TZ "Asia/Tokyo"
  略（ほかのディレクティブ）
</Directory>
```

admin_email
Nagios導入ホストの管理者のメールアドレスを指定

構文
```
admin_email=<メールアドレス>
```
初期値 nagios@localhost　**省略時** 定義しない

解説

Nagiosが稼働するホストの管理者メールアドレスを指定します。この値は$ADMINEMAIL$という専用のマクロに格納され、さまざまなコマンドで利用できます。

例　Nagiosホストの管理者メールアドレスをroot@example.comとする
```
admin_email=root@example.com
```

admin_pager
Nagios導入ホストの管理者の携帯メールアドレスを指定

構文
```
admin_email=<携帯メールアドレス>
```
初期値 pagenagios@localhost　**省略時** 定義しない

解説

Nagiosが稼働するホストの管理者の携帯メールアドレスを指定します。この値は$ADMINPAGER$という専用マクロに格納され、さまざまなコマンドで利用できます。

例 Nagiosホストの管理者の携帯メールアドレスをpagerroot@example.comにする

```
admin_email=pagerroot@example.com
```

初期導入時のサンプルオブジェクト設定ファイル *Column*

Nagiosを `make install-config` した際にはサンプルの設定ファイルがインストールされます。インストールされるサンプル設定ファイルにはオブジェクト設定ファイル(**5章**)も含まれています(**表a**)。オブジェクト設定ファイルは/usr/local/nagios/etc/objectsにインストールされます。

初期導入時にはこれらの設定を参考に1つのホストを定義してみて、一つ一つの設定項目の意味を本書で調べながら調整していくと理解しやすいと思います。

表a 初期導入時のサンプルオブジェクト設定ファイル

ファイル	概要
templates.cfg	オブジェクト設定のテンプレート設定のサンプル。サンプルの設定ファイルではここで定義されたテンプレートを多用している。初期導入時はこのテンプレート定義を利用して設定を行うとよい
commands.cfg	サンプル設定ファイルで使用しているNagiosプラグインによるチェックコマンド定義と、通知用コマンドの定義、パフォーマンスデータ取得用のコマンド定義がされている
timeperiods.cfg	24x7、workhours、none、us-holidays、24x7_sans_holidaysという5種類の時間帯が定義されている
contacts.cfg	nagiosadminという通知先定義とadminsという通知先グループの定義が設定されている。この設定を参考にして自分の通知先定義を作成するとよい
localhost.cfg	localhost(127.0.0.1)を監視対象としたホストおよび、ホストグループ、標準プラグインを使用したいくつかのサービスの監視が含まれている。ホスト、ホストグループ、NRPEを使用しない監視設定について参考にするとよい
printer.cfg	標準プラグインに付属しているヒューレット・パッカード製のプリンタを監視するcheck_hpjd(本書では取り上げていない)を使用したプリンタの監視設定が定義されている
switch.cfg	SNMPエージェントを備えたインテリジェントスイッチの監視例。ping監視のほか、check_snmp(**61ページ**参照)やMRTGを利用したトラフィック監視の設定例が掲載されている
windows.cfg	WindowsのNSClientを使用した監視設定例が掲載されている

禁止文字列、正規表現に関する設定

シェルプログラムにとって意味のある特殊文字など、セキュリティ上利用できないようにしたい文字列を指定するオプションと、設定を簡略化するための正規表現についての設定を行います。

設定した禁止文字列使用した場合、Nagiosは設定反映時にエラーを出力し起動できません。

illegal_object_name_chars
オブジェクト名として使用できない文字を指定

構文
illegal_object_name_chars=<使用を禁止する文字>
初期値 `~!$%^&*|'"<>?,()= **省略時** 定義しない

解説

オブジェクト定義の名前部分で使用できない禁止文字を指定します。複数の文字を指定する場合は続けて記入します。Nagiosインストール時にはデフォルトで一般的な特殊文字が入っています。

例　「`~!$%^&*|'"<>?,()=」の記号の使用を禁止する
illegal_object_name_chars=`~!$%^&*|'"<>?,()=

illegal_macro_output_chars
マクロに使用できない文字列を指定

構文
illegal_macro_output_chars=<使用を禁止する文字>
初期値 ~!$%^&*|'"<>?,()= **省略時** 定義しない

解説

通知やイベントハンドラ、ほかのコマンドで使う前のマクロの出力で使用できない文字を指定します。Nagiosインストール時にはデフォルトで一般的な特殊文字は禁止する設定が入っています。この設定で影響を受けるマクロは次のとおりです。

- $HOSTOUTPUT$
- $HOSTPERFDATA$
- $HOSTACKAUTHOR$
- $HOSTACKCOMMENT$
- $SERVICEOUTPUT$
- $SERVICEPERFDATA$
- $SERVICEACKAUTHOR$
- $SERVICEACKCOMMENT$

例 「`~$&|'"<>」の記号の使用を禁止する

```
illegal_macro_output_chars=`~$&|'"<>
```

use_regexp_matching
オブジェクト定義のオブジェクト名で正規表現を使用可能にする／しないを設定 **2 3**

構文
```
use_regexp_matching=<0|1>
```
初期値 0　　**省略時** 0

値
0	無効
1	有効

解説
オブジェクト定義で複数のホストやサービスを指定するために、すべてを表す＊と除外を表す！文字が利用できますが、このオプションはこれらのワイルドカード文字列の代わりに＊、?、+、￥、.の正規表現を利用できるようにします。

例 オブジェクト定義でのオブジェクト名で正規表現を有効にする

```
use_regexp_matching=1
```

use_true_regexp_matching

オブジェクト定義ですべての正規表現を使用可能にする／しないの設定　❷❸

構文

```
use_true_regexp_matching=<0|1>
```
初期値 0　**省略時** 0

値

0	無効
1	有効

解説

use_regexp_matching（**182ページ**参照）で正規表現を利用できるようにした場合、正規表現文字列としては *、?、+、¥、. のみ利用できますが、このオプションを有効にすると、「web[12]」（「web1」あるいは「web2」にマッチする）などより多くの正規表現文字列が利用できます。

例　より多くの正規表現文字列を使う

```
use_true_regexp_matching=1
```

UNIX（AIX）とハードウェアベンダー用プラグイン　Column

ユーザによって作成されたプラグインで使用経験のあるものを紹介します。

●AIX用プラグイン

「Monitoring Exchange」（https://www.monitoringexchange.org/）で配布されています。なんと、AIX5.3用、6.1用にコンパイルされたプラグインです。NSCAとNRPEのバイナリも付いています。

●check_dell.pl

DELL製ハードウェアの監視を行います。DELL製のツール「OpenManage Server Administrator」を使用し、RAIDコントローラ、温度、パワーサプライ、物理ドライブ、ファンなどの監視が行えます。「SysAdmin Tools from ITeF!x」（http://sourceforge.net/projects/sereds/）で配布されています。

●check_hp

ヒューレット・パッカード製ハードウェアの監視を行います。サーバに導入したhp-helth、hp-agentを経由し、物理／論理ドライブ、ファン、パワーサプライ、温度などを監視できます。「Monitoring Exchange」で配布されています。

デバッグオプション

Nagiosデーモンのデバッグを行うための設定を行います。

daemon_dumps_core
nagiosデーモンがコアダンプを生成するのを許可する／しないを設定 ❷❸

構文

daemon_dumps_core=<0|1>
初期値 0　**省略時** 0

値

値	
0	無効
1	有効

解説

nagiosデーモンがコアダンプを生成するのを許可するかどうか設定します。有効にするとnagiosデーモンクラッシュ時にコアダンプを生成します。

例　Nagiosデーモンがコアダンプを生成するようにする

daemon_dumps_core=1

debug_file
デバッグ情報出力先を指定 ❸

構文

debub_file=<デバッグファイルのパス>
初期値 /<インストールディレクトリ>/var/nagios.debug
省略時 /<インストールディレクトリ>/var/nagios.debug

解説

Nagiosがデバッグ情報を書き出すファイルを指定します。出力方法はdebug_level（**185ページ**参照）とdebug_verbosity（**186ページ**参照）で指定します。

例　デバッグ情報出力先を/usr/local/nagios/var/nagios.debugに指定する

debug_file=/usr/local/nagios/var/nagios.debug

debug_level
デバッグレベルを指定

構文
debug_level=<-1|0|1|2|4|8|16|32|64|128|256|512|1024|2048>

初期値 0　**省略時** 0

値

値	
-1	すべて
0	取得しない
1	機能に関するデバッグログ
2	コンフィギュレーションに関するデバッグログ
4	プロセスに関するデバッグログ
8	スケジューリングイベントに関するデバッグログ
16	ホスト／サービスのチェックに関するデバッグログ
32	通知に関するデバッグログ
64	イベントブローカに関するデバッグログ
128	外部コマンドに関するデバッグログ
256	コマンドに関するデバッグログ
512	スケジュールダウンタイムに関するデバッグログ
1024	コメントに関するデバッグログ
2048	マクロに関するデバッグログ

解説

　デバッグファイルに記録するログレベルを指定します。0を指定するとデバッグログは取得されません。-1を指定するとすべてのデバッグログを取得します。複数の項目のデバッグログを取得取得したい場合は、項目の値の和を指定します。

例1 通知に関するデバッグログを取得する

```
debug_level=32
```

例2 機能(1)とスケジューリングイベント(8)に関するデバッグログを取得する

```
debug_level=9
```

debug_verbosity
デバッグ出力の冗長度合いを指定　　　3

構文

debug_verbosity=<0|1|2>

初期値 1　　省略時 1

値

0	簡潔
1	やや冗長
2	非常に冗長

解説

　Nagiosがデバッグファイルに書き込むデバッグ情報の詳細さを3段階で指定します。デフォルトは1のやや冗長なログが出ます。

例　　最大限のデバッグ出力を得るために冗長度合いを2にする

```
debug_verbosity=2
```

max_debug_file_size
デバッグファイルの最大サイズを指定　　　3

構文

max_debug_file_size=<ファイルサイズ（バイト）>

初期値 1000000　　省略時 1000000

値

バイト数	指定サイズでローテーション
0	無制限

解説

　デバッグファイルの最大サイズをバイト単位で指定します。ファイルサイズが指定値を超えた場合、自動的に.oldを付けてリネームされます。すでに.oldのファイルが存在している場合、oldファイルが上書きされます。

例　　デバッグファイルの最大サイズを5000000バイトにする

```
max_debug_file_size=5000000
```

第4章
CGI設定ファイル

構成ファイルのパスの設定
表示に関する設定
認証機能に関する設定
ステータスマップ関連の設定
自動再読み込み、警告サウンドの設定
HTMLタグ除去の設定、コマンドシンタックスの指定
追加情報へのリンクのtarget属性に関する設定

構成ファイルのパスの設定

メイン設定ファイル、HTML、CGIファイル、画像ファイルなどの位置をパスで指定したり、URLで指定したりなどの設定を行います。

main_config_file
メイン設定ファイルのパスを指定 　2 3

構文
main_config_file=<ファイル名>
初期値 /<インストールディレクトリ>/etc/nagios.cfg　**省略時** 定義しない

解説
メイン設定ファイルの場所を指定します。インストール時に自動で設定されますが、この設定に誤りがあるとWebインタフェースにアクセス時にエラーが表示されます。

例　メイン設定ファイルのパスを指定する
```
main_config_file=/usr/local/nagios/etc/nagios.cfg
```

physical_html_path
HTMLファイル、画像保存場所のパスを指定 　2 3

構文
physical_html_path=<HTMLファイル保存場所の物理パス>
初期値 /<インストールディレクトリ>/share　**省略時** 定義しない

解説
NagiosのWebインタフェース上に表示されるHTMLファイルおよび画像が格納されるディレクトリの場所を指定します。この設定は通常インストール時に自動的に値が入ります。

例　HTMLファイル保存場所を/usr/local/nagios/shareに設定する
```
physical_html_path=/usr/local/nagios/share
```

url_html_path
HTMLファイルのURLパスを指定

構文

url_html_path=<URLのパス>

初期値 /nagios　**省略時** 定義しない

解説

　ブラウザでNagiosのWebインタフェースを開く際のURLパスを指定します。これはphysical_html_path（**188ページ**参照）で指定したパスがURL上ではどういうパスになるかを指定します。

例　**http://www.example.com/nagiosというURLでNagiosを使用する**

url_html_path=/nagios

表示に関する設定

ヘルプへのリンクや、PENDING状態を表示するといった、表示に関する設定を行います。

show_context_help
ヘルプファイルへのリンクを表示する／しないを設定

構文

show_context_help=<0|1>

初期値 0　省略時 0

値

0	無効
1	有効

解説

各CGIにヘルプページへのリンクを表示させるかの設定です。有効にすると各CGIの表示時に「？」アイコンが表示され、ヘルプページへのリンクが表示されます。

ヘルプページは「/<インストール先のディレクトリ>/share/contexthelp/」に配置されていますが、内容は整備されていません。

例　ヘルプページへのリンクを表示させる

```
show_context_help=1
```

use_pending_states
PENDING状態の有効／無効を設定

構文

show_context_help=<0|1>

初期値 1　省略時 0

値

0	無効
1	有効

第4章 CGI設定ファイル

解説

PENDING状態を使用するかどうかを設定します。有効にすると、まだ一度もチェックされていないホストやサービスの状態はWebインタフェース上では「PENDING」と表示されます。無効とすると、オブジェクト定義のホストやサービスの定義でのinitial_state（**213**、**242**ページ参照）の状態を表示します。

例　　PENDING状態を使用する

```
use_pending_states=1
```

Column　大量のホストを監視する場合のチューニング

Nagiosの監視能力にも限界があります。数台〜数十台程度のホストで個人利用しているなら特に問題はありませんが、実際の運用の現場では、ときには何千台ものホストを監視することもあるでしょう。

遅延を少しでも軽減させるには次のようなことを試すとよいでしょう。

● **NagiosホストPC（サーバ）のスペックを上げる**

特に効果があるのがHDDです。Nagiosもログの書き込みなどで多くのディスクアクセスを伴います。HDDに関してはできるだけディスクアクセスの速いもの、そして故障を考えて可用性の高いものをお勧めします。筆者はまだ使用したことはありませんが、速度面ではSSDも候補の一つだと思います。

● **Nagiosの設定を調整する**

効果が上がりやすいチューニングです。3章の「Nagiosデーモンのパフォーマンスに関する設定」（**150**ページ参照）には調整可能な項目が掲載されていますが、特に並列チェック（max_concurrent_checks）が有効です。適切に設定することにより、Nagiosホスト負荷とチェック遅延のバランスがとれるようになります。またこの設定は、Nagios 2まではサービスチェックにしか適用されませんでしたが、Nagios 3ではホストチェックにも適用されるようになりました。

また、思い切ってパッシブチェックを利用し、負荷を軽減させる方法もありますが、パッシブチェック送信側の負荷が上がったり、管理も複雑になりますので、バランス良く利用することが大切です。

● **OSの設定を調整**

古いOSやPC（サーバ）を使用している場合、いろいろな設定値が小さく設定されている場合があり、これを増やすことにより改善する可能性があります。カーネルの設定であればmax memory sizeなどが関係してきます。/etc/security/limits.confや/etc/sysctl.conf、/proc/sys/以下の値を確認して、適正な値になっているか一度確認してみてください。Nagios 3の場合はphp.iniの設定も確認するとよいと思います。

認証機能に関する設定

Nagiosには、Webインタフェースへのアクセスを特定のユーザに制限するために、BASIC認証、SSLクライアント認証が利用できます。また、その際にユーザごとに閲覧できる情報や操作できる内容を制限できます。

さらにオブジェクト定義の通知先の定義で設定したcontact_name (**264ページ参照**) を使って認証を行えば、その通知先が通知を受けるように設定した対象ホストやサービスだけに閲覧を制限できます。

そのようなWebインタフェースの認証に関する設定を行います。

use_authentication
認証機能の有効/無効を指定

構文
use_authentication=<0|1>

初期値 1　　**省略時** 1

値

0	無効
1	有効

解説

認証機能および認証を有効にするかどうかを指定します。本設定を無効とした場合は、誰でもWebインタフェースにアクセスしてすべての情報の閲覧が行えるようになります。ただし、プロセス情報、ホスト、サービスの詳細情報、ダウンタイム、コメントページからNagiosの監視機能設定の変更や、コメント、ダウンタイムの登録などの監視設定の変更は行うことができません。

例　認証機能を有効にする
use_authentication=1

use_ssl_authentication
SSLクライアント認証機能の有効／無効を指定 ❸

構文

use_ssl_authentication=<0|1>

初期値 1　**省略時** 1

値

0	無効
1	有効

解説

SSLのクライアント認証を有効にするかどうか指定します。SSLクライアント認証を利用しない場合は無効を指定します。

例　SSLクライアント認証を有効にする

use_ssl_authentication=1

default_user_name
デフォルトのユーザ名を指定 ❷❸

構文

default_user_name=<ユーザ名>

初期値 未定義　**省略時** 定義しない

解説

Apacheの設定でBasic認証を行わないように設定した場合、CGIへアクセスする際にどのユーザで認証したことにするのかを決定します。use_authentication（**192ページ**参照）を有効にし認証機能を有効にしている場合、常にここで設定されたユーザでログインしたのと同じ権限で動きます。

不特定多数のユーザからアクセスができるような環境では、この設定は権限を落としたユーザに指定するか、BASIC認証やSSLクライアント認証を有効にすべきです。

例　guestというユーザ名をデフォルトユーザに指定する

default_user_name=guest

authorized_for_system_information
システム情報を閲覧可能なユーザを指定

構文
authorized_for_system_information=<ユーザ名>[,<ユーザ名>,<…>]

初期値 未定義（Nagios 2）、nagiosadmin（Nagios 3）
省略時 定義しない（Nagios 2）、定義しない（Nagios 3）

値

*	全ユーザ
ユーザ名	指定ユーザ名

解説

WebインタフェースのEvent Log、Scheduling Queue、Process Infoを閲覧できる認証ユーザの指定ができます。，区切りで複数のユーザを指定できます。この設定は閲覧のみで、機能の有効／無効などのコマンドCGIからのコマンド発行権限は与えられません。

例 **nagiosadmin、sato、adminsというユーザ名で設定する**
authorized_for_system_information=nagiosadmin,sato,admins

authorized_for_configuration_information
監視設定を閲覧可能なユーザを指定

構文
authorized_for_system_information=<ユーザ名>[,<ユーザ名>,<…>]

初期値 未定義（Nagios 2）、nagiosadmin（Nagios 3）
省略時 定義しない（Nagios 2）、定義しない（Nagios 3）

値

*	全ユーザ
ユーザ名	指定ユーザ名

解説

WebインタフェースのConfigurationを閲覧できる認証ユーザを，区切りで指定できます。Configurationページはすべてのオブジェクト定義を参照できます。

> **例** すべてのユーザで全監視設定情報を参照できるようにする
> ```
> authorized_for_system_information=*
> ```

authorized_for_system_commands
システムコマンドを発行可能なユーザを指定 ❷❸

構文

```
authorized_for_system_commands=<ユーザ名>[,<ユーザ名>,<…>]
```
初期値 未定義（Nagios 2）、nagiosadmin（Nagios 3）
省略時 定義しない（Nagios 2）、定義しない（Nagios 3）

値

*	全ユーザ
ユーザ名	指定ユーザ名

解説

　WebインタフェースのProcess Infoから、Nagiosのプロセス関するコマンドを発行できる認証ユーザの指定ができます。,区切りで複数のユーザを指定できます。
　発行のみで閲覧権限は与えられませんので、本設定に追加したユーザはauthorized_for_system_information（**194ページ**参照）にも追加する必要があります。

> **例** nagiosadmin、satoというユーザ名で設定する
> ```
> authorized_for_system_commands=nagiosadmin,sato
> ```

authorized_for_all_hosts
全ホストの情報を閲覧可能なユーザを指定 ❷❸

構文

```
authorized_for_all_hosts=<ユーザ名>[,<ユーザ名>,<…>]
```
初期値 未定義（Nagios 2）、nagiosadmin（Nagios 3）
省略時 定義しない（Nagios 2）、定義しない（Nagios 3）

値

*	全ユーザ
ユーザ名	指定ユーザ名

解説

　全ホスト、全サービスの状態を閲覧可能な認証ユーザの指定を行います。この

設定で登録されたユーザは、ホストとサービスすべての情報が閲覧可能になります。ここで指定するユーザはApacheのBASIC認証のユーザあるいは、ApacheのSSLクライアント認証を使用した際のユーザ名です。

なおこの設定とは別に、htaccessやSSLクライアント認証のユーザ名として、オブジェクト定義の通知先定義で作成したcontact_name(**264ページ**参照)を登録できます。その場合は、本設定に記載がなくても、contact_nameでログインすれば、contact_nameが通知を受けるよう設定したホストとサービスの情報だけを閲覧できます。

例 全ホストとサービスの閲覧権限をnagiosadminというユーザで指定する
```
authorized_for_all_hosts=nagiosadmin
```

authorized_for_all_host_commands
全ホストにコマンドを発行可能なユーザを指定

構文
```
authorized_for_all_host_commands=<ユーザ名>[,<ユーザ名>,<…>]
```
初期値 未定義 (Nagios 2)、nagiosadmin (Nagios 3)
省略時 定義しない (Nagios 2)、定義しない (Nagios 3)

値

*	全ユーザ
ユーザ名	指定ユーザ名

解説
CGIから全ホストとそのサービスの状態のコマンドを発行できる認証ユーザの指定ができます。この設定に入るユーザは必然的にauthorized_for_all_hosts(**195ページ**参照)にも入れる必要があります。

例 すべてのホストとサービスのコマンド発行権限を
nagiosadminに付与する
```
authorized_for_all_host_commands=nagiosadmin
```

authorized_for_all_services
全サービスの情報を閲覧可能なユーザを指定

構文
```
authorized_for_all_services=<ユーザ名>[,<ユーザ名>,<…>]
```

初期値 未定義(Nagios 2)、nagiosadmin(Nagios 3)
省略時 定義しない(Nagios 2)、定義しない(Nagios 3)

値

*	全ユーザ
ユーザ名	指定ユーザ名

解説

　全サービスの情報を閲覧できるユーザを指定します。authorized_for_all_hosts (**195ページ**参照)にはホストとサービスの詳細情報を閲覧する権限は含まれていましたが、この設定にはサービスの詳細情報を閲覧する権限しか含まれていません。そのため、サービスをクリックした際の詳細情報は閲覧できますが、ホストの詳細情報、ホストの一覧、ホストグループの一覧、ホストの障害一覧は閲覧できません。

例 すべてのサービス情報のみを閲覧できるユーザを
nagiosadminに設定する

```
authorized_for_all_services=nagiosadmin
```

authorized_for_all_service_commands
全サービスにコマンドを発行可能なユーザを指定　　**2 3**

構文

```
authorized_for_all_service_commands=<ユーザ名>[,<ユーザ名>,<…>]
```

初期値 未定義(Nagios 2)、nagiosadmin(Nagios 3)
省略時 定義しない(Nagios 2)、定義しない(Nagios 3)

値

*	全ユーザ
ユーザ名	指定ユーザ名

解説

　Webインタフェースの全サービス詳細情報から「Service Commands」のコマンドを発行できるユーザを指定します。authorized_for_all_host_commands(**196ページ**参照)の設定ではホストに加えてサービスについても権限がありましたが、この設定はサービスのみでホスト関連のコマンドは発行できません。

　この設定に追加するユーザは必然的にauthorized_for_all_services(**196ページ**参照)にも追加する必要があります。

| 例 | すべてのサービスのコマンドを発行できるユーザを
nagiosadminに設定する |
|---|---|

```
authorized_for_all_service_commands=nagiosadmin
```

authorized_for_read_only
読み取り専用ユーザを指定

構文

```
authorized_for_read_only=<ユーザ名>[,<ユーザ名>,<…>]
```
初期値 未定義　**省略時** 定義しない

解説

ホスト、サービスの詳細情報や、ホストグループ、サービスグループのコマンドリストページでコマンドの一覧やコメントを表示しないユーザを指定します。

これは、オブジェクト定義の通知先に設定したユーザはコマンドの発行ができますが、一部の通知先ユーザにはコマンドを発行させたくない場合に利用するためのオプションです。このオプションはNagios 3.1.1以降で実装されました。

| 例 | satoというユーザに対してはコマンドおよびコメントを
不可視に指定する |
|---|---|

```
authorized_for_read_only=sato
```

lock_author_names
コマンド発行時の名前欄をロックする機能の有効/無効を設定

構文

```
lock_author_names=<0|1>
```
初期値 1　**省略時** 1

値	
0	変更可能
1	変更不可能

解説

Webインタフェースのコマンド発行時にユーザ名入力欄(Author欄)を任意の値に変更可能にするかを指定します。変更可能にすると、ユーザ名入力欄を自由に変更できます。

例	コマンド発行者名の変更制限を有効にする

```
lock_author_names=1
```

ステータスマップ関連の設定

　Nagiosのステータスマップ機能に関する設定です。この機能とオブジェクト定義での親ホストを設定できるparents（**212ページ**参照）の設定内容を利用してマップで階層的に表すことができます。

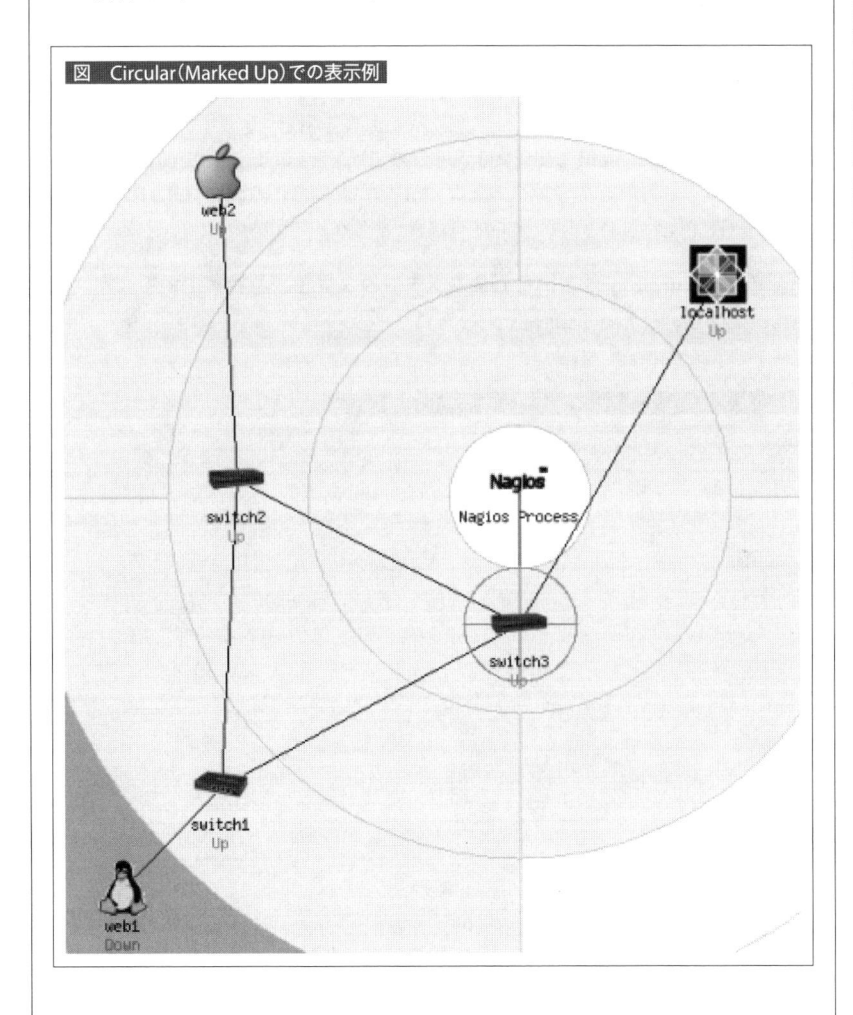

図　Circular（Marked Up）での表示例

statusmap_background_image
ステータスマップの背景画像を指定

構文
statusmap_background_image=<画像ファイル>
初期値 未定義 　**省略時** 定義しない

解説
　ステータスマップCGIのLayout Methodを「User-supplied coords」(**201ページ**のdefault_statusmap_layout参照)にした際の背景画像を指定できます。指定する画像ファイルはphysical_html_path(**188ページ**参照)のパスに/imagesを加えたディレクトリにあるものとして参照されます。また、指定できる画像フォーマットはGIF、JPG、PNG、GD2です。CGIの負荷を考えると非圧縮のGD2[注]が良いです。

例　example.gd2という画像をステータスマップの背景にする
```
statusmap_background_image=example.gd2
```

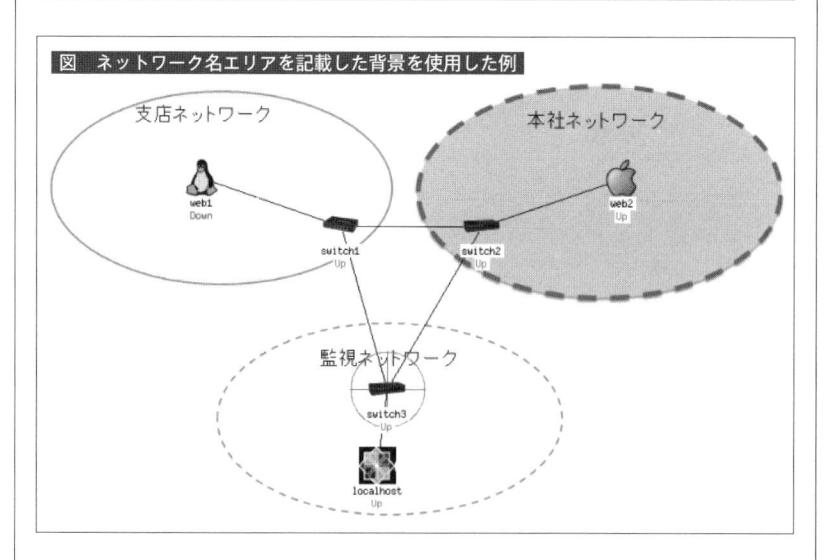

図　ネットワーク名エリアを記載した背景を使用した例

注　　GD2ファイルはPNG画像からpngtogd2コマンドで作成するのが簡単です。「pngtogd2 <生成画像ファイル名.gd2> <元画像ファイル名.png <チャンクサイズ> <1(非圧縮)|2(圧縮)>」のように使用します。たとえば「pngtogd2 exampe.gd2 example.png 1024 1」のように発行します。

color_transparency_index
ステータスマップに利用する背景画像の透明インデックス値を指定　3

構文
color_transparency_index_r=<0-255の値>
color_transparency_index_g=<0-255の値>
color_transparency_index_b=<0-255の値>

初期値 未定義

省略時 color_transparency_index_r=255
color_transparency_index_g=255
color_transparency_index_b=255

解説
ステータスマップCGIで背景色(透過色)にしたい色をRGBで指定します。これは透過PNGに完全対応していないブラウザのためのオプションで、ここで指定した色を透過PNGの透過色として設定します。

例　画像に含まれる色のうち、白色(255,255,255)の色を透過にする
```
color_transparency_index_r=255
color_transparency_index_g=255
color_transparency_index_b=255
```

default_statusmap_layout
ステータスマップのデフォルトレイアウトを指定　2 3

構文
default_statusmap_layout=<レイアウト番号>

初期値 5　**省略時** 0

値

レイアウト番号	レイアウト方式	WebインタフェースのLayout Methodとの対応
0	ユーザ定義の座標	User-supplied coords
1	階層構造	Depth layers
2	非バランス木	Collapsed tree
3	バランス木	Balanced tree
4	円	Circular
5	円(マークアップ)	Circular(Marked Up)
6	円(バルーン)	Circular(Balloon)

解説

　ステータスマップCGIのデフォルトのレイアウトを指定します。0のユーザ定義の座標というのは、オブジェクト定義の2d_coords（**231**、**305ページ**参照）で指定した座標を利用して描画します。2d_coordsで指定していない場合は描画できません。

例　　デフォルトのレイアウトを「非バランス木」にする

```
default_statusmap_layout=2
```

図　非バランス木の表示例

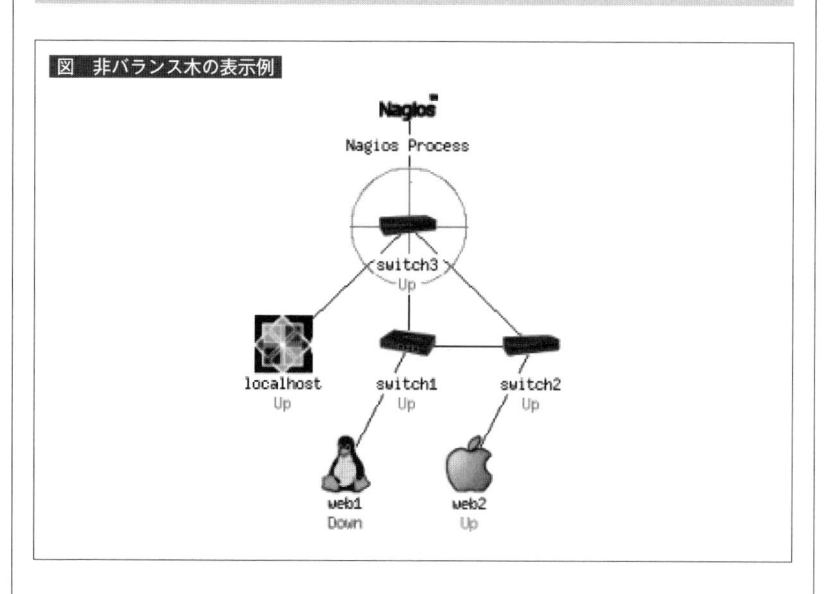

自動再読み込み、警告サウンドの設定

Webインタフェースの自動再読み込みの間隔と、状態を音で知らせるサウンドの設定を行います。

refresh_rate
再描画間隔を指定

構文
refresh_rate=<秒数>
初期値 90　**省略時** 60

解説
NagiosのWebインタフェースに表示される監視状態やマップ画面の自動再読み込みの間隔を秒で指定します。ブラウザで表示する際、ここで指定した間隔で自動的に再読み込みが行われます。

例　自動再読み込みを90秒にする
```
refresh_rate = 90
```

host_unreachable_sound
ホストの状態がUNREACHABLE時に再生されるサウンドファイルを指定

構文
host_unreachable_sound=<wavファイル名>
初期値 未定義　**省略時** 定義しない

解説
状態がUNREACHABLEな監視対象がある場合、この設定で指定した音声ファイルを再生します。

サウンドファイルにはwav形式を使用し、「Nagiosのインストールパス/share/media/」に配置する必要があります。

また、このあとに紹介する設定で状態ごとにサウンドファイルを指定できますが、複数の状態がある場合最も深刻度の高い状態のサウンドのみ再生されます。深刻度は高い順に「ホストのUNREACHABLE」「ホストのDOWN」「サービスのCRITICAL」「サービスのWARNING」「サービスのUNKNOWN」です。正常(OK,UP)のみで異常がない場合は「normal_sound」で設定したサウンドファイルを再生します。

| 例 | ホストがUNREACHABLEになった際にhostdown.wavを再生する |

```
host_unreachable_sound=hostdown.wav
```

host_down_sound
ホストの状態がDOWN時に再生されるサウンドファイルを指定　　2 3

構文
host_down_sound=<wavファイル名>
初期値 未定義　**省略時** 定義しない

解説
　状態がDOWNである監視対象がある場合の音声ファイルを指定します。詳細はhost_unreachable_soundを参照してください。

| 例 | ホストがDOWNになった際にhostdown.wavを再生する |

```
host_down_sound=hostdown.wav
```

service_critical_sound
サービスの状態がCRITICAL時に再生されるサウンドファイルを指定　　2 3

構文
service_critical_sound=<wavファイル名>
初期値 未定義　**省略時** 定義しない

解説
　状態がCRITICALな監視対象がある場合の音声ファイルを指定します。詳細はhost_unreachable_soundを参照してください。

| 例 | サービスがCRITICALになった場合にcritical.wavを再生する |

```
service_critical_sound=critical.wav
```

service_warning_sound
サービスの状態がWARNING時に再生されるサウンドファイルを指定　　2 3

構文
service_warning_sound=<wavファイル名>
初期値 未定義　**省略時** 定義しない

第4章 CGI設定ファイル

解説

状態がWARNINGな監視対象がある場合の音声ファイルを指定します。詳細はhost_unreachable_soundを参照してください。

例 サービスがWARNINGになった場合にwarning.wavを再生する

```
service_warning_sound=warning.wav
```

service_unknown_sound
サービスの状態がUNKNOWN時に再生されるサウンドファイルを指定 ②③

構文

```
service_unknown_sound=<wavファイル名>
```
初期値 未定義　**省略時** 定義しない

解説

状態がUNKNOWNな監視対象がある場合の音声ファイルを指定します。詳細はhost_unreachable_soundを参照してください。

例 サービスがUNKNOWNになった場合にwarning.wavを再生する

```
service_unknown_sound=warning.wav
```

normal_sound
全監視対象の状態が正常時に再生されるサウンドファイルを指定 ②③

構文

```
normal_sound=<wavファイル名>
```
初期値 未定義　**省略時** 定義しない

解説

すべての状態がOK、UPである場合の音声ファイルを指定します。詳細はhost_unreachable_soundを参照してください。

例 サービスやホストにまったく異常がない場合はnoproblem.wavを再生する

```
normal_sound=noproblem.wav
```

HTMLタグ除去の設定、コマンドシンタックスの指定

セキュリティのためのHTMLタグ除去の設定や、一部のCGIで利用するコマンドの定義を行います。

escape_html_tags
HTMLタグのエスケープ機能の有効／無効を指定 3

構文
escape_html_tags=<0|1>
初期値 1 省略時 0

値
0	無効(エスケープしない)
1	有効(エスケープする)

解説
プラグインの出力のHTMLタグをエスケープするかどうかを指定します。

例 プラグインの出力のHTMLをエスケープする
escape_html_tags=1

nagios_check_command
Nagiosプロセス監視コマンドを指定 2

構文
nagios_check_command=<Nagiosプロセス監視コマンド定義>
初期値 未定義 省略時 定義しない

解説
Nagios Webインタフェースからnagiosデーモンが起動しているかどうかをチェックするためのコマンドを定義します。この設定はNagios 2で下位互換のために存在していますが、実際には利用されません。

例　check_nagios を使用して nagios プロセスが生きているかどうか判断する

```
nagios_check_command=/usr/local/nagios/libexec/check_nagios /usr/local/nagios/var/status.dat 5 '/usr/local/nagios/bin/nagios'  実際は1行
```

ping_syntax
ping コマンドのシンタックスを指定　❷❸

構文
ping_syntax=<ping コマンドへのパスおよび引数>
　初期値　/bin/ping -n -U -c 5 $HOSTADDRESS$　省略時　定義しない

解説

　Nagios が持つ Web インタフェースの WAP 版[注]の statuswml.cgi には、CGI からホストに対して ping 確認を行うことができます。その際の ping コマンドへのフルパスと、ping コマンドの引数を指定します。ping コマンドのホスト指定部分は $HOSTADDRESS$ マクロを指定するようにしてください。

例　ping コマンドの引数を指定する

```
ping_syntax=/bin/ping -n -U -c 5 $HOSTADDRESS$
```

注　WAP はその名の通り Wireless Application Protocol の頭文字から来ていて携帯端末用のインタフェースです。具体的にはこの CGI は WML（Wireless Markup Language）で記載されています。そのため WML に対応した携帯端末から参照可能です。

> **Column**
>
> ## サードパーティ製プラグイン配布サイト
>
> 　Nagios はユーザによるコミュニティ活動が盛んで、ユーザが作成したプラグインやフロントエンド、アドオンなどが多数存在します。主な配布サイトとして次の2つを紹介します。
>
> ### ●Nagios Exchange（http://exchange.nagios.org/）
>
> 　Nagios 公式のサードパーティ製のプラグイン、アドオン、ドキュメント、画像などの公開サイトです。2011年2月16日現在で394のカテゴリと2,284個のアイテムが公開されています。
>
> ### ●Monitoring Exchange（https://www.monitoringexchange.org/）
>
> 　Nagios と Nagios から派生したプロジェクト Icinga（http://www.icinga.org/）のための公開サイトです。

追加情報へのリンクの target属性に関する設定

Nagiosから外部サイトへのリンクをホストやサービスごとに設定できますが、そのリンクに関する設定を行います。

notes_url_target
追加情報URLのtarget属性を指定

構文
notes_url_target=<target属性値>
初期値 _blank 省略時 _blank

解説

オブジェクト定義のnotes_url（228、236、256、262、304、308ページ参照）のリンクのtarget属性（_blank、_self、_top、_parentなど）を指定します。初期値は_blankで、新規ウィンドウを開きます。

例 notes_urlのリンクを新規ウィンドウで開く

```
notes_url_target=_blank
```

action_url_target
アクションURLのtarget属性を指定

構文
action_url_target=<target属性値>
初期値 _blank 省略時 _blank

解説

オブジェクト定義のaction_url（229、237、257、262、304、308ページ参照）で指定したリンクのtarget属性（_blank、_self、_top、_parentなど）を指定します。初期値は_blankで新規ウィンドウを開きます。

例 action_urlのリンクを新規ウィンドウで開く

```
action_url_target=_blank
```

第5章
オブジェクト設定ファイル

ホスト定義　　define host{}
ホストグループ定義　　define hostgroup{}
サービス定義　　define service{}
サービスグループ定義　　define servicegroup{}
通知先定義　　define contact{}
通知先グループ定義　　define contactgroup{}
時間帯定義　　define timeperiod{}
コマンド定義　　define command{}
ホスト依存定義　　define hostdependency{}
サービス依存定義　　define servicedependency{}
ホストエスカレーション定義　　define hostescalation{}
サービスエスカレーション定義　　define serviceescalation{}
拡張ホスト情報定義　　define hostextinfo{}
拡張サービス情報定義　　define serviceextinfo{}
オブジェクトの継承設定
カスタムオブジェクト定義

ホスト定義　define host{}

　Nagiosでのホストとは、何らかの物理アドレス（MACアドレス、IPアドレスなど）を持ち、1つ以上のサービスがある監視対象を指します。ホストの定義は1監視対象ずつ次の書式で定義します。

ホストの書式
```
define host {
    ホストに関する各ディレクティブ
}
```

host_name
ホスト名を定義　　　　　　　　　　　　　　　必須項目(2のみ)　2 3

構文
host_name <ホスト名>
省略時 エラー（Nagios 2）、定義しない（ホスト定義自体をしない）（Nagios 3）

解説
　定義するホストの名前を定義します。Nagiosはこの名前でホストを識別し、ホストグループやサービスと紐付けを行います。メイン設定ファイルのillegal_object_name_chars（**181ページ**参照）で指定した禁止文字は利用できません。また、重複することもできません。

例　　ホスト名を「localhost」にする
```
host_name    localhost
```

alias
ホストの別名を定義　　　　　　　　　　　　　　　　　　　　2 3

構文
alias <ホストの別名>
省略時 host_nameの値

解説
　監視対象ホストの別名を指定します。host_nameは重複が許されませんが、この設定はホストを特定するためには使用せず、追加の説明をWebインタフェースで表示するために使用されるため、重複が許されます。ホスト名だけではそのホストの

説明が不十分であるような場合に、追加の説明を付与する場合に利用します。

例 別名を「Nagios Monitoring Server」とする
```
alias    Nagios Monitoring Server
```

display_name
ホストの表示用名を定義　❸

構文
```
display_name <ホスト表示用名>
```
省略時 host_nameの値

解説

　ブラウザ上でホスト名の別名を表示する目的で作られましたが、現在このオプションは利用されていません。記述ルールはalias（**210ページ**参照）と同じです。

例 display_name を localhost_01 にする
```
display_name    localhost_01
```

address
IPアドレスを定義　❷❸

構文
```
address <IPアドレス|FQDN>
```
省略時 host_nameの値

解説

　定義したホストのIPアドレスを指定します。IPアドレスにはIPv4アドレス、IPv6アドレスのどちらを書くこともできます。IPアドレスの代わりにFQDNを記載することもできます。
　このディレクティブは定義するにあたって必須項目ですが、指定しない場合はホスト名がaddressとして自動で利用されます。

例 IPアドレスを192.0.2.1にする
```
address    192.0.2.1
```

parents
親ホストを定義

構文

parents <親ホスト名>[,<親ホスト名>,<…>]

省略時 定義しない

解説

親ホストを指定します。親ホストとは、Nagiosから見て特定のホスト（スイッチやルータなど）の下に監視対象ホストがあるようなホストを指します。親ホストを設定すると親子関係が依存として扱われ、親ホストがダウンすると子ホストに影響があるとみなされ優先的にチェックが行われます。この設定は複数指定可能です。

例 親ホストに switch1,switch2 を指定する

```
parents  switch1,switch2
```

hostgroups
所属ホストグループを定義

構文

hostgroups <グループ名>[,<グループ名>,<…>]

省略時 定義しない

解説

監視対象ホストが所属するホストグループを指定します。定義する値はホストグループ定義のhostgroup_name（**234ページ**参照）です。

この設定とホストグループの定義でホストをホストグループに所属させると、Webインタフェースの Host Groups や Reports 機能でグループ単位での表示が利用できます。また、オブジェクト定義の設定項目にはグループ名で指定が可能なものがあり、グループ単位で同じ設定にしたい場合に効率的に設定できます。なお、この設定は複数指定可能です。

例 ホストをホストグループ linux-host,web-servers に所属させる

```
hostgroups  linux-host,web-servers
```

第5章 オブジェクト設定ファイル

check_command
ホストチェック用コマンドを指定 ❷❸

構文
check_command <コマンド名>
省略時 定義しない

解説
　監視対象ホストが稼働しているか確認するのに利用するコマンドを指定します。コマンドは、コマンド定義で指定したcommand_nameの値（**280ページ参照**）を入れます。
　この指定をしない場合Nagiosはホストチェックを行わず、監視対象ホストは常に稼働しているとみなされます。

例　　ホストの監視コマンドにcheck-host-aliveを指定する
```
check_command    check-host-alive
```

initial_state
初期状態を指定 ❸

構文
initial_state <値>
省略時 u

値

o	UP
d	DOWN
u	UNREACHABLE

解説
　監視対象ホストがまだ一度もチェックされていない場合の状態を明示的に指定したい場合に定義します。省略した場合はUPになります。

例　　定義したホストの初期状態をDOWNにする
```
initial_state    d
```

max_check_attempts
試行回数を指定 必須項目 ② ③

構文

max_check_attempts <数値（回数）>

省略時 エラー

解説

　ホストチェック用コマンドの結果がOKではなかった場合に再試行する回数を指定します。最小値は1で、この場合再試行は行いません。この値を1にし、check_command（**213ページ**参照）を空欄にすると、ホストチェックは行われません。

例 　**定義したホストの再試行回数を10にする**

max_check_attempts 10

check_interval
監視間隔を指定 ② ③

構文

check_interval <数値（タイムユニット）>

省略時 0（Nagios 2）、5（Nagios 3）

値	
0	オンデマンドチェックにする
0以外	指定タイムユニット間隔

解説

　監視対象へのホストチェックを定期的に行いたい場合の間隔をタイムユニットで指定します。タイムユニットはメイン設定ファイルのinterval_length（**140ページ**参照）で設定した値です。

　ホストチェックを、ホストのサービスに異常がある場合のみチェックを行うオンデマンドチェックとして稼働させる場合には、この値を0に設定します。ホストチェックは負荷が高いので、0にしてオンデマンドチェックにするのをお勧めします。

例 　**ホストチェックをオンデマンドチェックとする**

check_interval 0

retry_interval
再試行間隔を指定　　　　　　　　　　　　　　　　　　　　　　　3

構文
retry_interval <数値（タイムユニット）>

省略時 1

解説
　ホストチェック用コマンドの結果がOKではなかった場合に、再試行する間隔を指定します。

　たとえばcheck_interval（**214ページ**参照）を5にし、retry_intervalが1で、max_check_attempt（**214ページ**参照）が3の場合、Nagiosは通常5分間隔で監視を行います。そして5分ごとのチェックで異常を発見した場合は1分間隔に切り替え、1分間隔で3回チェックしても異常である場合は異常を確定し通知を行います。そのあと、監視間隔は再度5分間隔に戻ります。

例　再試行間隔を1タイムユニットとする
```
retry_interval  1
```

active_checks_enabled
アクティブチェック機能の有効／無効を指定　　　　　　自動保存　2　3

構文
active_checks_enabled <0|1>

省略時 1

値

値	
0	無効
1	有効

解説
　監視対象ホストのアクティブチェックを有効にするかどうかを指定します。このオプションはメイン設定ファイルのexecute_host_checks（**117ページ**参照）が有効なときに機能します。

　この設定はWebインタフェースのホストの詳細画面にあるHost Commands「Enable（またはDisable）active checks of this host」から有効／無効を切り替えることができます。

例 このホストでアクティブチェックを有効にする

```
active_checks_enabled 1
```

passive_checks_enabled
パッシブチェック機能の有効／無効を指定　　　　　　　　　　　自動保存　2 3

構文
```
passive_checks_enabled <0|1>
```
省略時 1

値

0	無効
1	有効

解説

　監視対象ホストに対するパッシブチェックを有効にするかどうかを指定します。このオプションはメイン設定ファイルのaccept_passive_host_checks（**118ページ**参照）が有効なときに機能します。

　この設定はWebインタフェースのホストの詳細画面にあるHost Commands「Start（またはStop）accepting passive checks for this host」より有効／無効を切り替えることができます。

例 このホストでパッシブチェックを無効にする

```
passive_checks_enabled 0
```

check_period
チェックする時間帯を指定　　　　　　　　　　　　　　　　　　　2 3

構文
```
check_period <時間帯名>
```
省略時 毎日24時間[注]

解説

　監視対象ホストをチェックする時間帯を指定します。指定する時間帯名は、時間帯の定義でのtimeperiod_nameの値（**277ページ**参照）です。ここで指定した時間帯に含まれない時間帯は監視活動が行われなくなり、その間は直前の状態を維持したままになります。

例　監視時間帯を毎日24時間とする

```
check_period  24x7
```

注　省略すると毎日24時間としてみなされますが、ログに定義されていないというWarningメッセージが出ます。

obsess_over_host
オブセスオーバー機能の有効／無効を指定　　　　　　　　　　　　自動保存　❷❸

構文
```
obsess_over_host <0|1>
```
省略時　1

値

0	無効
1	有効

解説

　監視対象ホストに対する分散監視用の機能であるオブセスオーバー機能を有効にするかどうかを指定します。このオプションはメイン設定ファイルのobsess_over_hosts（**165ページ**参照）が有効なときに機能します。

　なお、この設定は分散監視の中央監視サーバ向けの機能なので、分散監視を行わない場合、または分散監視環境でも分散監視サーバでは無効で問題ありません。

　また、この設定はWebインタフェースのホストの詳細画面にあるHost Commands「Start（またはStop）obsessing over this host」より有効／無効を切り替えることができます。

例　分散監視を行わないのでオブセスオーバー機能を無効にする

```
obsess_over_host  0
```

check_freshness
フレッシュネス機能の有効／無効を指定　　　　　　　　　　　　　　　　❷❸

構文
```
check_freshness <0|1>
```
省略時　0

値	
0	無効
1	有効

解説

監視対象ホストに対してフレッシュネスチェックを実施するかどうか指定します。このオプションはメイン設定ファイルのcheck_host_freshness（**176ページ**参照）が有効なときに機能します。

例　このホストでフレッシュネスチェックを有効にする

```
check_freshness  1
```

freshness_threshold
フレッシュネス閾値を指定

構文

```
freshness_threshold <数値（秒）>
```

省略時 0

値	
0	自動計算
1以上	指定された値(秒)

解説

このホストのフレッシュネス閾値を秒単位で指定します。0を指定するとNagiosが自動で閾値を計算します。

例　フレッシュネス閾値を60秒に設定する

```
freshness_threshold  60
```

event_handler
イベントハンドラコマンドを指定

構文

```
event_handler <コマンド名>
```

省略時 定義しない

第5章 オブジェクト設定ファイル

解説

監視対象ホストの状態がSOFT状態(UP以外)の場合の、毎チェック時とHARD状態に遷移した際に実行されるコマンドを指定します。コマンド名にはオブジェクト定義のコマンド定義で設定されたcommand_nameの値(**280ページ**参照)を指定します。

例 このホストの状態変化時にrestart-httpdコマンドが動くように設定する

```
event_handler  restart-httpd
```

event_handler_enabled
イベントハンドラの有効/無効を指定　　　　　　　　　　自動保存　2　3

構文

```
event_handler_enabled <0|1>
```
省略時 1

値

0	無効
1	有効

解説

このホストでイベントハンドラ機能を有効にするかどうかを指定します。
このオプションはメイン設定ファイルのenable_event_handlers(**135ページ**参照)が有効なときに機能します。

この設定はWebインタフェースのホストの詳細画面にあるHost Commands「Enable(あるいはDisable) event handler for this service」より有効/無効を切り替えることができます。

例 このホストでのイベントハンドラを有効にする

```
event_handler_enabled  1
```

low_flap_threshold
フラッピング検出の低閾値を指定　　　　　　　　　　　　　　　　2　3

構文

```
low_flap_threshold <パーセンテージ>
```
省略時 0 (メイン設定ファイルのlow_host_flap_thresholdの値を利用)

219

解説

このホストのフラッピング解除時の閾値を%単位で指定します。0にした場合は、メイン設定ファイルのlow_host_flap_threshold（**159ページ**参照）で指定された値が利用されます。

例 フラッピングの解除には状態変化率が25.0%の閾値を使う

```
low_flap_threshold  25.0
```

high_flap_threshold
フラッピング検出の高閾値を指定

構文

```
high_flap_threshold <パーセンテージ>
```

省略時 0（メイン設定ファイルのhigh_host_flap_thresholdの値を利用）

解説

このホストのフラッピング検出時の閾値を%単位で指定します。0にした場合は、メイン設定ファイルのhigh_host_flap_threshold（**158ページ**参照）で指定された値が利用されます。

例 フラッピング検出の状態変化率を50.0%を閾値とする

```
high_flap_threshold  50.0
```

flap_detection_enabled
フラッピング機能の有効／無効を指定

構文

```
flap_detection_enabled <0|1>
```

省略時 0（Nagios 2）、1（Nagios 3）

値

0	無効
1	有効

解説

監視対象ホストでフラッピング検知機能を有効にするかを指定します。このオプションはメイン設定ファイルのenable_flap_detection（**157ページ**参照）が有効なときに機能します。

第5章 オブジェクト設定ファイル

この設定はWebインタフェースのホストの詳細画面にあるHost Commands「Enable(あるいはDisable) flap detection for this service」より有効／無効を切り替えることができます。

例 このホストでフラッピング検知を有効にする

```
flap_detection_enabled 1
```

flap_detection_options
フラッピング検知のオプションを指定

構文

```
flap_detection_options <値>[,<値>,<…>]
```

省略時 o,d,u

値

o	UP
d	DOWN
u	UNREACHABLE

解説

フラッピング検知のロジックで、どの状態を状態変化対象とするか指定します。オプションは1つまたは複数指定でき、複数指定する場合は,区切りで指定します。

例 フラッピング検出対象の状態にDOWN、UNREACHABLE、UPを設定する

```
flap_detection_options   d,u,o
```

process_perf_data
パフォーマンスデータ処理をする／しないを指定

構文

```
process_perf_data <0|1>
```

省略時 1

値

0	無効
1	有効

解説

このホストでパフォーマンスデータを処理するかどうかを決定します。有効に設定した場合は、このホストのパフォーマンスデータをメイン設定ファイルのhost_perfdata_commandなどの「host_perfdata〜」設定(**168〜174ページ**「パフォーマンスデータ機能に関する設定」参照)で指定した処理方法で処理されます。

このオプションはメイン設定ファイルのprocess_performance_data(**168ページ**参照)が有効なときに機能します。

例　このホストでパフォーマンスデータ処理を有効にする

```
process_perf_data 1
```

retain_status_information
監視状態を自動保存する／しないを指定

構文

```
retain_status_information <0|1>
```
省略時 1

値	
0	無効
1	有効

解説

このホストの状態をメイン設定ファイルのstate_retention_file(**126ページ**参照)で指定した監視状態保存ファイルに保存するかどうかを指定します。無効にするとNagios再起動時に状態がリセットされます。

このオプションはメイン設定ファイルとホスト定義のretain_state_information(**126ページ**参照)が有効である場合に機能します。

例　このホストでNagios終了時に監視状態を保存する

```
retain_status_information 1
```

retain_nonstatus_information
設定情報を保存する／しないを指定

構文

```
retain_nonstatus_information <0|1>
```
省略時 1

値	
0	無効
1	有効

解説

このホストの監視の状態以外の情報を保存するかどうかを設定します。保存される情報は、本書の 自動保存 の記述がある設定の内容です。このオプションはメイン設定ファイルとホスト定義のretain_state_information（**126ページ**参照）が有効なときに機能します。

例　このホストでNagios終了時に監視の状態以外の情報を保存する

```
retain_nonstatus_information 1
```

contacts
通知先を指定 ３

構文

```
contacts <通知先名>[,<通知先名>,<…>]
```
省略時 定義しない

解説

このホストに障害が発生、あるいは障害から復旧した際の通知先を設定します。ホスト定義ではcontactsか、contact_groups（**224ページ**参照）のどちらかを必ず指定しなければなりません。また、指定する値はオブジェクト定義の通知先定義contact_nameの値（**264ページ**参照）を設定します。Nagios 3ではcontacts、contact_groupsは共に省略できますがその場合はこのホストの通知は行われません。この設定は複数指定可能です。

例1　このホストの通知先にadminを指定する

```
contacts admin
```

例2　このホストの通知先にbobとsatoを定義する

```
contacts bob,sato
```

contact_groups
通知先グループを指定　　　　　　　　　　　　　　必須項目(2のみ)　2 3

構文

contact_groups <通知先グループ名>[,<通知先グループ名>,<…>]
省略時 エラー(contact_groupsとcontactsどちらか一方必須)(Nagios 2)、
　　　　 定義しない(Nagios 3)

解説

　このホストに障害が発生、あるいは障害から復旧した際の通知先グループを設定します。指定したグループに属する通知先すべてが対象となります。
　指定する値はオブジェクト定義の通知先グループ定義のcontactgroup_nameの値(**274ページ**参照)を設定します。Nagios 3ではcontacts、contact_groupsは共に省略できますがその場合はこのホストの通知は行われません。この設定は複数指定可能です。

例1　**このホストの通知先にNWadminを指定する**

contacts　NWadmin

例2　**このホストの通知先にoperatorsとmanagersを定義する**

contacts　operators,managers

notification_interval
通知間隔を指定　　　　　　　　　　　　　　　　必須項目(2のみ)　2 3

構文

notification_interval <数値(タイムユニット)>
省略時 エラー (Nagios 2)、30 (Nagios 3)

値

0	再通知を行わない
数字	指定タイムユニット

解説

　ホストに障害が発生した際、最初の通知を実施してから状態に変化がなかったときに再通知するまでの時間を設定します。設定値はタイムユニット(**140ページ**のinterval_length参照)で指定します。再通知が必要なければ0を設定します。

例　**前回の通知から120タイムユニット後に再通知を行う**

notification_interval　120

first_notification_delay
初期通知の遅延時間を指定　　　　　　　　　　　　　　　　　　　　**3**

構文
```
first_notification_delay <数値（タイムユニット）>
```
省略時 0

解説

　ホストに障害が発生した際、最初の通知を送信する前にどの程度待つかをタイムユニット（**140ページ**のinterval_length参照）で指定します。障害時の通知を即座に実行する場合は0を指定します。

例　　ホストの障害時の初期通知を即座に行う
```
first_notification_delay   0
```

notification_period
通知時間帯を指定　　　　　　　　　　　　　　　　　　　　　　　**2 3**

構文
```
notification_period <時間帯名>
```
省略時 毎日24時間[注]

解説

　このホストの障害発生／復旧時に通知を行う時間帯を指定します。指定する時間帯名は、オブジェクトの定義にある時間帯の定義 timeperiod_name（**277ページ**参照）で設定した値です。指定した時間帯以外に発生した新たな障害／復旧を含め、ホストに関する一切の通知は行われません。

**例　　月～金のAM9時～PM5時に通報を行うため
　　　　時間帯 workhours を指定する**
```
notification_period   workhours
```

注　省略すると毎日24時間としてみなされますが、ログに定義されていないという Warning メッセージが出ます。

notification_options
通知オプションを指定　　　　　　　　　　　　　　　　　2 3

構文

notification_options <値>[,<値>,<…>]

省略時 すべての状態で通知を行う

値

値	
d	DOWN 状態時
u	UNREACHABLE 状態時
r	UP 状態時
f	フラッピング開始、終了時
s	ダウンタイム開始、終了時（Nagios 3 のみ）
n	通知は行わない

解説

このホストがどの状態になった場合に通知を行うかを指定します。複数指定する場合は , 区切りで指定します。このホストの状態がここで指定した状態になり HARD 状態になると、設定した通知先に通知が行われます。

s は Web インタフェースから指定したダウンタイム開始時と終了時に通知が行われるオプションで、Nagios 3 から実装されました。また、n を指定すると、ほかの値を同時に指定していても通知が行われません。

例　通知を DOWN と復旧時にのみ送る

```
notification_options d,r
```

notifications_enabled
通知機能の有効／無効を指定　　　　　　　　　　自動保存　2 3

構文

notifications_enabled <0|1>

省略時 1

値

値	
0	無効
1	有効

解説

監視対象ホストに関する通知機能を有効にするかを指定します。このオプションはメイン設定ファイルのenable_notifications（118ページ参照）が有効なときに機能します。

例　このホストで通知を有効にする

```
notifications_enabled   1
```

stalking_options
追跡オプションを指定

構文

```
stalking_options <値>[,<値>,<…>]
```
省略時 追跡しない

値

o	UP状態を追跡する
d	DOWN状態を追跡する
u	UNREACHABLE状態を追跡する

解説

チェック時のログ取得レベルを変更するオプションで、ここで指定した状態にある場合にログがより詳細に取得されるようになります。通常、Nagiosは状態が変化（OKからDOWNなど）した場合にのみログを取ります。このオプションを指定すると、チェック結果が同じ状態でも出力が異なる場合は必ずログを取るようになります。

複数の状態を指定する場合は , 区切りで指定します。

例　チェック結果がDOWN,UNREACHABLE時はすべてログに記録する

```
stalking_options   d,u
```

notes
メモなど追加情報を設定

構文

```
notes <文字列>
```
省略時 定義しない

解説

Webインタフェースのホストの詳細ページに、追加の情報など任意の文字列を表示します。2バイト文字を設定してもエラーにはなりませんが、Webインタフェースで文字化けする可能性があります。また、改行は含められません。

例　このホストの詳細ページに「PHP Apache MySQL GD」という文字列を表示させる

```
notes    PHP Apache MySQL GD
```

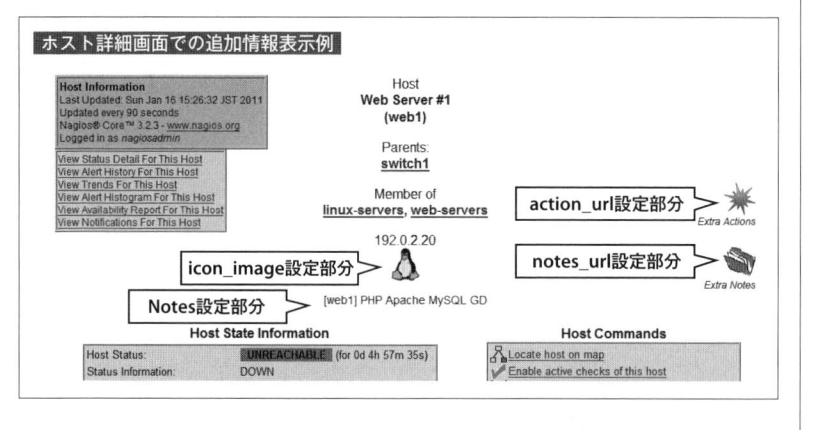

ホスト詳細画面での追加情報表示例

---

notes_url
メモなどの追加情報記載先のURLを指定

構文

```
notes_url <URL>
```
省略時 定義しない

解説

Webインタフェースのホスト詳細ページに、「Extra Notes」リンクを表示させたい場合にそのリンク先のURLを指定します。これは外部ツールと連動する場合に便利です。リンクはhttp://やhttps://で始めることもできますし、自ホストへのリンクである場合は相対パスで/wiki/などと言った書き方もできます。

action_url(**229ページ参照**)とは表示される文字とアイコンが異なるだけで機能は同じで、2つまで詳細ページから外部ページへのリンクを設けることができます。

表示例はnotesの図(**本ページ上部**)を参照してください。

例　このホストの外部への情報URLにhttp://192.0.2.10/を設定する

```
notes_url  http://192.0.2.10/
```

action_url
追加情報記載先のURLを指定

構文
```
action_url <URL>
```
省略時 定義しない

解説
Webインタフェースのホスト詳細ページに、「Extra Actions」リンクを表示させたい場合にそのリンク先のURLを指定します。書き方はnotes_url（**228ページ**参照）と同じです。表示例はnotesの図（**228ページ**）を参照してください。

例　マクロを利用して自動的にaddressに設定した値へのリンクを作成する

```
action_url  http://192.0.2.10/wiki/?$HOSTADDRSS$
```

icon_image
アイコン用イメージファイルを指定

構文
```
icon_image  <画像ファイル名>
```
省略時 定義しない

解説
Webインタフェースのホスト詳細ページ、状態一覧ページで、このホスト用のアイコン画像を表示させたい場合にその画像ファイル名を指定します。

指定するファイルは「<インストールパス>/share/images/logos/」に配置されているものとして処理されます。

追加するアイコン画像はJPG、PNG、GIFが利用でき、40×40ピクセルがちょうど良いサイズです。表示例はnotesの図（**228ページ**）を参照してください。

例　このホストのアイコン画像にlinux.pngを使用する

```
icon_image  linux.png
```

icon_image_alt
アイコン用イメージファイルのalt属性を指定

構文
```
icon_image_alt    <文字列>
```
省略時 定義しない

解説
icon_imageで指定したアイコン画像をWebインタフェースで表示する際のalt要素を設定できます。icon_imageが設定されていない場合はこの設定は意味を成しません。

例 **このホストのアイコン画像のalt要素に「Linux OS Kernel 2.6」を設定する**
```
icon_image_alt    Linux OS Kernel 2.6
```

statusmap_image
ステータスマップ用イメージファイルを指定

構文
```
statusmap_image    <画像ファイル名>
```
省略時 定義しない

解説
Map(Nagios 2、3.0.xではStatus Map)で表示する際に利用されるこのホストの画像ファイルを指定します。画像ファイルはGIF、PNG、JPG、GD2が利用でき、最適なサイズは40×40ピクセルです。

画像フォーマットは生成時の負荷を下げるために未圧縮のGD2フォーマットを利用するのが望ましいです。GD2フォーマットの作成にはPNG画像からpngtogd2コマンドを利用します。

linux.pngからgd2ファイルを生成する
```
$ pngtogd2 linux.png linux.gd2 0 1
```

例 **このホストのMap用の画像にlinux.gd2を利用する**
```
statusmap_image    linux.gd2
```

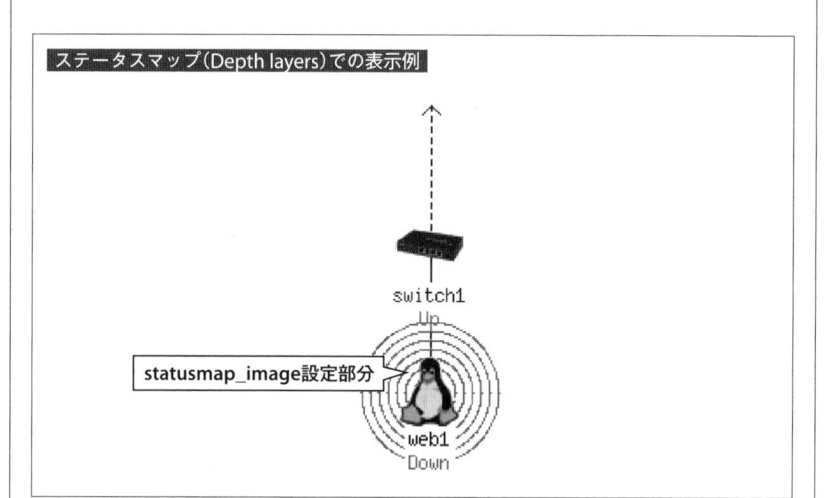

第5章 **オブジェクト設定ファイル**

ステータスマップ（Depth layers）での表示例

statusmap_image設定部分

2d_coords
ステータスマップ用座標を指定

構文
2d_coords <x座標>,<y座標>

省略時 定義しない

解説

Map（Nagios 2、3.0.x では Status Map）で、「Layout Method」を「User-supplied coords」（**201ページ**の default_statusmap_layout 参照）で設定する場合の、このホストの描画位置をX、Y座標で指定します。

座標はマップ画像の左上の端を「0,0」として、そこを起点に右へ正値でX座標、下へ正の値でY座標を指定します。座標の単位はピクセルです。

アイコン画像ファイルの大きさは40×40ピクセルを前提に、若干のスペースを考慮して描画されます。

定義しない場合は、User-supplied coordsで表示されません。

例　座標位置を左から100ピクセル、上から50ピクセルの位置に設定する
```
2d_coords  100,50
```

3d_coords
3-D Status Map用座標を指定

構文
3d_coords   <x.x座標>,<y.y座標>,<z.z座標>

省略時 0.0,0.0,0.0

解説
3-D Status Mapで表示する際のこのホストの3Dオブジェクトの描画座標をx.x,y.y,z.zの形式で指定します。なお、ホストオブジェクトの周囲に0.5ユニット分のスペースが設けられています。

例 　座標位置を10.5,20.5,10.0にする
3d_coords   10.5,20.5,10.0

Column: Nagios以外の統合監視ツール

Nagios以外の統合監視ツールを紹介します。

●Zabbix (http://www.zabbix.com/)
ラトビアのZabbix SIAによって開発された統合監視ツールです。Webインタフェースで設定が行え、生存監視のほか監視データをグラフ化する機能が備わっています。専用エージェントを導入するとより多くの監視が行えます。

●Cacti (http://www.cacti.net/)
SNMPを使用したトラフィックやCPU使用率などをRRDtoolのデータとして蓄え、時系列にグラフ化するツールです。設定はWebインタフェースで行えます。

●Hinemos (http://www.hinemos.info/)
㈱NTTデータ開発の運用管理ツールです。生存・性能監視以外にジョブ管理も行えます。専用クライアントで操作し、監視対象にエージェントを導入します。

●Munin (http://munin-monitoring.org/)
サーバのパフォーマンスをRRDtoolでグラフ化するツールです。監視対象にエージェントを導入して使用します。RPM、debパッケージで手軽に導入できます。

●Icinga (http://www.icinga.org)
Nagiosに対しバグやユーザから提案された新機能への対応が遅いという不満を持つユーザにより誕生した派生プロジェクトです。Nagiosと完全互換です。

第5章 オブジェクト設定ファイル

ホスト設定例

次のような形で定義します。メイン設定ファイルのタイムユニットはデフォルトの60とした例です。下記のように設定しNagiosを再起動すると、Webインタフェースの Hosts にこのホストが現れます。なお、基本的にホストには1つ以上のサービスを付与する必要がありますので、このホストに属するサービスの定義を行う必要があります。

例　ホスト定義例

```
define host{
    host_name                      www.example.com           ←ホスト名
    address                        192.0.2.1      ←IPアドレス
    alias                          Web Server #1 ←別名
    hostgroups                     linux-servers ←ホストグループ
    parents                        switch1        ←親ホスト
    check_command                  check-host-alive          ←ホストチェックコマンド
    check_interval                 5       ←チェック間隔は5分
    retry_interval                 1       ←再試行間隔は1分
    max_check_attempts             3       ←再試行回数は3回
    check_period                   24x7    ←チェック時間帯は24時間365日
    notification_period            24x7    ←通知時間帯は24時間365日
    notification_interval          120     ←通知間隔は120分
    process_perf_data              0       ←パフォーマンスデータの処理を行わない
    retain_status_information      1       ←状態を自動保存
    retain_nonstatus_information   1       ←監視設定情報を自動保存
    notification_options           d,r     ←ダウン時と復旧時に通知
    contacts                       admin   ←通知先名
    notes                          PHP Apache MySQL GD       ←追加情報
    notes_url                      http://192.0.2.20/web1/   ←外部のリンク先
    action_url                     http://192.0.2.20/wiki/?$HOSTADDRESS$
                                                              ↑Action URL
    icon_image                     linux40.png   ←アイコン画像
}
```

ホストグループ定義
define hostgroup{}

ホストグループを定義すると、次のようなことが行えるようになります。

- Webインタフェースでグループ単位での表示を行う
- エスカレーション定義、依存定義において、ホスト単位で指定する代わりにグループ単位で指定できるようになる

Nagios 3では、ホストはホストグループに必ず属する必要があるわけではありません。そのため、ホストグループの定義自体は必須ではなくオプショナルな定義項目です。ただ、定義する場合は「 必須項目 」と表示している項目は設定する必要があります。

Nagios 2ではホストグループは最低1つ定義する必要があります。ホストグループの定義は1つずつ次の書式で定義します。

ホストグループの書式
```
define hostgroup{
    ホストグループに関する各ディレクティブ
}
```

hostgroup_name
ホストグループ名を定義　　　　　　　　　　　　　　必須項目(2のみ) ❷❸

構文

hostgroup_name <ホストグループ名>

省略時 エラー（Nagios 2）、
　　　　 定義しない（ホストグループ自体を定義しない）（Nagios 3）

解説

定義するホストグループの名前を定義します。重複できません。ここで指定した名前を各オブジェクト定義のホストグループ名を指定する項目で記述します。メイン設定ファイルのillegal_object_name_chars（**181ページ**参照）で指定した禁止文字は利用できません。

例　**linux-serversという名称のホストグループ名を定義する**
```
hostgroup_name    linux-servers
```

第5章 オブジェクト設定ファイル

alias
ホストグループの別名を定義　必須項目(2のみ) 2 3

構文

alias <ホストグループの別名>

省略時 エラー（Nagios 2）、hostgroup_nameの値（Nagios 3）

解説

このホストグループ名の別名を指定します。記述ルールはホスト定義のalias（**210ページ**参照）と同じです。

例　ホストグループの別名を「Linux Servers」とする

```
alias   Linux Servers
```

members
所属ホストメンバーを定義　必須項目(2のみ) 2 3

構文

menbers <ホスト名>[,<ホスト名>,<…>]

省略時 エラー（Nagios 2）、
　　　　　定義しない（hostgroup_membersとどちらか一方必須）（Nagios 3）

解説

このホストグループに所属させるホスト名を定義します。ホスト名は、ホストの定義で設定したhost_nameの値（**210ページ**参照）を使用します。この設定は複数指定可能です。

ここでホスト名を指定しなくても、ホストの定義でhostgroups（**212ページ**参照）に指定すれば、指定したホストグループに所属させられます。Nagios 2の場合は省略するとエラーとなります。

例　server1、server2、server3をこのホストグループのメンバーにする

```
members   server1,server2,server3
```

hostgroup_members
所属ホストグループを定義　3

構文

hostgroup_members <ホストグループ名>[,<ホストグループ名>,<…>]

省略時 エラー（hostgroup_membersとどちらか一方必須（3のみ））

解説

このグループに所属させる別のホストグループ名（**234ページ**のhostgroup_name参照）を指定します。ここに指定したホストグループに所属するホストは、すべてこのグループにも所属するようになります。この設定は複数指定可能です。なお、自身は含められません。

例 linux-serverホストグループとweb-serverホストグループに属するホストすべてをこのホストグループに所属させる

```
hostgroup_members  linux-server,web-server
```

notes
メモなど追加情報を設定　3

構文

```
notes <文字列>
```
省略時 定義しない

解説

ホストグループ名のメモなどの追加情報を設定します。この情報はWebインタフェースのHost Groupsからホストグループ名をクリックしたホストグループ情報のページで表示されます。記述方法はホストのnotes（**227ページ**参照）と同じです。

例 このホストグループの詳細ページに「Linux Servers Group」という文字を入れる

```
notes  Linux Servers Group
```

notes_url
メモなどの追加情報記載先のURLを指定　3

構文

```
notes_url  <URL>
```
省略時 定義しない

解説

Webインタフェースのホストグループの詳細ページに、「Extra Notes」リンクを表示させたい場合にそのリンク先のURLを指定します。記述方法はホストのnotes_url（**228ページ**参照）と同じです。

例 このホストグループの外部への情報URLに
http://192.0.2.10/を設定する

```
notes_url http://192.0.2.10/
```

action_url
追加情報記載先のURLを指定

構文
```
action_url <URL>
```
省略時 定義しない

解説
Webインタフェースのホストグループ詳細ページに、「Extra Actions」リンクを表示させたい場合にそのリンク先のURLを指定します。記述方法はホストのaction_url(**229ページ参照**)と同じです。

例 Nagiosホストの/wikiへのリンクを作成する
```
action_url /wiki
```

ホストグループ設定例

下記のように設定後Nagiosを再起動することで、設定が反映されます。ホストグループは次のようにWebインタフェース「Host Groups」でグループごとにまとめられて表示されます。web1は2つのホストグループで表示されているのがわかります。

例1　ホストグループ「linux-servers」設定例
```
define hostgroup{
    hostgroup_name    linux-servers
    alias             Linux Servers
    members           localhost
}
```

ホスト設定例(**233ページ参照**)で設定した「web1」ホストが所属するホストグループ「linux-servers」を設定します。ホスト設定例のhostgroupsでこのホストグループを指定しているため、ホストグループ設定のmembersに含めなくても「web1」ホストはこのホストグループに所属します。

加えて「members localhost」を記述しているので、このホストグループには「web1」と「localhost」の2ホストが属することになります。

例2　ホストグループ「web-servers」設定例

```
define hostgroup{
    hostgroup_name    web-servers
    alias             Web Servers
    members           web1,web2
}
```

「web-servers」ホストグループの定義例です。web1 は linux-servers にも所属していますが、このグループにも所属させています。

Availability レポート　　　Column

多くの運用の現場では SLA など何らかの方法で、特定期間のサービス停止時間の目標値を定めていると思います。Nagios の Web インタフェースの Reports にある「Availability」レポートは、特定の期間にどの程度の停止が発生したのか Nagios の監視結果から集計してくれます。

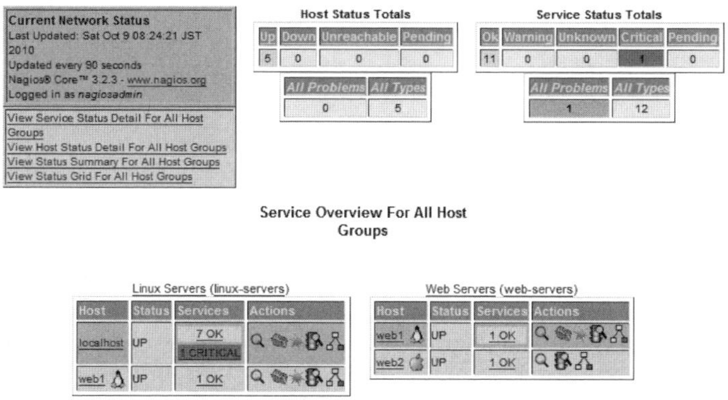

図a は Availability Report で linux-servers ホストグループのレポートを表示した例です。ホストごとに指定期間中の UP、DOWN、UNREACHABLE であった時間のパーセンテージが表示されています。Undetermined は Nagios が起動していなかったなどデータに欠損がある状態を表しています。

図a　Availability レポート

サービス定義　define service{}

サービスは監視活動の中心となるもので、主に監視対象ホストのCPU、ディスク使用率などのホストリソースや、HTTP／SMTP／IMAPといったホストが提供するネットワークサービスなどが含まれます。そのほか、DNSレコード／SSL証明書の有効期限、Webページが改ざんされていないかなど、そのホストが正常に稼働しているという判断材料になるすべての項目も含んでいます。

そのサービスの定義は1監視対象ずつ次の書式で設定します。

サービスの書式
```
define service {
    サービスに関する各ディレクティブ
}
```

service_description
サービスの名称を定義　必須項目(2のみ) 2 3

構文
```
service_description <サービス名>
```
省略時 エラー（Nagios 2）、定義しない（Nagios 3）

解説

定義するサービスの名前を定義します。Nagiosはこの名前でサービスを識別するため重複することはできません。また、メイン設定ファイルのillegal_object_name_chars（181ページ参照）で指定した禁止文字は利用できません。

例　サービス名「PING」を定義する
```
service_description    PING
```

host_name
サービスが属するホスト名を指定　必須項目(2のみ) 2 3

構文
```
host_name <ホスト名>[,<ホスト名>,<…>]
```
省略時 エラー（Nagios 2）、定義しない（Nagios 3）

解説

定義するサービスが属するホストを指定します。指定する値はホスト定義の

host_name（**210ページ**参照）で定義した値を定義します。この設定は複数指定可能です。

例 ホスト webserver、mailserver にこのサービスを設定する
```
host_name    webserver,mailserver
```

hostgroup_name
サービスを設定するホストグループを定義

構文
hostgroup_name <ホストグループ名>[,<ホストグループ名>,<…>]
省略時 定義しない

解説

定義するサービスが属するホストをホストグループで指定します。指定する値は、ホストグループ定義のhostgroup_name（**234ページ**参照）で定義した値です。ここ指定したホストグループのメンバーであるホストすべてにこのサービスが関連付けされます。この設定は複数指定可能です。

例 ホストグループ linux-servers のメンバーすべてに
このサービスを設定する
```
hostgroup_name    linux-servers
```

display_name
このサービスの表示名を定義

構文
display_name <サービスの表示名>
省略時 service_descriptionの値

解説

ブラウザ上でサービス名の別名を表示する目的で予約されましたが、現在このオプションはCGIに利用されていません。記述ルールはホスト定義のdisplay_name（**211ページ**参照）と同じです。

例 display_name を「Check Disk Usage for sda1」に設定する
```
display_name    Check Disk Usage for sda1
```

servicegroups
所属サービスグループを定義

構文

servicegroups <サービスグループ名>[,<サービスグループ名>,<…>]

省略時 定義しない

解説

　このサービスが所属するサービスグループを指定します。指定する値はサービスグループ定義のservicegroup_name（**260ページ**参照）を指定します。この設定は複数指定可能です。

例　このサービスをwebとnetworksサービスグループに所属させる

```
servicegroups web,network
```

is_volatile
Volatileサービスかどうかを指定

構文

is_volatile <0|1>

省略時 0

値	
0	無効
1	有効

解説

　このサービスがVolatileサービスかどうかを指定します。

　通常、監視の状態が異常でかつHARD状態である場合、そのあとのチェック結果は同じ状態でありつづけると、そのサービス定義のnotification_interval（**253ページ**参照）の間隔以外では通知を行いませんが、Volatileサービスに指定するとチェックごとに通知を送信します。同じCRITICALであっても内容が異なるという性質のサービスに適用します。

例　このホストでVolatileサービスを有効にする

```
is_volatile 1
```

check_command

サービスのチェックコマンドを指定

必須項目 2 3

構文

check_command <チェックコマンド名>

省略時 エラー

解説

サービスの状態をチェックするコマンド名を指定します。チェックコマンド名はコマンド定義で設定したcommand_nameの値(**280ページ**参照)を使用します。

例 このサービスの監視コマンドをcheck_local_diskに設定し、1つめの引数に「20%」を、2つめの引数に「10%」を3つめの引数に「/」を指定する

```
check_command    check_local_disk!20%!10%!/
```

initial_state

初期状態を指定

3

構文

initial_state <値>

省略時 o

値

o	OK
w	WARNING
u	UNKNOWN
c	CRITICAL

解説

監視対象サービスの初期状態を明示的に指定したい場合に設定します。動作はホスト定義のinitial_state(**213ページ**参照)と同じです。

例 Nagios起動時にこのサービスはCRITICALを初期状態とする

```
initial_state   c
```

max_check_attempts
試行回数を指定　　　　　　　　　　　　　　　必須項目 2 3

構文

max_check_attempts <数値（回数）>

省略時 エラー

解説

　サービスでOK以外の状態が返ってきたときに、サービスチェックを再試行する回数を指定します。動作についてはホスト定義の同設定(**214ページ**のmax_check_attempts参照)と同じです。

例　　異常検出時の再試行回数を3に設定する

max_check_attempts   3

normal_check_interval
監視間隔を指定　　　　　　　　　　　　必須項目(2のみ) 2 3

構文

normal_check_interval <監視間隔（タイムユニット）>

省略時 エラー（Nagios 2）、5（Nagios 3）

解説

　Nagios 2までのディレクティブです。Nagios 3ではcheck_interval(**本ページ下部**参照)に変更されましたが、互換性のためNagios 3でも利用できます。

例　　通常監視間隔を3タイムユニット間隔とする

normal_check_interval   3

check_interval
監視間隔を指定　　　　　　　　　　　　　　　　　　　2 3

構文

check_interval   <監視間隔（タイムユニット）>

省略時 5

解説

通常時のサービス監視間隔を指定します。Nagiosはここで指定した間隔でサービスチェックを実施します。指定値はタイムユニットです。

例　通常の監視間隔を3タイムユニット間隔とする

```
check_interval  3
```

retry_check_interval
再試行間隔を指定（Nagios 2）　　　　　　　　　　　必須項目（2のみ）　**2** **3**

構文

```
retry_check_interval  <再試行間隔（タイムユニット）>
```
省略時 エラー（Nagios 2）、1（Nagios 3）

解説

Nagios 2までのディレクティブです。Nagios 3ではretry_interval（**本ページ下部**参照）に変更されましたが、互換性のためNagios 3でも利用できます。

例　再試行間隔を1タイムユニットに設定する

```
retry_check_interval  1
```

retry_interval
再試行間隔を指定（Nagios 3）　　　　　　　　　　　　　　　　　　　**3**

構文

```
retry_interval  <監視間隔（タイムユニット）>
```
省略時 1

解説

このサービスの障害を検出し、再試行段階になった際（SOFT状態）のチェック間隔をタイムユニットで指定します。

Nagiosは、サービスの異常を検出したらこれまでのcheck_interval（**243ページ**参照）からretry_intervalで設定した間隔にチェックの間隔を切り替えます。そして、max_check_attempts（**243ページ**参照）で指定された回数実施しても変化がなかったときは、障害を確定（HARD状態）にして通知などを行い、監視間隔をcheck_intervalの値に戻します。

第5章 オブジェクト設定ファイル

> **例** 再試行時のチェックを1タイムユニット間隔にする
>
> retry_interval 1

active_checks_enabled
アクティブチェック機能の有効／無効を指定 〔自動保存〕 ❷❸

構文
active_checks_enabled <0|1>
〔省略時〕 1

値

0	無効
1	有効

解説

監視対象サービスに対するアクティブチェック機能を有効にするかどうか指定します。このオプションはメイン設定ファイルのexecute_service_checks(**116ページ**参照)が有効なときに機能します。

この設定は、Webインタフェースのサービスの詳細画面にあるService Commands「Enable(またはDisable) active checks of this service」より有効／無効を切り替えることができます。

> **例** このサービスでアクティブチェックを有効にする
>
> active_checks_enabled 1

passive_checks_enabled
パッシブチェック機能の有効／無効を指定 〔自動保存〕 ❷❸

構文
passive_checks_enabled <0|1>
〔省略時〕 1

値

0	無効
1	有効

解説

監視対象サービスに対するパッシブチェック機能を有効にするかどうかを指定

します。このオプションはメイン設定ファイルのaccept_passive_service_checks（**116ページ**参照）が有効なときに機能します。

この設定はWebインタフェースのホストの詳細画面にあるHost Commands「Start（またはStop）accepting passive checks for this service」より有効／無効を切り替えることができます。

例 **このサービスでパッシブチェックを無効にする**

```
passive_checks_enabled 0
```

check_period
チェックする時間帯を設定

構文

```
check_period <時間帯名>
```
省略時 定義しない

解説

監視対象サービスをチェックする時間帯を指定します。記述方法はホスト定義の同定義（**216ページ**のcheck_period参照）と同じです。

例 **このサービスの監視時間帯を24x7とする**

```
check_period 24x7
```

obsess_over_service
オブセスオーバー機能の有効／無効を設定

構文

```
obsess_over_service <0|1>
```
省略時 1

値	
0	無効
1	有効

解説

監視対象サービスに対する分散監視用の機能であるオブセスオーバー機能を有効にするかどうかを設定します。この機能はホスト定義のobsess_over_host（**217ページ**参照）のサービス用です。

> **例** 分散監視を行わないのでオブセスオーバー機能を無効にする
>
> ```
> obsess_over_service  0
> ```

check_freshness
フレッシュネス機能の有効／無効を指定

構文

```
check_freshness <0|1>
```
省略時 0

値

0	無効
1	有効

解説

このサービスでフレッシュネスチェックを有効にするかどうか指定します。ホスト定義の同定義（**217ページ**の check_freshness 参照）のサービス用です。

> **例** このサービスでフレッシュネスチェックを有効にする
>
> ```
> check_freshness  1
> ```

freshness_threshold
フレッシュネス閾値を指定

構文

```
freshness_threshold <数値（秒）>
```
省略時 0

値

0	自動計算
1以上	指定された値（秒）

解説

このサービスのフレッシュネス閾値を秒単位で指定します。この機能はホスト定義の同定義（**218ページ**の freshness_threshold 参照）のサービス用です。

> **例** このサービスでフレッシュネス閾値を60秒に設定する
>
> ```
> freshness_threshold  60
> ```

event_handler
イベントハンドラコマンドを指定 ❷❸

構文
event_handler <コマンド名>
省略時 定義しない

解説
このサービス用のイベントハンドラに使用するコマンドを定義します。この機能はホスト定義の同定義(**218ページ**のevent_handler参照)のサービス用です。

例 restart-httpdというコマンドを
イベントハンドラのコマンドとして定義する
```
event_handler    restart-httpd
```

event_handler_enabled
イベントハンドラの有効／無効を指定 　自動保存　❷❸

構文
event_handler_enabled <0|1>
省略時 1

値	
0	無効
1	有効

解説
このサービスでイベントハンドラ機能を有効にするかどうかを指定します。ホスト定義の同定義(**219ページ**のevent_handler_enabled参照)のサービス用です。

例 このサービスでイベントハンドラを有効にする
```
event_handler_enabled  1
```

low_flap_threshold
フラッピング検知の低閾値を指定 ❷❸

構文
low_flap_threshold <パーセンテージ>

省略時 0（メイン設定ファイルのlow_host_flap_threshold）

解説

このサービスのフラッピング解除時の閾値を指定します。この設定はホスト定義の同定義（**219ページ**のlow_flap_threshold参照）のサービス用です。

例　このサービスのフラッピングを解除する変化率の閾値を25.0%に設定する

```
low_flap_threshold  25.0
```

high_flap_threshold
フラッピング検知の高閾値を指定

構文

```
high_flap_threshold <パーセンテージ>
```
省略時 0（メイン設定ファイルのhigh_host_flap_thresholdを利用）

解説

このサービスのフラッピング検知のフラッピング検出時の閾値を%単位で指定します。この設定はホスト定義の同定義（**220ページ**のhigh_flap_threshold参照）のサービス用です。

例　このサービスのフラッピングと判断する変化率の閾値を50.0%に設定する

```
high_flap_threshold  50.0
```

flap_detection_enabled
フラッピング検知をする／しないを指定　　自動保存

構文

```
flap_detection_enabled <0|1>
```
省略時 1

値	
0	無効
1	有効

解説

監視対象サービスでフラッピング検知機能を有効にするかを指定します。この

機能はホストの同定義(**220ページ**のflap_detection_enabled参照)のサービス用です。

例 このサービスのフラッピング検出を有効にする

```
flap_detection_enabled 1
```

flap_detection_options
フラッピング検出のオプションを指定

構文

```
flap_detection_options <値>[,<値>,<…>]
```

省略時 o,w,c,u

値

o	OK状態
w	WARNING状態
c	CRITICAL状態
u	UNKNOWN状態

解説

フラッピング検出をする際、状態が頻繁に変化しているという「変化」の対象として集計する状態を指定します。指定しない場合はすべてのサービスの状態が対象となります。オプションを複数指定する場合は,区切りで指定します。

例 このサービスのフラッピング検出の対象の状態を
OKとCRITICALに設定する

```
flap_detection_options o,c
```

process_perf_data
パフォーマンスデータを処理する／しないを指定

構文

```
process_perf_data <0|1>
```

省略時 1

値

0	無効
1	有効

解説

このサービスでパフォーマンスデータを処理するかどうかを決定します。動作についてはホストの同定義（**221ページ**の process_perf_data 参照）と同じです。

例　このサービスのパフォーマンスデータ処理を有効にする

```
process_perf_data   1
```

retain_status_information
状態情報保存機能の有効／無効を指定

構文

```
retain_status_information <0|1>
```

省略時 1

値

0	無効
1	有効

解説

このサービスの状態を、メイン設定ファイルの state_retention_file（**126ページ**参照）で指定した監視状態保存ファイルに保存するかどうかを指定します。動作についてはホスト定義の同定義（**222ページ**の retain_status_information 参照）と同様です。

例　このサービスでNagios終了時に監視状態を保存する

```
retain_status_information   1
```

retain_nonstatus_information
設定情報を保存する／しないを指定

構文

```
retain_nonstatus_information <0|1>
```

省略時 1

値

0	無効
1	有効

解説

このサービスの状態以外の情報を保存するかを設定します。保存される情報は、本書の 自動保存 の記述がある設定の内容です。動作はホスト定義の同定義（**222ページ**の retain_nonstatus_information 参照）と同様です。このオプションはメイン設定ファイルの retain_state_information（**126ページ**参照）とサービス定義の retain_status_information（**251ページ**参照）が有効なときに機能します。

例　このサービスでNagios終了時に監視状態以外の情報を保存する

```
retain_nonstatus_information 1
```

contacts
通知先を指定　　　　　　　　　　　　　　　　　　　　　　　　　3

構文

```
contacts <通知先名>[,<通知先名>,<…>]
```
省略時　ホストに定義されたcontactsの値注

解説

サービスに障害が発生したとき、または復旧したときの通知先を設定します。指定する値やルールもホストの同定義（**223ページ**の contacts 参照）と同様です。この設定は複数指定可能です。

例1　このサービスの通知先にadminを指定する

```
contacts admin
```

例2　このサービスの通知先にbobとsatoを定義する

```
contacts bob,sato
```

注　省略するとログにWarningが表示されます。通知先はhost_nameで定義したホスト定義のcontactsを使用されます。

contact_groups
通知先グループを指定　　　　　　　　　　　　　　　　　　　　2 3

構文

```
contact_groups <通知先グループ名>[,<通知先グループ名>,<…>]
```
省略時　定義しない（通知しない）注（Nagios 2）、
　　　　ホストに定義されたcontact_groupsの値（Nagios 3）

解説

このサービスに障害が発生／復旧したときの通知先グループを設定します。ここで指定したグループに属するメンバーすべてが通知先の対象となります。指定する値やルールはホストの同定義（**224ページ**のcontact_groups参照）と同様です。この設定は複数指定可能です。

例1　このホストの通知先にadminを指定する
```
contacts   admin
```

例2　このホストの通知先にoperatorsとmanagersを定義する
```
contacts   operators,managers
```

注　Nagios 2の場合、省略するとログにWarningが表示されます。

notification_interval
通知間隔を指定

必須項目（2のみ）　**2** **3**

構文

```
notification_interval   <数値（タイムユニット）>
```
省略時　エラー（Nagios 2）、30（Nagios 3）

解説

このサービスに障害が発生した際、最初の通知を実施してから状態に変化がなかったときの再通知するまでの時間を設定します。0に設定すると再通知しません。動作はホストの同定義（**224ページ**のnotification_interval参照）と同様です。

例　前回の通知から120タイムユニット後に再通知を行う
```
notification_interval   120
```

first_notification_delay
初期通知の遅延時間を指定

3

構文

```
first_notification_delay   <数値（タイムユニット）>
```
省略時　0

解説

サービスに障害が発生した際に、最初の通知を送信する前にどの程度遅延を発

生させるかを指定します。動作はホストの同定義（**225ページ**のfirst_notification_delay参照）と同様です。

> **例** サービスの障害時の初期通知の遅延を2タイムユニットとする
> ```
> first_notification_delay  2
> ```

notification_period
通知時間帯を指定

構文

```
notification_period <時間帯名>
```
省略時 毎日24時間注

解説

このホストの障害発生時／復旧時の通知を行う時間帯を指定します。動作はホストの同定義（**225ページ**のnotification_period参照）と同様です。

> **例** 通報を24時間365日行う
> ```
> check_period  24x365
> ```

注　省略すると毎日24時間としてみなされますがログに定義されていないというWarningメッセージが出ます。

notification_options
通知オプションを指定

構文

```
notification_options <値>[,<値>,<…>]
```
省略時 すべての状態で通知を行う

値

値	説明
w	WARNING状態時
u	UNKNOWN状態時
c	CRITICAL状態時
r	復旧(OKの状態)状態時
f	フラッピング開始、終了時
s	ダウンタイム開始、終了時(Nagios 3のみ)
n	通知は行わない

解説

このサービスがどの状態になった場合に通知を行うかを指定します。複数指定する場合は，区切りで指定します。このサービスの状態がここで指定した状態になり、HARDステートになると設定した通知先に通知が送られます。動作はホストの同定義（**226ページ**の notification_options 参照）と同様です。

例 このサービスの状態がWARNING、CRITICAL、OKに変わった際に通知する

```
notification_options  w,c,r
```

notifications_enabled
通知機能の有効／無効を指定

構文

```
notifications_enabled   <0|1>
```
省略時 1

値

0	無効
1	有効

解説

この監視対象サービスについて通知機能を有効にするかどうかを指定します。動作はホストの同定義（**226ページ**の notifications_enabled 参照）と同様です。

例 このサービスの通知を有効にする

```
notifications_enabled  1
```

stalking_options
追跡オプションを指定

構文

```
stalking_options <値>[,<値>,<…>]
```
省略時 定義しない

値

o	UP 状態を追跡する
d	DOWN 状態を追跡する
u	UNREACHABLE 状態を追跡する

解説

チェック時のログ取得レベルを変更するオプションで、ここで指定した状態にある場合にログがより詳細に取得されるようになります。複数指定する場合は, 区切りで指定します。動作はホスト定義の同定義(**227 ページ**の stalking_options 参照)と同様です。

例　このサービスのすべての追跡を有効にする

```
stalking_options  o,w,u,c
```

notes
メモなど追加情報を設定

構文

```
notes  <文字列>
```
省略時 定義しない

解説

Web インタフェースのサービスの詳細ページで追加の情報など任意の文字列を表示させるためのディレクティブです。動作はホストの同定義(**227 ページ**の notes 参照)と同様です。

例　このサービスの詳細ページに「Webserver for www.example.com」という文字列を表示させる

```
notes  Webserver for www.example.com
```

notes_url
メモなどの追加情報記載先の URL を指定

構文

```
notes_url   <URL>
```
省略時 定義しない

第5章 オブジェクト設定ファイル

解説

Webインタフェースのサービス詳細ページに、「Extra Notes」リンクを表示させたい場合にそのリンク先のURLを指定します。動作はホストの同定義（**228ページ**のnotes_url参照）と同様です。

例　マクロを利用して自動的にaddressに設定した値へのリンクを作成する

```
notes_url    http://192.0.2.10/wiki/?$HOSTADDRSS$&$SERVICEDESC$
```

action_url
追加情報記載先のURLを指定　**3**

構文

```
action_url    <URL>
```
省略時 定義しない

解説

Webインタフェースのサービス詳細ページに、「Extra Actions」リンクを表示させたい場合にそのリンク先のURLを指定します。動作はホストの同定義（**229ページ**のaction_url参照）と同様です。

例　このサービスの外部への情報URLにhttp://192.0.2.10/を設定する

```
action_url    http://192.0.2.10/
```

icon_image
アイコン用イメージファイルを指定　**3**

構文

```
icon_image    <画像ファイル名>
```
省略時 定義しない

解説

Webインタフェースのホスト詳細ページ、状態一覧ページでのこのサービス用のアイコン画像を表示させたい場合にその画像ファイル名を指定します。動作はホスト定義の同定義（**229ページ**のicon_image参照）と同様です。

例　このサービスのアイコン画像にapache.pngを使用する

```
icon_image    lapache.png
```

icon_image_alt
アイコン用イメージファイルのalt属性を指定　　　3

構文

icon_image_alt <文字列>

省略時 定義しない

解説

　icon_imageで指定したアイコン画像をWebインタフェースで表示する際の「alt」属性を設定できます。動作はホスト定義の同定義（**230ページ**のicon_image参照）と同様です。

例　**このホストのアイコン画像のalt要素に「Apache Web Server」を設定する**

icon_image_alt Apache Web Server

サービス設定例

　次のような用件のサービスを定義します。メイン設定ファイルのタイムユニットはデフォルトの60とした例です。下記の設定を行いNagiosを再起動すると、WebインタフェースのServicesでweb1にHTTPサービスが付与されていることがわかります。

例　**サービス定義例**

```
define service {
    host_name                    web1,web2         ←このサービスに属するホスト名
    service_description          HTTP              ←サービス名
    check_command                check_http        ←サービスチェックコマンド
    check_interval               5                 ←チェック間隔
    retry_interval               1                 ←再試行間隔
    max_check_attempts           3                 ←再試行回数
    check_period                 24x7              ←チェック時間帯は24時間365日
    notification_period          24x7              ←通知時間帯は24時間365日
    process_perf_data            0                 ←パフォーマンスデータの処理は行わない
    retain_status_information    1                 ←状態を自動保存
    retain_nonstatus_information 1                 ←監視設定情報を自動保存
    notification_interval        120               ←通知間隔は120分
    notification_options         c,w,r             ←通知はCRITICAL時、WARNING時、復旧時
    contact_groups               admins            ←通知先グループはadmins
```

（次ページに続く）

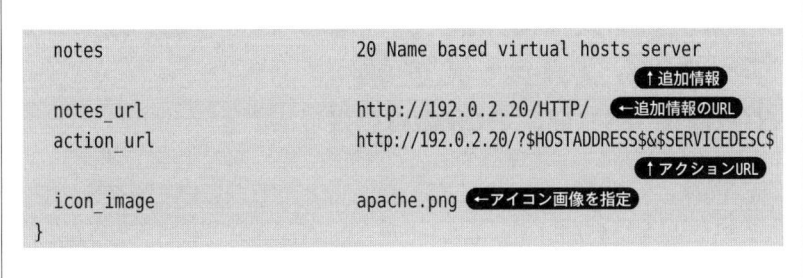

第5章 オブジェクト設定ファイル

```
    notes                   20 Name based virtual hosts server
                                                     ↑追加情報
    notes_url               http://192.0.2.20/HTTP/  ←追加情報のURL
    action_url              http://192.0.2.20/?$HOSTADDRESS$&$SERVICEDESC$
                                                     ↑アクションURL
    icon_image              apache.png  ←アイコン画像を指定
}
```

ホストweb1のHTTPサービス

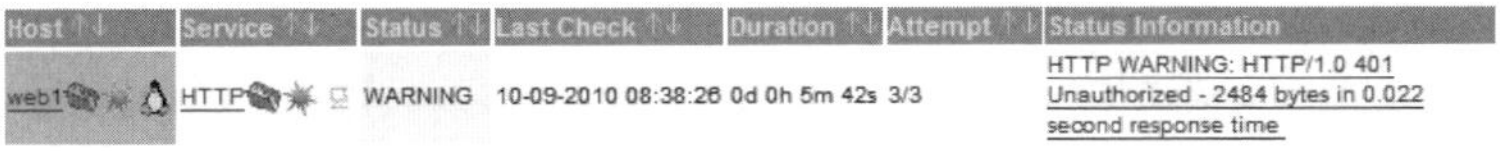

Host	Service	Status	Last Check	Duration	Attempt	Status Information
web1	HTTP	WARNING	10-09-2010 08:38:26	0d 0h 5m 42s	3/3	HTTP WARNING: HTTP/1.0 401 Unauthorized - 2484 bytes in 0.022 second response time

---

Alert Histogramレポート **Column**

　NagiosのWebインタフェースのReportsにある「Histogram」では、指定した期間に発生したイベントの回数を時系列でグラフ化します（**図a**）。左から右に日時が新しくなり、X軸にはイベントの発生した日が表示されます。グラフのY軸にはイベントの発生した回数がポイントされ、折れ線グラフが描画されます。このグラフではグラフの山が高くなるほど障害発生件数が多くなり、山が横に広がれば障害発生の多い期間が長いということになります。

　また、EVENT TYPE欄には、指定期間中にどのくらい状態が変化したかわかるよう、1日当たりの最小、最大回数、期間中の合計、平均回数が掲載されています。

図a　Alert Histogramレポート

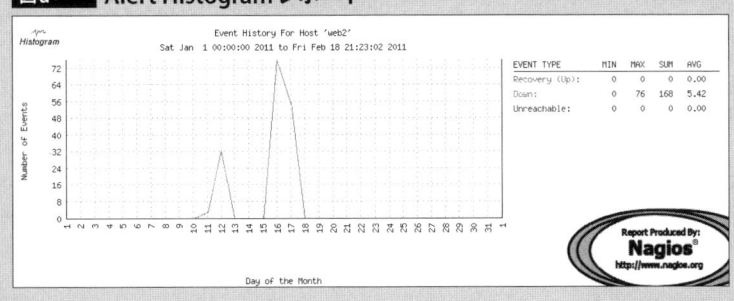

サービスグループ定義
define servicegroup{}

サービスグループはホストグループのサービス版です。制限事項や役割もホストグループのものと同じです。サービスグループの定義1つずつ、次の書式で定義します。

サービスグループは Nagios 2、Nagios 3 ともに必須ではありません。

サービスグループの書式
```
define servicegroup{
        ホストグループに関する各ディレクティブ
}
```

servicegroup_name
サービスグループ名を定義　　　　　　　　　　　必須項目(2のみ) ❷❸

servicegroup_name <サービスグループ名>

省略時 エラー（Nagios 2）、サービスグループを定義しない（Nagios 3）

解説

このサービスグループの名前を設定します。記述ルールはホストグループ定義の hostgroup_name（**234ページ**参照）と同じです。

例　**サービスグループ名を web-server にする**
```
servicegroup_name  web-server
```

alias
サービスグループの別名を定義　　　　　　　　　必須項目(2のみ) ❷❸

構文

alias <サービスグループの別名>

省略時 エラー（Nagios 2）、servicegroup_name の値（Nagios 3）

解説

このサービスグループ名の別名を指定します。記述ルールはホスト定義の alias と同じ（**210ページ**参照）です。

第5章 オブジェクト設定ファイル

例 サービスグループ名をWeb Serversにする

```
alias  Web Servers
```

members
所属サービスグループメンバーを定義　必須項目（2のみ）

構文

```
members <ホスト名>,<ホストのサービス名>[,<ホスト名>,<ホストのサービス名>,<…>]
```

省略時 エラー（Nagios 2）、
　　　　　エラー（servicegroup_membersとどちらか一方必須）（Nagios 3）

解説

　サービスグループに所属させるサービスのメンバーを指定します。指定したいサービスが所属しているホスト名と、そのホストで定義しているサービス名の両方を,で区切って記述します。

　ホスト名はホスト定義のhost_name（**210ページ**参照）を、サービス名はサービス定義のservice_description（**239ページ**参照）に記載した名前を記載します。複数記述する場合はさらに,で区切って指定します。

例 サービスグループのメンバーにlinux-serverとwindows-serverのPINGサービスを定義する

```
members  linux-server,PING,windows-server,PING
```

servicegroup_members
サービスグループに所属させるサービスグループを定義

構文

```
servicegroup_members <サービスグループ名>[,<サービスグループ名>,<…>]
```

省略時 エラー（hostgroup_membersとどちらか一方必須）

解説

　このグループに所属させる別のサービスグループ名（**260ページ**のservicegroup_name参照）を指定します。ここに指定したサービスグループに所属するサービスはすべて所属するようになります。自身は含められません。複数指定可能です。

例 サービスグループのメンバーに"web-server"と"db-server"というサービスグループを所属させる

```
servicegroup_members  web-server,db-server
```

notes
メモなど追加情報を設定 ₃

構文

notes <文字列>
(省略時) 定義しない

解説

　サービスグループのメモなどの追加情報を指定できます。この情報はWebインタフェースのService Groupsからサービスグループ名をクリックしたサービスグループ情報のページで表示されます。記述方法はホスト定義のnotes（**227ページ**参照）と同じです。

例 　追加情報に「Webservers for this cluster」と指定する

```
notes    Webservers for this cluster
```

notes_url
メモなどの追加情報記載先のURLを指定 ₃

構文

notes_url <URL>
(省略時) 定義しない

解説

　Webインタフェースのサービスグループの詳細ページに、「Extra Notes」リンクを表示させたい場合にそのリンク先のURLを指定します。記述方法はホスト定義のnotes_url（**228ページ**参照）と同じです。

例 　このサービスグループの外部への情報URLにNagiosの
　　　　CGIディレクトリにあるhoge.htmlを指定する

```
notes_url    hoge.html
```

action_url
追加情報記載先のURLを指定 ₃

構文

action_url <URL>
(省略時) 定義しない

第5章 オブジェクト設定ファイル

解説

Web インタフェースのサービスグループ詳細ページに、「Extra Actions」リンクを表示させたい場合にそのリンク先の URL を指定します。記述方法はホスト定義の action_url（**229ページ**参照）と同じです。

例　追加情報に http://www.example.com/action/ を指定する

```
action_url  http://www.example.com/action/
```

サービスグループ設定例

下記のように設定後、Nagios を再起動することで設定が反映されます。

サービスグループは図のように Web インタフェース「Service Groups」でグループごとにまとめられて表示されます。

例　「webservers」サービスグループ定義

```
define servicegroup{
  servicegroup_name    webservers
  alias                Web servers for this cluster
  members              web1,HTTP,web2,HTTP
}
```

サービス定義で定義した web1,web2 を所属させる webservers サービスグループ定義を定義します。

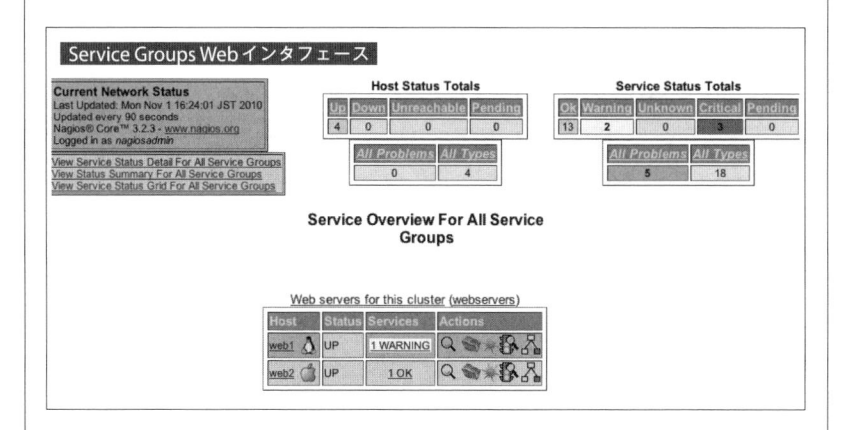

通知先定義　define contact{}

通知先定義では、ホストやサービスが障害発生／復旧時の連絡先を定義します。通知先の定義は1監視対象ずつ次の書式で定義します。

通知先の書式
```
define contact {
    通知先に関する各ディレクティブ
}
```

contact_name
通知先名を定義

必須項目(2のみ)　2　3

構文
contact_name <通知先名>

省略時 エラー（Nagios 2）、通知先を定義しない（Nagios 3）

解説

通知先の名前を定義します。メイン設定ファイルのillegal_object_name_chars（**181ページ**参照）で指定した禁止文字は利用できません。また、重複することもできません。

例　通知先名adminを定義する

contact_name   admin

alias
通知先名の別名を定義

必須項目(2のみ)　2　3

構文
alias <通知先の別名>

省略時 エラー（Nagios 2）、contact_nameの値（Nagios 3）

解説

この通知先名のわかりやすい別名を設定します。記述ルールはホスト定義のalias（**210ページ**参照）と同じです。

例　通知先の別名をadministratorにする

alias   administrator

第5章　オブジェクト設定ファイル

contactgroups
所属通知先グループを定義　2 3

構文
```
contactgroups <通知先グループ名>[,<通知先グループ名>,<…>]
```
省略時 定義しない

解説
　この通知先が所属する通知先グループを指定します。定義する値は通知先グループ定義の contactgroup_name（**274ページ**参照）のものです。この設定は複数指定可能です。

例　この通知先を administrator と operation という通知先グループに所属させる
```
contactgroups  administrator,operation
```

host_notifications_enabled
ホスト通知の有効／無効を設定　3

構文
```
host_notifications_enabled <0|1>
```
省略時 1

値
0	ホスト通知を行わない
1	ホスト通知を行う

解説
　ホスト定義でこの通知先が指定されている際、そのホストに関する通知を行うかを指定します。1に設定した場合、ホストの状態が変化した際、host_notification_commands（**269ページ**参照）で指定したコマンドで通知を行います。

例　ホストに関する通知を行わないようにする
```
host_notifications_enabled  0
```

service_notifications_enabled
サービス通知の有効/無効を設定

構文
service_notifications_enabled <0|1>
省略時 1

値
0	サービス通知を行わない
1	サービス通知を行う

解説
サービス定義にこの通知先が指定されている際、そのサービスに関する通知を行うかを指定します。1に設定した場合、サービスの状態が変化した際 service_notification_commands（**269ページ**参照）で指定されたコマンドで通知を行います。

例　サービスに関する通知を行わないようにする
host_notifications_enabled 0

host_notification_period
ホストの通知時間帯を定義

構文
host_notificaton_period <時間帯名>
省略時 毎日24時間注

解説
この通知先が指定されているホストの通知を行う時間帯を指定します。指定する値は時間帯定義の timeperiod_name（**277ページ**参照）で定義したものです。

ホスト定義でも通知を送る時間帯を指定できます（**225ページ**の notification_period参照）が、その場合そのホストに指定された通知先すべてに適用されるのに対し、こちらは個々の通知先に対する指定です。

ホスト定義と通知先定義両方で通知時間帯を設定することになると思いますが、その場合、「範囲外」を表す設定が優先されます。たとえばホスト側で時間帯 none（どの時間も含まれない）を設定して、通知先の設定では「24x7」（24時間365日）という設定である場合は、ホスト側の none が優先され通知は行われません。これは逆も同じで、通知先では none、ホスト側で 24x7 の場合はこの通知先には通知は行われません。

例　通知時間帯に 24x7 を指定する

```
host_notificaton_period   24x7
```

注　省略すると毎日24時間としてみなされますが、ログに定義されていないというWarningメッセージが出ます。

service_notification_period
サービスの通知時間帯を定義

構文
```
service_notificaton_period   <時間帯名>
```
省略時　毎日24時間[注]

解説
　この通知先が指定されているサービスの通知を行う時間帯を指定します。指定する値は時間帯定義のtimeperiod_name（**277ページ**参照）で定義したものです。
　サービス定義でも通知を送る時間帯を指定できます（**254ページ**のnotification_period参照）が、その場合そのサービスに指定された通知先すべてに適用されるのに対し、こちらは個々の通知先に対する指定です。サービス定義と通知先定義両方で通知時間帯を設定することになると思いますが、その場合どちらが優先されるかはhost_notification_period（**266ページ**参照）と同じです。

例　通知時間帯に 24x7 を指定する

```
service_notificaton_period   24x7
```

注　省略すると毎日24時間としてみなされますが、ログに定義されていないというWarningメッセージが出ます。

host_notification_options
ホストの通知オプション

構文
```
host_notification_options   <値>[,<値>,<…>]
```
省略時　n

値

d	DOWN状態時
u	UNREACHABLE状態時

r	UP状態時
f	フラッピング開始、終了時
s	ダウンタイム開始、終了時（Nagios 3のみ）
n	通知は行わない

解説

　この通知先が指定されているホストがどの状態になった場合に通知を行うか指定します。オプションを複数指定する場合は,区切りで指定します。

例　　ホストがDOWN、UNREACHABLE、復旧した際にこの通知先に通知を行う

```
host_notification_options    d,u,r
```

service_notification_options
サービスの通知オプション　　　　　　　　　　　　　　2 3

構文

```
service_notification_options <値>[,<値>,<…>]
```
省略時 n

値

w	WARNING状態時
u	UNKNOWN状態時
c	CRITICAL状態時
r	復旧（OKの状態）状態時
f	フラッピング開始、終了時
s	ダウンタイム開始、終了時（Nagios 3のみ）
n	通知は行わない

解説

　この通知先が指定されているサービスがどの状態になった場合に通知を行うか指定します。オプションを複数指定する場合は,区切りで指定します。

例　　サービスがCRITICAL、UNKNOWN、復旧した際にこの通知先に通知を行う

```
service_notification_options    c,u,r
```

第5章 オブジェクト設定ファイル

host_notification_commands
ホスト通知用コマンドを指定　　　　　　　　　　　　　必須項目 **2** **3**

構文
host_notification_commands <コマンド名>
省略時 エラー

解説
　この通知先を指定しているホストに関する通知を行うためのコマンドを指定します。指定する値はコマンド定義のcommand_name(**280ページ**参照)のものです。
　インストール時のサンプル設定ファイル内のnotify-host-by-emailコマンドを指定する場合は、email(**本ページ下部**参照)の項目も併せて指定する必要があります。

例　ホスト通知用通知コマンドにnotify-host-by-emailを指定する
```
host_notification_commands    notify-host-by-email
```

service_notification_commands
サービス通知用コマンドを指定　　　　　　　　　　　　必須項目 **2** **3**

構文
service_notification_commands <コマンド名>
省略時 エラー

解説
　この通知先を指定しているサービスに関する通知を行うためのコマンドを指定します。指定する値はコマンド定義のcommand_name(**280ページ**参照)の値です。
　インストール時のサンプル設定ファイル内のnotify-service-by-emailコマンドを指定する場合は、email(**本ページ下部**参照)の項目も併せて指定する必要があります。

例　サービスの通知用通知コマンドにnotify-service-by-emailを指定する
```
service_notification_commands    notify-service-by-email
```

email
メールアドレスを指定　　　　　　　　　　　　　　　　　　　　　　　　**2** **3**

構文
email <メールアドレス>
省略時 エラー(emailまたはpagerどちらか必須)(Nagios 2)、定義しない(Nagios 3)

通知先定義　define contact{}

269

解説

通知を送信するメールアドレスを指定します。携帯アドレス、PC用のアドレスなどメールアドレスであればどのようなものでも指定できます。

この値は$CONTACTEMAIL$マクロに格納され、通知コマンドを定義する際にこのマクロを利用できます。

例 メールアドレスに admin@example.com を指定する

```
email    admin@example.com
```

pager
携帯アドレスを指定

構文

pager <携帯アドレス>

省略時 エラー（emailまたはpagerどちらか必須）（Nagios 2）、定義しない（Nagios 3）

解説

この通知先へ通知を送信する携帯アドレスを指定します。上記のemailでも携帯アドレスは指定できますが、メールサイズの制限などがあるため携帯アドレス用の通知コマンドと、通常メール用の通知コマンドと分けて設定することが想定されています。

なおこの設定は$CONTACTPAGER$マクロに格納され、通知コマンドを定義する際にこのマクロを利用できます。

例 携帯アドレスに adminpager@example.com を指定する

```
pager    adminpager@example.com
```

address<N>
追加の連絡先番号／アドレスを定義

構文

address<N> <連絡先文字列>（<N>の個所には1からの数字が入る）

省略時 定義しない

解説

この通知先へ通知を送信するメールアドレスを指定します。Nagios 2から実装され、pager、email以外でもアドレスを定義したい場合に使用します。address<N>

の<N>には任意の数字が入ります。また、この定義の値はマクロ $ADDRESS<N>$
(<N>は定義に対応する数字)に入り、自作スクリプトなどの通知コマンドで利用
可能です。

例1 address1にadmin@example.comを指定する

```
address1   admin@example.com
```

例2 address2に電話番号を指定する

```
address2   06-4391-xxxx
```

can_submit_commands
Webインタフェースからのコマンド実行の許可／不許可を設定

構文

```
can_submit_commands <0|1>
```

省略時 1

値

0	Webインタフェースのコマンド実行を不許可
1	Webインタフェースのコマンド実行を許可

解説

この通知先名でWebインタフェースにログインしている場合に、Webインタフェースからのコマンド実行を許可するかどうか指定します。

例 この通知先にコマンド実行を許可する

```
can_submit_commands   1
```

retain_status_information
監視状態の自動保存を行う／行わないを指定

構文

```
retain_status_information <0|1>
```

省略時 1

値

0	有効
1	無効

解説

この通知先の状態を保存するかどうかを設定します。

有効にするとNagiosを再起動した際にこの通知先に関する状態が保存されます。無効にするとNagios再起動時に状態がクリアされます。

この設定はメイン設定ファイルのretain_state_information（**126ページ**参照）が有効でないと意味がありません。

例　この通知先の状態を保存する

```
retain_status_information  1
```

retain_nonstatus_information
設定情報を保存する／しないを指定

構文

```
retain_nonstatus_information <0|1>
```

省略時 1

値

値	
0	無効
1	有効

解説

この通知先の状態以外の情報を保存するかどうかを設定します。この設定を有効にすると、Nagiosを再起動後したあとでも再起動前の情報が保持されます。

メイン設定ファイルと通知先の定義のretain_state_information（**126ページ**参照）が1でないとこの設定は意味がありません。

例　この通知先の状態以外の情報を保存する

```
retain_nonstatus_information  1
```

通知先設定例

ホスト定義とサービス定義のcontactsに設定した「admin」という通知先の定義例を示します。Webインタフェースへのログインを行うには、図のようにしてBASIC認証にも通知先adminを追加する必要があります。

第5章 オブジェクト設定ファイル

例 通知先「admin」定義例

```
define contact{
    contact_name                    admin              ←通知先名
    alias                           Server Administrator  ←別名
    host_notifications_enabled      1                  ←ホスト通知を有効
    service_notifications_enabled   1                  ←サービス通知を有効
    service_notification_period     24x7               ←サービスの通知時間帯は24時間365日
    host_notification_period        24x7               ←ホストの通知時間帯は24時間365日
    service_notification_options    w,u,c,r            ←サービスの通知はWARNING、UNKNOWN、CRITICAL、復旧状態時
    host_notification_options       d,u,r              ←ホストに関する通知はDOWN、UNREACHABLE、復旧状態時
    service_notification_commands   notify-by-email    ←サービス通知用コマンドはメール通知
    host_notification_commands      host-notify-by-email ←ホスト通知用コマンドはメール通知
    email                           admin@example.com  ←通知用PCメールアドレス
    pager                           k-tai@example.com  ←通知用携帯メールアドレス
    can_submit_commands             1                  ←Webインタフェースからのコマンド実行を許可
}
```

BASIC認証のユーザに「admin」を追加
```
# htpasswd /usr/local/nagios/etc/htpasswd.users admin
```

Column: Windowsの監視

Windowsの監視には、標準プラグインでcheck_nt（98ページ）があります。これはもともとはNSClientというエージェントをWindowsに導入し利用しますが、NSClientは決まった項目だけしか監視できないので、いくつかWindowsでも使えるNagiosのアドオンが出ています。筆者が使用経験のあるものを紹介します。

● NRPE_NT（https://www.monitoringexchange.org/）

その名のとおりWindows用のNRPEサーバです。NRPEなので別途監視プラグインが必要で、「Basic NRPE_NT Plugins」という名称で配布されています。

● NSClient++（https://www.monitoringexchange.org/）

NSClientの機能に加えてNRPEやNSCAクライアントの機能、さらにWMIを使用した監視、イベントログの監視、さらにはLua言語によるスクリプト実行機能など、さまざまな機能を備えたオールマイティなエージェントです。

● NSCA Win32Client（https://www.monitoringexchange.org/）

NSCAクライアントのWindows版です。NSCA 2.4がベースとなっています。

● Log Parser
（http://technet.microsoft.com/ja-jp/scriptcenter/dd919274）

Windows上のアプリケーションのログは、NagiosホストやそのほかのUNIX、LinuxのSyslogサーバへ転送したほうが監視や処理が行いやすいことが多々あります。その場合、このMicrosoftが無償で提供しているLog Parserで実現できます。

通知先グループ定義
define contactgroup{}

通知先グループは複数の通知先をまとめるもので、ホストやサービスの通知先にそのグループを指定することで複数の通知先を一度に定義できるようになります。通知先グループの定義1つずつ次の書式で定義します。

通知先グループの書式
```
define contactgroup{
    ホストグループに関する各ディレクティブ
}
```

contactgroup_name
通知先グループ名を定義　　必須項目(2のみ) 2 3

構文

contactgroup_name <通知先グループ名>

省略時 エラー（Nagios 2）、通知先グループを定義しない（Nagios 3）

解説

この通知先グループの名前を設定します。記述ルールはホストグループ定義のhostgroup_name（**234ページ**参照）と同じです。

例　　この通知先グループ名をadminsに設定する
```
contactgroup_name    admins
```

alias
連絡先グループの別名を定義　　必須項目(2のみ) 2 3

構文

alias <通知先グループの別名>

省略時 エラー（Nagios 2）、contactgroup_nameの値（Nagios 3）

解説

この通知先グループ名の別名を指定します。記述ルールはホスト定義のalias（**210ページ**参照）と同じです。

第5章 オブジェクト設定ファイル

例 この通知先グループ名の別名をNagios Administratorsに設定する
```
alias   Nagios Administrators
```

members
通知先を定義
必須項目(2のみ) **2 3**

構文
```
members <通知先名>[,<通知先名>,<…>]
```
省略時 エラー（Nagios 2）、
定義しない（contactgroup_membersとどちらか一方必須）（Nagios 3）

解説
　この通知先グループに所属させる通知先を定義します。連絡先には、通知先定義のcontact_name（**264ページ**参照）で設定した値を記述します。
　ここで通知先名を指定しなくても、通知先定義のcontactgroups（**265ページ**参照）で通知先グループ名を指定すればグループに所属できます。この設定は複数指定可能です。

例 この通知先グループにadmin,sato通知先を所属させる
```
members   admin,sato
```

contactgroup_members
通知先グループに所属する通知先グループを定義
3

構文
```
contactgroup_members <通知先グループ名>[,<通知先グループ名>,<…>]
```
省略時 定義しない（membersとどちらか一方必須）（Nagios 3）

解説
　この通知先グループに所属する通知先グループ名を指定します。指定した通知先グループに所属する通知先すべてがこの通知先グループに所属します。この設定は複数指定可能です。また、自身を含めることができます。

例 通知先グループadminsとmanagersを連絡先に含める
```
contactgroup_members   admins,managers
```

通知先グループ設定例

例　通知先グループ定義例

```
define contactgroup{
    contactgroup_name   nagiosadmins       ←通知先グループ名
    alias               Nagios Administrators   ←別名
    members             admin,sato         ←通知先
}
```

通知先adminとsatoが所属するnagiosadmins通知先グループを定義します。

監視対象ホストでのリソース情報収集　Column

　Linuxサーバの場合、check_loadプラグイン（**80ページ**参照）を使用してロードアベレージを見ることで負荷を監視できます。ロードアベレージとは処理待ちのプロセスの数を表しています。多くの場合はNagiosからこのプラグインを使うことでロードアベレージをチェックできます。

　しかし、特定のプロセスに起因し急激にロードアベレージが上昇する場合、NRPEによるリソース監視では既定時間内に監視結果を取得できずタイムアウトを起こし、原因特定が困難になる可能性があります。

　一方、監視の設計段階でサーバのリソース情報取得に重点を置き、多くのリソース系の監視を1ホストに登録すると、Nagiosによる過剰な情報の取得操作が発生し、監視プロセスそのものがボトルネックとなってしまう可能性があります。

　これらへの対策として、他のツールを利用した監視対象ホスト内でのリソース収集も合わせて行うとよいでしょう。

　たとえば古典的なツールですがsysstat(sar)による情報の蓄積があります。デフォルトではsarコマンドでの情報収集は10分間隔になっていますが、cron.d以下の設定ファイルを変更することで任意の間隔に修正可能です。またNRPEのプラグインを使用するよりも詳しい情報が蓄積されますので、Nagiosで検出した障害の大まかな障害原因切り分けのツールとしても非常に有効です。

時間帯定義　define timeperiod{}

監視の時間帯を定義します。時間帯は通知を行う時間、プラグインを実行して監視を行う時間、エスカレーションを行う時間など、機能が働く時間を指定する定義です。時間帯の定義は1つの時間帯定義ずつ、次の書式で定義します。

時間帯定義
```
define timeperiod{
    時間帯に関する各ディレクティブ
}
```

timeperiod_name
時間帯名を定義　必須項目 2 3

構文
timeperiod_name <定義する名前>
省略時 エラー

解説
定義する時間帯を識別する名前を指定します。重複できません。ここで指定した名前を各オブジェクト定義の時間帯名を指定する項目で記述します。メイン設定ファイルのillegal_object_name_chars（181ページ参照）で指定した禁止文字は利用できません。

例　この時間帯定義の名称を24x7という名前で設定する
```
timeperiod_name    24x7
```

alias
時間帯名の別名を定義　必須項目 2 3

構文
alias <定義するalias名>
省略時 エラー

解説
この時間帯定義の別名を指定します。記述ルールはホスト定義のalias（210ページ参照）と同じです。

> **例** この時間帯定義の別名に「All Time」を指定する
> alias All Time

<日付範囲> <時間帯>
時間帯に含まれる曜日ごとの時間帯を定義

構文

<日付範囲> <開始時間>:<終了時間>
省略時 毎日24時間が時間外になる

値（日付範囲）

設定値	例	意味
曜日名	sunday	毎日曜日
yyyy-mm-dd	2010-01-01	2010年1月1日
曜日名 整数	sunday 3	毎月第3日曜日
曜日名 負数	sunday -2	毎月最終から数えて2番目の日曜日
day 整数	day 2	毎月2日
day 負数	day -1	毎月最終日から1日目
月名 整数	november 2	毎年11月2日
月名 負数	november -2	毎年11月の最終日から2日目
曜日 数値 月名	monday -1 november	毎年11月の最終月曜日
-（ハイフン）	day 1 - 15	毎月1から15日
/（スラッシュ）	2010-10-01 / 2	2010年10月1日から2日ごと

値（時間）

設定値	例	意味
HH:MM	00:00	0時0分
-（ハイフン）	00:00 - 01:00	0時から1時まで
,（カンマ）	00:00 - 01:00,03:00 - 04:00	0時から1時までと3時から4時まで

解説

<日付範囲>とそれに対応する<時間帯>を定義します。日付範囲はさまざまな書式で記述可能です。

日付範囲と時間帯のセットは1セットにつき1行で、複数行記述できます。また、「0〜1時、3〜5時」など時間帯が飛び飛びになる場合は,区切りで指定します。

例1　毎週月曜日と火曜日の09:00から18:00

```
monday    09:00-18:00
tuesday   09:00-18:00
```

例2　毎週月曜日の1:00～2:00と13:00～14:00

```
monday    1:00-2:00,13:00-14:00
```

exclude
除外する時間帯名を定義

構文
exclude <時間帯名>
省略時　除外しない

解説
　この時間帯定義の時間帯範囲に含めない（除外する）時間帯を timeperiod_name（**277**ページ参照）で指定します。祝日を集めた時間帯（company-holiday）を定義し、24時間367日の時間帯にexcludeすることで祝日のみ除外という設定が行えます。

例　company-holiday時間帯を除外する

```
exclude   company-holiday
```

時間帯設定例

例　時間帯officehour定義

```
define timeperiod {
  timeperiod_name    officehour
  alias              Work hour for main office
  monday             10:00-19:00
  tuesday            10:00-19:00
  wednesday          10:00-19:00
  thursday           10:00-19:00
  friday             10:00-19:00
}
```

月曜日から金曜日までの10～19時を表すofficehourという時間帯を定義しています。

コマンド定義　define command{}

監視／通知／イベントハンドラで使用するコマンドを指定します。同じプラグインを使用する場合でも、コマンド名を変えてオプション、引数を定義することによりさまざまなチェックコマンドを指定できます。

コマンドの定義は1定義ずつ次の書式で行います。

時間帯定義
```
define command {
    コマンドに関するディレクティブ
}
```

command_name
コマンド名を定義　　　　　　　　　　　　　必須項目(2のみ) ❷❸

構文

command_name <コマンドの名前>

省略時 エラー（Nagios 2）、コマンドを定義しない（Nagios 3）

解説

定義するコマンドの名を定義します。重複できません。ここで指定した名前を各オブジェクト定義のコマンド名を指定する項目で記述します。メイン設定ファイルのillegal_object_name_chars（**181ページ**参照）で指定した禁止文字は利用できません。

例　**コマンド名にcheck_clamavを指定する**
```
command_name    check_clamav
```

command_line
このチェックコマンド用のOSのコマンドラインを定義　　　必須項目 ❷❸

構文

command_line <コマンドまでの絶対パス、およびコマンドオプション>

省略時 エラー

解説

コマンドまでの絶対パスは、インストール時のサンプル設定のリソース設定フ

ァイルの $USER1$ マクロを利用できます。また、コマンドの引数には **Appendix B** で解説しているマクロを使用できます。

注意したいのは、コマンド引数に ; を含められない点です。; 以降の文字列はコメントとして扱われてしまいます。

また、$ARG<N>$(<N> は数字)に引数を与える場合は、各オブジェクト定義のコマンド名を指定する項目で!で区切って指定できます。

例1　check_httpプラグインを使用した設定例

```
command_line    $USER1$/check_http -I $HOSTADDRESS$ -p $ARG1$
```

例2　check_ntpプラグインをフルパス指定した例

```
command_line    /usr/local/nagios/libexec/check_ntp -H ntp.example.com -w $ARG1$ -c $ARG2$
```

コマンド設定例

例　check_ntp定義例

check_ntpコマンド定義例
```
define command{
  command_name    check_ntp
  command_line    $USER1$/check_ntp -H ntp.example.com -w $ARG1$ -c $ARG2$
}
```

check_ntpプラグインを利用した例で、WARNINGとCRITICALの閾値を $ARG1$ と $ARG2$ のマクロを利用しています。

check_ntpサービス定義例
```
define service{
  use                    generic-service
  host_name              web01
  service_description    NTP
  check_command          check_ntp!1!2
}
```

コマンドをサービス定義で利用した例は下記のとおりです。check_commandのコマンド名のあとに!で区切ることで $ARG1$、$ARG2$ をサービス定義側で指定しています。

ホスト依存定義
define hostdependency{}

ホストの依存定義は、影響を受けるホストと、そのホストに影響を与えるホストを定義し、影響を与えるホストの状態変化によってアクティブチェックや通知を行わない設定を行います。この定義は必須ではなく、やや高度な使い方となります。

ホストの依存定義は1定義ずつ次の書式で記述します。

ホスト依存定義の書式
```
define hostdependency{
    ホストの依存性に関する各ディレクティブ
}
```

dependent_host_name
影響を受ける側のホストを指定　❷❸

構文
```
dependent_host_name <ホスト名>[,<ホスト名>,<…>]
```
省略時 定義しない（dependent_hostgroup_nameとどちらか一方必須）

解説
影響を受けるホストのホスト名を記述します。複数のホストを記述することもできます。

例　影響を受けるホストをweb1と定義する
```
dependent_host_name    web1
```

dependent_hostgroup_name
影響を受ける側のホストをホストグループ単位で指定　❷❸

構文
```
dependent_hostgroup_name <ホストグループ名>[,<ホストグループ名>,<…>]
```
省略時 定義しない（dependent_host_nameとどちらか一方必須）

解説
影響を受ける側のホストをホストグループ単位で指定する場合に使用します。

第5章 オブジェクト設定ファイル

複数のホストグループを記述することもできます。

> **例** 影響を受けるホストを
> websvホストグループに属しているすべてのホストとして定義する
>
> dependent_hostgroup_name websv

host_name
影響を与える側のホスト名を指定　　2 3

構文

host_name <ホスト名>[,<ホスト名>,<…>]

省略時 定義しない（host_name、hostgroup_nameどちらか一方必須）

解説

dependent_host_name（**282**ページ参照）で指定したホストに影響を与えるホストを指定します。複数指定することもできます。

> **例** 影響を与えるホストをapsv1とする
>
> host_name apsv1

hostgroup_name
影響を与える側のホストをホストグループ単位で指定　　2 3

構文

hostgroup_name <ホストグループ名>[,<ホストグループ名>,<…>]

省略時 定義しない（host_name、hostgroup_nameどちらか一方必須）

解説

dependent_host_nameで指定したホストに影響を与えるホストをホストグループ単位で指定したい場合に指定します。複数指定することもできます。

> **例** 影響を与えるホストをapsvsホストグループに属している
> ホストすべてとする
>
> hostgroup_name apsvs

inherits_parent
親設定からの設定を継承する／しないを指定 2 3

構文

inherits_parent <0|1>

省略時 0

値

0	無効
1	有効

解説

host_name（**283ページ**参照）で指定した影響を与えるホストにも依存設定がされている場合にその設定を継承するかどうかを指定します。有効にすると、影響を与えるホストに依存設定がある場合は、その設定を引き継ぎます。

例 影響を与える側のホストの依存設定を引き継ぐ

inherits_parent 1

execution_failure_criteria
影響を受ける側のホストがアクティブチェックされない場合の条件を指定 2 3

構文

execution_failure_criteria <値>[,<値>,<…>]

省略時 n

値

o	UP
d	DOWN
u	UNREACHABLE
p	PENDING
n	影響を受けない

解説

影響を与えるホストの状態がここで設定した値のとき、dependent_host_nameで指定した影響を受けるホストのアクティブチェックを行いません。

影響を与えるホストがDOWN,UNREACHABLEの場合、影響を受けるのホストも異常が発生することが自明である場合この値をd,uに設定し、影響を与えるホ

ストがDOWN、UNREACHABLEの場合は影響を受けるホストのチェックは行わないように設定できます。

複数指定する場合は,区切りで指定します。

例 影響を与える側のホストが、DOWN、UNREACHABLEの場合はアクティブチェックを行わない

```
execution_failure_criteria  d,u
```

notification_failure_criteria
影響を受ける側のホストの通知を行わない場合の条件を指定

構文

```
notification_failure_criteria <値>[,<値>,<…>]
```
省略時 n

値

o	UP
d	DOWN
u	UNREACHABLE
p	PENDING
n	影響を受けない

解説

影響を与える側のホストの状態がここで設定した値のとき、dependent_host_nameで指定した影響を受ける側のホストの状態が変化しても通知を行いません。影響を与える側のホストがダウン時には、影響を受ける側ホストが以上であることは自明で、通知を行う意味がない場合に利用できます。

複数指定する場合は,区切りで指定します。

例 影響を与える側のホストが、DOWN、UNREACHABLEの場合通知を行わない

```
execution_failure_criteria  d,u
```

dependency_period
この依存が有効な時間帯を定義

構文

```
dependency_period <時間帯名>
```
省略時 全時間帯

解説

この依存定義が有効な時間帯を指定します。指定する値は時間帯定義の timeperiod_name（**277ページ**参照）です。省略した場合は常時（24時間365日）有効として動作します。

例 時間帯workhoursの時間帯でのみこの依存定義を有効とする

```
dependency_period   workhours
```

ホスト依存設定例

例 ホスト依存定義例

```
define hostdependency{
    dependent_host_name             ap1
    host_name                       web1
    execution_failure_criteria      n
    notification_failure_criteria   d,u
}
```

Webサーバweb1とアプリケーションサーバap1が連動しており、web1はap1のフロントエンドとして稼働している場合、web1がダウンするとap1は機能しないため、

上記の例ではnotification_failure_criteriaがd,uであるので、web1の状態が、DOWN、UNREACHABLE状態である場合、ap1の状態に変化が生じても通知を行いません。また、execution_failure_criteriaがnに指定されているので、ap1のホストのアクティブチェックは依存定義に左右されず常に行われます。

Column

自宅でのNagios運用

筆者は自宅でもNagiosを使用しています。さすがに勤務先ほどの規模のネットワークではないため、かつてはISPに1社としか契約していませんでした。

あるとき、Nagiosではアラートがあがっていないにもかかわらず、自宅のサーバで提供しているサービスが利用できない状態となりました。プロバイダのメンテナンスにより、一時的にインターネットに接続できなくなっていたのが原因でした。なぜNagiosで障害を検知できなかったのかというと、Nagiosも監視対象のサーバもインターネットを介さずに同じネットワーク上に存在していたので、監視は影響を受けなかったのです。加えて、仮に障害を検知できたとしても、インターネットに接続できていなければメールで通知することすらできません。

この反省から、現在はNagiosを稼働させるホストと公開サーバを異なるISPに接続するとともに、Nagiosは複数拠点で稼働させ、重要なサービスは複数のNagiosから監視しています。

サービス依存定義
define servicedependency{}

　サービスの依存定義は影響を受ける側のサービスと、そのサービスに影響を与える側のサービスを定義し、影響を与える側のサービスの状態変化によってアクティブチェックや通知を行わない設定を行います。この定義は必須ではなく、やや高度な使い方となります。

　サービスの依存定義は1定義にずつ次の書式で記述します。

サービス依存定義の書式
```
define servicedependency{
    サービスの依存性に関する各ディレクティブ
}
```

dependent_host_name
影響を受ける側のサービスが所属するホストを指定　　　2 3

構文

dependent_host_name <ホスト名>[,<ホスト名>,<…>]

省略時　サービス依存を定義しない

解説

　定義するサービス依存の定義により、影響を受ける側のサービスが属しているホスト名を記述します。複数のホストを記述することも可能です。

例　この定義により影響を受けるサービスが属するホストweb1を定義する

dependent_host_name　web1

dependent_hostgroup_name
影響を受ける側のサービスが所属するホストグループを指定　　　2 3

構文

dependent_hostgroup_name <ホストグループ名>[,<ホストグループ名>,<…>]

省略時　サービス依存を定義しない

解説

影響を受ける側のサービスが属しているホストグループ名を記述します。複数のホストグループを記述することもできます。

例 **影響を受ける側のサービスが属するホストを、websvホストグループに属しているすべてのホストとして定義する**

```
dependent_hostgroup_name  websv
```

dependent_service_description
影響を受ける側のサービスのサービス名を定義　　必須項目 2 3

構文

```
dependent_service_description <サービス名>[,<サービス名>,<…>]
```
省略時 エラー

解説

影響を受けるサービス名を定義します。dependent_host_name（**287ページ**参照）、dependent_hostgroup_name（**287ページ**参照）で指定したホストに存在するサービスのservice_description（**289ページ**参照）を指定します。複数記述することもできます。

例 **影響を受ける側のサービスをVirtualHost1と定義する**

```
dependent_service_description  VirtualHost1
```

host_name
影響を与える側のサービスが属しているホストを定義　　2 3

構文

```
host_name <ホスト名>[,<ホスト名>,<…>]
```
省略時 定義しない（hostgroup_nameとどちらか一方必須）注

解説

dependent_service_description（**本ページ上部**参照）で指定したサービスに影響を与える側のサービスが属するホストを指定します。複数指定可能です。

例 **影響を与える側のサービスが属しているホストをweb1とする**

```
host_name  web1
```

注　省略すると警告メッセージがログに出力されます。実際にはこの依存定義は定義されません。

hostgroup_name
影響を与える側のサービスが属しているホストグループを定義 ❷❸

構文

hostgroup_name <ホストグループ名>[,<ホストグループ名>,<…>]

省略時 定義しない（host_nameとどちらか一方必須）注

解説

　dependent_service_description（288ページ参照）で指定したサービスに影響を与える側のサービスが属するホストをホストグループ単位で指定したい場合に指定します。複数指定可能です。

例 影響を与える側のホストを
websvホストグループに属しているホストすべてとする

hostgroup_name　websv

注　省略すると警告メッセージがログに出力されます。実際にはこの依存定義は定義されません。

service_description
影響を与えるサービスを定義 　必須項目 ❷❸

構文

service_description <ホスト名>[,<ホスト名>,<…>]

省略時 エラー注

解説

　dependent_service_description（288ページ参照）で指定したサービスに影響を与える側のサービスの service_description（239ページ参照）を指定します。ここで指定したサービスの変化が、dependent_service_description（288ページ参照）で指定したサービスに影響を与えますので、影響を与える側のサービスの設定と言えます。
　このサービスはhost_name（288ページ参照）、hostgroup_name（**本ページ上部**参照）で指定したホストに所属しているサービスを指定することになります。複数指定可能です。

例 影響を与えるサービスをMainWebSiteとする

service_description　MainWebSite

注　省略すると警告メッセージがログに出力されます。実際にはこの依存定義は定義されません。

inherits_parent
親設定からの設定を継承する/しないを指定   2 3

構文

inherits_parent <0|1>

省略時 0

値

0	無効
1	有効

解説

service_description(**289ページ**参照)で指定した、影響を与える側のサービスにも依存設定がされている場合に、その設定を継承するかどうかを指定します。有効にすると、以前設定を引き継ぎます。

例　影響を与える側のサービスの依存設定を引き継ぐ

```
inherits_parent 1
```

execution_failure_criteria
影響を受ける側のサービスのアクティブチェックを行わない条件を指定   2 3

構文

execution_failure_criteria <値>[,<値>,<…>]

省略時 n

値

o	OK
w	WARNING
u	UNKNON
c	CRITICAL
p	PENDING
n	影響を受けない

解説

影響を与える側のサービスの状態がここで設定した状態のとき、dependent_service_description(**288ページ**参照)で指定した影響を受ける側のサービスのアクティブチェックを行いません。

第5章 オブジェクト設定ファイル

影響を与える側のサービスが異常時には影響を受ける側のサービスに障害が発生しているのが自明でチェックする必要がない場合に利用できます。

複数指定する場合は,区切りで指定します。

例　影響を与える側のサービスがWARNING、CRITICALの場合はアクティブチェックを行わない

```
execution_failure_criteria  w,c
```

notification_failure_criteria
影響を受ける側のサービスの通知を行わない条件を指定

構文

```
notification_failure_criteria <値>[,<値>,<…>]
```
省略時 n

値

o	OK
w	WARNING
u	UNKNON
c	CRITICAL
p	PENDING
n	影響を受けない

解説

影響を与える側のサービスの状態がここで設定した状態のとき、dependent_service_descriptionで指定した影響を受ける側のサービスの状態が変化しても通知を行いません。

影響を与える側のサービスが異常時、影響を受ける側のサービスに障害が発生しているのが自明なとき、チェックは行い通知だけ行いたくないという場合に利用できます。

複数指定する場合は,区切りで指定します。

例　マスタサービスが、WARNING、CRITICALの場合通知を行わない

```
notification_failure_criteria  w,c
```

dependency_period
依存が有効な時間帯を定義

構文
dependency_period <時間帯名>
省略時 全時間帯

解説
　この依存定義が有効な時間帯を指定します。指定する値は時間帯定義のtimeperiod_name(**277ページ**参照)を指定します。省略した場合は常時(24時間365日)有効として動作します。

例　時間帯workhoursの時間帯でのみこの依存定義を有効とする

```
dependency_period  workhours
```

サービス依存設定例

例　サービス依存定義例

```
define servicedependency{
    dependent_host_name             web1
    dependent_service_description   VirtualHost1
    host_name                       web1
    service_description             HTTP
    execution_failure_criteria      p
    notification_failure_criteria   w,c
}
```

　1台のWebサーバ(web1)で2つのHTTPの監視を行っており、サービス名HTTPは代表バーチャルホストで、サービス名VirtualHost1は代表バーチャルホストに依存しているという定義を作成した例です。

　上記の例ではnotification_failure_criteriaがw,cであるので、web1のHTTPの状態がWARNING、CRITICAL状態である場合に、web1のVirtualHost1の状態に変化が生じても通知を行いません。

　また、execution_failure_criteriaがpに指定されているので、HTTPの状態が未チェックである場合はVirtualHost1はアクティブチェックを行いません。

ホストエスカレーション定義
define hostescalation{}

　ホストエスカレーションはホストの通知回数が一定に達した場合に、通知先や通知間隔を別の宛先に切り替えるというエスカレーションの機能で、必要なければ省略可能な設定です。
　ホストエスカレーションの定義は1定義ずつ次の書式で定義します。

ホストエスカレーションの書式
```
define hostescalation{
    ホストエスカレーションに関する各ディレクティブ
}
```

host_name
エスカレーションするホスト名を指定

構文
```
host_name <ホスト名>[,<ホスト名>,<…>]
```
省略時 エラー（hostgroup_nameとどちらか一方必須）

解説
　この定義でエスカレーションするホスト名を指定します。複数指定可能です。

例 www.example.com用のホストエスカレーション定義を設定する
```
host_name    www.example.com
```

hostgroup_name
エスカレーションするホストグループ名を指定

構文
```
hostgroup_name <ホストグループ名>[,<ホストグループ名>,<…>]
```
省略時 エラー（host_nameとどちらか一方必須）

解説
　エスカレーションするホストグループ名を指定します。指定したホストグループに属するすべてのホストがこのエスカレーション定義の対象になります。複数指定可能です。

> **例** この定義のホストを
> example.com_hosts グループに所属するホストすべてとする

```
hostgroup_name  example.com_hosts
```

contacts
対象通知先を指定　　　　　　　　　　　　　　　　　　　　　3

構文
```
contacts <通知先名>[,<通知先名>,<…>]
```
省略時 ホストに定義されたcontact_nameの値

解説
　このエスカレーション定義でホストのダウンや復旧を通知する通知先を指定します。,で区切ることで、複数の通知先を指定できます。

> **例** 通知先 sato と manager へ通知する

```
contacts  sato,manager
```

contact_groups
対象通知先グループを指定　　　　　　　必須項目(2のみ)　2　3

構文
```
contact_groups <通知先グループ名>[,<通知先グループ名>,<…>]
```
省略時 エラー(Nagios 2)、ホストに定義されたcontact_groupsの値(Nagios 3)

解説
　このエスカレーション定義でホストのダウンや復旧を通知する通知先を通知先グループで指定します。,で区切ることで、複数の通知先を指定できます。

> **例** 通知先グループを admins グループに通知する

```
contact_groups  admins
```

first_notification
通知先を切り替える初回通知番号を指定　　　　　　　　　2　3

構文
```
first_notification <数値（番号）>
```
省略時 設定しない

294

解説

このエスカレーション定義に定義された通知先、通知先グループへ通知が行われ始める通知番号を指定します。

通知番号は、ホストがUP（正常）以外の状態になりホスト定義のnotification_interval（**224**ページ参照）の間隔に従って通知が行われるごとに1カウントアップされる数字です。この値を4と設定した場合、このホストエスカレーション定義で定義したホストがUP（正常）以外の状態になったとき、4回目の通知からこのホストエスカレーション定義で指定した通知先に通知が送られます

省略するとこのエスカレーションは機能しません。

例　このホストエスカレーション定義に定義した通知先には4回目の通知から行う

```
first_notification  4
```

last_notification
通知先を切り替える最終通知番号を指定　　　❷❸

構文

```
last_notification <数値（番号）>
```
省略時 設定しない

解説

このエスカレーション定義に定義された通知先、通知先グループへ通知を行う最後の通知番号を指定します。

この値を10と設定した場合、このホストエスカレーション定義で定義したホストがUP（正常）以外の状態になったとき、10回目の通知までは指定した通知先に通知が送られますが、11回目以降は送られなくなります。

この値が0の場合は状態が変化するまで通知が行われ続けます。

省略するとこのエスカレーションは機能しません。

例　このホストエスカレーション定義に定義した通知先には10回目の通知まで行う

```
last_notification  10
```

notification_interval
対象通知先への通知間隔を指定

構文

```
notification_interval <数値（タイムユニット）>
```
省略時 1

解説

このエスカレーションが働いている間の通知間隔をタイムユニットで指定します。0の場合は1回通知を行った後再通知しません。

例 このホストエスカレーション時の通知間隔を120タイムユニットにする

```
notification_interval  120
```

escalation_period
通知時間帯を指定

構文

```
escalation_period <時間帯名>
```
省略時 全時間帯

解説

このエスカレーション定義が働く時間帯を時間帯定義のtimeperiod_name（**277ページ参照**）で指定します。指定がない場合は、すべての時間でエスカレーションが有効になります。

例 このエスカレーションの有効時間をworkhours時間帯に指定する

```
escalation_period  workhours
```

escalation_options
エスカレーションを有効にする状態を指定

構文

```
escalation_options <値>[,<値>,<…>]
```
省略時 d,u,r

値	
d	DOWN時
u	UNREACHABLE時
r	復旧時

解説

このエスカレーション定義に設定したホストの状態がどの状態の場合にエスカレーションするかを指定します。オプションは1つまたは複数指定でき、複数指定する場合は,区切りで指定します。

例　状態がDOWNと復旧時にエスカレーションする

```
escalation_options   d,r
```

ホストエスカレーション設定例

例　ホストエスカレーション定義例

```
define hostescalation{
    host_name               www.example.com
    first_notification      3
    last_notification       6
    notification_interval   60
    contact_groups          admins
}
```

ホスト、www.example.comのホストエスカレーション定義を設定します。ホストの定義はすでに行われているとし、ホストの通知先(contacts)をsato、通知間隔を120タイムユニットとします。

上記の例ではfirst_notificationが3なので、2回目の通知まではサービス定義に定義された通知先(sato)に通知が行われますが、3回目の通知から6回目までは、satoに加え、admins通知先グループの通知先にも通知が送られます。また、通知間隔が60タイムユニットに変更されます。

last_notificationが6なので、7回目からは通知先はサービス定義の通知先satoのみになり、通知間隔も120タイムユニットに戻ります。

サービスエスカレーション定義 define serviceescalation{}

サービスエスカレーションとは、サービスの通知が一定回数に達したら通知を行う宛先を別の通知先に変更したり、通知先の追加、通知間隔を変更する機能です。必要なければ省略可能です。

サービスエスカレーションの定義は1定義ずつ次の書式で定義します。

サービスエスカレーションの書式
```
define serviceescalation{
    サービスエスカレーションに関する各ディレクティブ
}
```

host_name
エスカレーションするサービスが属するホスト名を指定　　2 3

構文
```
host_name <ホスト名>[,<ホスト名>,<…>]
```
省略時　定義しない（hostgroup_nameとどちらか一方必須）

解説

この定義でエスカレーションするサービスが属するホスト名を指定します。複数指定可能です。

例　この定義のサービスが属するホストを www.example.com と設定する
```
host_name    www.example.com
```

hostgroup_name
エスカレーションするサービスが属するホストグループ名を指定　　2 3

構文
```
hostgroup_name <ホストグループ名>[,<ホストグループ名>,<…>]
```
省略時　定義しない（host_nameとhostgroup_nameどちらか一方必須）

解説

この定義でエスカレーションするサービスが属するホストグループ名を指定します。hostgroup_name は host_name(**本ページ上部**参照)の代わりに使用するため、

hostgroup_nameを使用する場合はhost_nameの定義は不要です。また、複数指定可能です。

> **例** この定義のサービスが属するホストをexample.com_hostsグループに所属するホストすべてとする
>
> hostgroup_name   example.com_hosts

service_description
エスカレーションするサービスを指定

> **構文**
> service_description <サービス名>[,<サービス名>,<…>]
> **省略時** 定義しない

> **解説**
> この定義でエスカレーションするサービスの名称を記載します。指定する値はサービス定義のservice_description（**239ページ**参照）で指定した値を指定します。この設定は複数指定可能です。

> **例** この定義のエスカレーションするサービスをHTTPとする
>
> service_description   HTTP

contacts
対象通知先を指定

> **構文**
> contacts <通知先名>[,<通知先名>,<…>]
> **省略時** サービスに定義されたcontactsの値

> **解説**
> このエスカレーション定義でサービスの障害や復旧を通知する通知先を指定します。複数の通知先を指定できます。contact_groups（**300ページ**参照）を使うまでもない少数の通知先に通知する場合に使います。

> **例** 通知先satoとmanagerへ通知する
>
> contacts   sato,manager

contact_groups
対象通知先グループを指定 　　　　　　　　　必須項目(2のみ) ❷ ❸

構文

contact_groups <連絡先グループ名>[,<通知先グループ名>,<…>]
省略時 エラー（Nagios 2）、
　　　サービスに定義されたcontact_groupsの値（Nagios 3）

解説

　このエスカレーション定義でサービスの障害や復旧を通知する通知先グループを指定します。,で区切ることで、複数の通知先グループを指定できます。

例　**admins通知先グループを指定する**

contact_groups   admins

first_notification
通知先を切り替える初回通知番号を指定 　　　　　　　　　❷ ❸

構文

first_notification <数値（番号）>
省略時 設定しない

解説

　このエスカレーション定義に定義された通知先、通知先グループへ通知が行われ始める通知番号を指定します。ホストエスカレーションの同定義（**294ページ**のfirst_notification参照）のサービス通知版です。

例　**このサービスエスカレーション定義に定義した通知先には4回目の通知から行う**

first_notification   4

last_notification
通知先を切り替える最終通知番号を指定 　　　　　　　　　❷ ❸

構文

last_notification <数値（番号）>
省略時 設定しない

第5章　オブジェクト設定ファイル

解説

このエスカレーション定義に定義された通知先、通知先グループへ通知を行う最後の通知番号を指定します。ホストエスカレーションの同定義（295ページのlast_notification参照）のサービス通知版です。

例 このサービスエスカレーション定義に定義した通知先には
10回目の通知まで行う

```
last_notification  10
```

notification_interval
対象通知先への通知間隔を指定

構文

```
notification_interval <数値（タイムユニット）>
```
省略時 1

解説

first_notification（300ページ参照）とlast_notification（300ページ参照）の値の間（このエスカレーションが働いている間）の通知間隔をタイムユニットで指定します。0の場合は1回通知を行った後再通知しません。

例 このサービスエスカレーション時の通知間隔を
120タイムユニットにする

```
notification_interval  120
```

escalation_period
通知時間帯を指定

構文

```
escalation_period <時間帯名>
```
省略時 毎日24時間

解説

このエスカレーション定義が働く時間帯を指定します。ここで指定する値は、時間帯定義のtimeperiod_name（277ページ参照）です。escalation_periodの指定がない場合は、常にエスカレーションが有効になります。

例 このエスカレーションの有効時間をworkhours時間帯に指定する

```
escalation_period  workhours
```

escalation_options
エスカレーションを有効にする状態を指定

構文
escalation_options <値>[,<値>,<…>]

省略時 w,u,c,r

値

w	WARNING時
u	UNKNOWN時
c	CRITICAL時
r	復旧時

解説
このエスカレーション定義が動くサービスの状態を指定します。wに設定するとこのエスカレーション定義で指定したサービスの状態がWARNING時のみこのエスカレーションが働きます。複数指定する場合は , 区切りで指定します。

例　状態がCRITICALと復旧時にエスカレーションする
```
escalation_options c,r
```

サービスエスカレーション設定例

例　サービスエスカレーション定義例
```
define serviceescalation{
  host_name            www.example.com
  service_description  HTTP
  first_notification   3
  last_notification    6
  notification_interval 30
  contact_groups       admins
}
```

ホストwww.example.comのHTTPサービスに対するサービスエスカレーションを定義します。サービス定義はすでにされていることとし、サービス定義上の通知先(contacts)をsato、通知間隔を120タイムユニットとします。

サービスのエスカレーションの動作もホストのエスカレーションと同じです。

拡張ホスト情報定義
define hostextinfo{}

　拡張ホスト情報定義項目は、Webインタフェースのホスト名をクリックした先の「Host Information」や「Map」画面で利用される情報で、監視の動作に影響はない追加情報を設定します。Nagios 3ではこれらの項目は、すべてホスト定義に定義できるようになりました。ホスト定義にこれらの定義が付与されている場合はホストの定義の設定が優先されます。

　拡張ホスト情報定義は1定義ずつ次の書式で定義します。なお、ここではホスト定義で定義できるディレクティブについては解説と例を省略します。

拡張ホスト情報定義
```
define hostextinfo{
    拡張ホスト情報定義の各ディレクティブ
}
```

host_name
この追加情報を適用するホスト名を指定　　　必須項目(2のみ) 2 3

構文
host_name <ホスト名>[,<ホスト名>,<…>]
省略時 エラー（Nagios 2）、定義しない（Nagios 3）

解説
　この拡張ホスト情報定義を適用するホストを指定します。複数指定可能です。

例　この拡張ホスト情報定義をlocalhostホストに設定する
host_name   localhost

notes
メモなど追加情報を設定　　　2 3

構文
notes <文字列>
省略時 定義しない

解説

ホスト定義のnotes（**227ページ**参照）と同様です。

notes_url
メモなどの追加情報記載先のURLを指定

構文

```
notes_url    <URL>
```
省略時 定義しない

解説

ホスト定義のnotes_url（**228ページ**参照）と同様です。

action_url
追加情報記載先のURLを指定

構文

```
action_url   <URL>
```
省略時 定義しない

解説

ホスト定義のaction_url（**229ページ**参照）と同様です。

icon_image
アイコン用イメージファイルを指定

構文

```
icon_image   <画像ファイル名>
```
省略時 定義しない

解説

ホスト定義のicon_image（**229ページ**参照）と同様です。

icon_image_alt
アイコン用イメージファイルのalt属性を指定

構文

icon_image_alt　<文字列>

省略時 定義しない

解説

ホスト定義のicon_image_alt（**230ページ**参照）と同様です。

statusmap_image
ステータスマップ用イメージファイルを指定

構文

statusmap_image　<画像ファイル名>

省略時 定義しない

解説

ホスト定義のstatusmap_image（**230ページ**参照）と同様です。

2d_coords
ステータスマップ用座標を指定

構文

2d_coords　<x座標>,<y座標>

省略時 定義しない

解説

ホスト定義の2d_coords（**231ページ**参照）と同様です。

3d_coords
3-D Status Map用座標を指定

構文

3d_coords　<x.x座標>,<y.y座標>,<z.z座標>

省略時 0.0,0.0,0.0

解説

ホスト定義の3d_coords（**232ページ**参照）と同様です。

拡張ホスト情報設定例

例　拡張ホスト情報定義例

```
define hostextinfo{
    host_name           *,!nagios
    notes               This is the test server
    notes_url           http://www.example.com
    action_url          http://192.0.2.30/nagios/
    icon_image          nagios.png
    icon_image_alt      Nagios3.2.3
    statusmap_image     nagios.gd2
    2d_coords           100,250
    3d_coords           100.0,50.0,75.0
}
```

　host_nameに*,!nagiosとワイルドカード文字列で指定していますので、この定義はnagiosという名前のホスト以外のすべてのホストに設定されます。

拡張サービス情報定義
define serviceextinfo{}

　拡張サービス情報定義項目はWebインタフェースのサービス名をクリックした先の「Service Information」画面で利用される情報で、監視の動作に影響しない追加情報を設定します。

　拡張ホスト情報定義項目と同様に、これらの情報はNagios 3でサービス定義に定義できるようになりました。サービス定義に設定がある場合はサービス定義の情報が優先されます。

　拡張サービス情報定義は1定義ずつ次の書式で定義します。なお、ここではサービス定義で定義できるディレクティブについては解説と例を省略します。

拡張サービス情報定義
```
define serviceextinfo{
    拡張ホスト情報定義の各ディレクティブ
}
```

host_name
この追加情報を適用するホスト名を指定　　　必須項目(2のみ)　2 3

構文
```
host_name <ホスト名>[,<ホスト名>,<…>]
```
省略時 エラー（Nagios 2）、定義しない（Nagios 3）

解説
　この拡張ホストサービス情報定義を適用するホストを指定します。複数指定可能です。

例　この拡張サービス情報定義をlocalhostホストに設定する
```
host_name localhost
```

service_description
この追加情報を適用するサービス名を設定　　　2 3

構文
```
service_description <サービス名>[,<サービス名>,<…>]
```
省略時 定義しない

307

解説

この拡張サービス情報定義を適用するサービスを指定します。複数指定可能です。

例 この拡張サービス情報定義をHTTPサービスに適用する

```
service_description   HTTP
```

notes
メモなど追加情報を設定 ❷❸

構文

```
notes <文字列>
```
省略時 定義しない

解説

サービス定義のnotes(**256ページ**参照)と同様です。

notes_url
メモなどの追加情報記載先のURLを指定 ❷❸

構文

```
notes_url <URL>
```
省略時 定義しない

解説

サービス定義のnotes_url(**256ページ**参照)と同様です。

action_url
追加情報記載先のURLを指定 ❷❸

構文

```
action_url  <URL>
```
省略時 定義しない

解説

サービス定義のaction_url(**257ページ**参照)と同様です。

icon_image
アイコン用イメージファイルを指定

構文
icon_image <画像ファイル名>
省略時 定義しない

解説
サービス定義のicon_image（**257ページ**参照）と同様です。

icon_image_alt
アイコン用イメージファイルのalt属性を指定

構文
icon_image_alt <文字列>
省略時 定義しない

解説
サービス定義のicon_image_alt（**258ページ**参照）と同様です。

拡張サービス情報設定例

例　拡張サービス情報定義例

```
define serviceextinfo{
  host_name            *,!nagios
  service_description  *
  notes                Nagios logwatch test
  notes_url            http://192.0.2.30/nagios
  action_url           http://192.0.2.30/nagios/action
  icon_image           nagios.png
  icon_image_alt       Nagios3.2.3
}
```

　host_nameに*,!nagiosとワイルドカード文字列で指定し、service_descriptionで*とワイルドカード文字列が指定されているので、この定義は「nagiosという名前のホスト以外の、すべてのホストのすべてのサービス」に適用されます。

オブジェクトの継承設定

オブジェクト定義は既存の設定をテンプレートとして利用して、テンプレートから設定を継承できます。このしくみを利用すると、あらかじめ定めておいたルール(監視間隔は5分ごと、通知先はadminsなど)をテンプレート化しておくことで、オブジェクトの定義に要する時間を短縮できます。

テンプレート化するには通常のオブジェクト定義にテンプレート用のいくつかのディレクティブを追加することで行えます。なお、どのオブジェクト定義(define host{}、define service{}、define timeperiod{}など)もテンプレート化できます。

name
テンプレート名を定義

構文

name <任意の名称>

省略時 定義しない

解説

テンプレート化する際のテンプレート名を設定します。このディレクティブを設定することでテンプレートになります。ほかのオブジェクト定義から使用する場合はuse(**311ページ**参照)を記述し、ここで指定した値を入れます。

例 **このオブジェクト定義をweb-serviceという名称のテンプレートとする**

```
name   web-service
```

register
テンプレートとして登録する/しないを設定

構文

register <0|1>

省略時 1

値

値	説明
0	テンプレート専用として登録する
1	オブジェクト定義として登録する

> **解説**

定義したオブジェクト定義をテンプレート専用とするかどうかを指定します。0 にするとオブジェクト定義はテンプレート専用として登録され、オブジェクト定義としては解釈されず、監視のサービスやホストの一覧には表示されません。

逆に、1にするか省略すると監視設定としても機能します。この状態でもオブジェクト定義にuse(**本ページ下部**参照)を付与すると、ほかのオブジェクトからテンプレートとして参照することが可能となりますが、設定の構成が複雑になりますのでテンプレートとして定義するものはregister 0としてテンプレート専用にしてしまうのがお勧めです。

> **例** このオブジェクト定義をテンプレート専用にする

```
register 0
```

use
使用するテンプレート名を指定

> **構文**

use <テンプレート名>[,<テンプレート名>,<…>]
省略時 定義しない

> **解説**

オブジェクト定義で使用するテンプレートを指定します。複数のテンプレートを,区切りで指定することもできます。その場合、複数のテンプレートで同じディレクティブがある場合は,区切りのリストで先に出てきたものが優先されます。

> **例** テンプレート web-service を利用する

```
use web-service
```

オブジェクトの継承設定例

> **例1** テンプレート使用例

```
define service{
  use                 generic-service
  host_name           switch1
  service_description PING
}
```

サービス定義の必須項目のmax_check_attemptsがありませんがエラーになりません。そ

れはuseで指定したgeneric-serviceというテンプレートでmax_check_attemptsが設定されているためです。

例2 例1をテンプレート専用とした定義

```
define service{
    use                  generic-service
    host_name            switch1
    service_description  PING
    check_command        check_ping!100.0,20%!500.0,60%
    name                 generic-ping
    check_interval       10
    register             0
}
```

nameでgeneric-pingという名称のテンプレートとし、さらにregister 0としてこの定義はテンプレート専用としました。

例3 例2のgeneric-pingを使用しての監視定義

```
define service{
    use              generic-ping
    host_name        switch2
    check_interval   5
}
```

例2のテンプレートを使用してswitch2のPINGサービスを登録すると例3のようになります。switch2のPING定義で、定義内容は「テンプレートgeneric-ping」「generic-pingが使用しているテンプレートのgeneric-service」が合わさったものになります。

例3で新たに指定して重複しているディレクティブであるcheck_intervalは、テンプレートのものではなく子のものが使用されます。したがって、switch2のPING監視のcheck_intervalは5になります。

カスタムオブジェクト定義

Nagios 3から、ホスト／サービス／通知先に任意の文字列をオブジェクトとして定義できるようになりました。**Appendix B**のマクロで利用できますので、オブジェクト定義に対応手順などを埋め込んでメールで通報するといった利用ができます。

<_任意のディレクティブ名>
任意のオブジェクトディレクティブと値を設定する

構文
<_任意のディレクティブ名> <任意の文字列>

省略時 定義しない

解説
ホスト、サービス、通知先の定義内に任意のディレクティブ名と値を指定できます。任意のディレクティブは_(アンダースコア)で始まります。この値は専用のマクロに格納され利用できます。マクロについては**Appendix B**の「カスタムオブジェクトマクロ」を参照してください。

例 ホスト定義に「_RACK」というオブジェクト定義を追加する

```
define host{
   ...
   _RACK No32-A
}
```

Column

監視の目的

サーバやネットワークの監視にはさまざまな目的があります。ここでは一般的な監視の目的を紹介します。

●サービス・ネットワークの到達性

提供しているサービスやネットワークが利用可能な状態にあるか、またストレスなく利用できているかどうかをチェックする目的で監視を行います。これはNagiosを使用する主要な目的だと思います。この場合、サービスが提供不可能な状態になった場合にアラートが上がるはずですので、緊急度は高いと思われます。

●リソース監視

提供している機器のCPU、メモリ、ディスク使用量、ロードアベレージ、ネットワーク使用量などのサーバ、ネットワーク資源の状況を監視します。

この監視はデータを蓄積し、「通常時」の状態がどういう状態であるかを把握するために行われます。そして、サービス・ネットワーク異常時に通常とどのように異なっているかを比べることで、障害の原因を探るための手がかりとして利用されます。

Nagiosでもリソースの監視を行うことができ、閾値を設定してアラートを上げることもできますが、サービスやネットワークが利用できている場合は緊急度は低い思われます。また、この監視を行うことによって、あるリソースの使用状況が一定を超えると障害が起こりやすいといったパターンを発見できた場合は、障害を未然に防ぐための監視にもなりえます。

●セキュリティ監視

セキュリティの監視には2パターンあり、一つはセキュリティアップデートが存在していないかどうかを監視するものです。こちらは定期的にチェックを行い、セキュリティアップデートが提供された場合は速やかにアップデートを行います。一般にアップデートは計画的に行うほうがトラブルが少ないため、内容にもよりますがアップデートが存在したからといって即時対応を求められるわけではないでしょう。

もう一つのセキュリティ監視として不正アクセスの検出があります。こちらはNagiosでは難しいので、何らかのIDSと連動する必要があります。不正アクセスを検出した場合は速やかに対応が求められることが多いでしょう。

Appendix A
Nagiosと周辺ツールの導入

Nagios Core 3および標準プラグインの導入
NRPEの導入
NSClientの導入

Nagios Core 3および
標準プラグインの導入

　Nagios Core 3（Nagios）のインストール手順を紹介します。本書では、Nagios Coreとプラグインのバージョンは、それぞれ本書執筆時点で最新版のNagios Core 3.2.3、プラグインは1.4.15とし、ソースからのインストールします。

　OSはCentOS 5.5を前提として手順を紹介します。そのほかのOSでのインストール手順は公式のNagios Coreドキュメント「Nagios Quickstart Installation Guides」（http://nagios.sourceforge.net/docs/3_0/quickstart.html）を参照してください。

必要な環境

　Nagios Coreをソースからコンパイルするためには次のものが必要です。

- GCCなどのCコンパイラ
- ApacheなどのWebサーバ
- PHP
- GDライブラリと開発用ライブラリ

　上記のものは、CentOS 5.5では次のようにパッケージでインストール可能です。

```
# yum install httpd php gcc glibc glibc-common gd gd-devel
```

ユーザとグループの作成

　Nagiosはユーザ権限で動作しますので、専用のユーザとグループを作成します。本書ではNagios用のユーザおよびグループは共にnagios、インストール先は/usr/local/nagiosとします。

```
# groupadd nagios
# useradd -d /usr/local/nagios -g nagios -m nagios
# chmod 755 /usr/local/nagios
```

　次に、WebインタフェースからNagiosの操作を行えるようにするためApacheの稼働ユーザapacheとNagiosの稼働ユーザnagiosを共通のグループnagcmdグループに所属させます。

```
# groupadd nagcmd
# usermod -a -G nagcmd apache
# usermod -a -G nagcmd nagios
```

Nagios Core のインストール

Nagios の公式サイト(http://www.nagios.org/)の「Download」ページより「Nagios Core」の最新版を入手します。ダウンロードしたファイルを展開します。

```
$ tar zxvf nagios-3.2.3.tar.gz
```

展開したディレクトリに入り、インストール先が/usr/local/nagios でコマンドグループが nagcmd になるように configure を実行し、make all でコンパイルします。

```
$ cd nagios-3.2.3
$ ./configure --prefix=/usr/local/nagios --with-command-group=nagcmd
$ make all
```

問題なくコンパイルが通ると、最後に「Enjoy.」と表示されます。

次に、インストールを行います。インストールは、本体、起動ファイル、コマンドファイル、サンプルコンフィグとそれぞれ別のコマンドでインストールします。

```
$ su
# make install
# make install-init
# make install-commandmode
# make install-config
```

以上で Nagios Core のインストールは完了ですが、Web インタフェース用のApache の設定とプラグインがセットアップできていないのでまだ起動できません。

Web インタフェース用の設定

Nagios の Web インタフェースにアクセスするためには Apache の設定が必要です。Nagios Core に付属の httpd.conf がありますので、ソースディレクトリで次のようにコマンドを実行しインストールします。

```
# make install-webconf
```

次に、Nagios は Web インタフェースの閲覧に Basic 認証を使用していますのでnagiosadmim ユーザを作成します。

```
# htpasswd -c /usr/local/nagios/etc/htpasswd.users nagiosadmin
Password: <任意のパスワード>
```

最後に、Apache を再起動して設定を反映します。

```
# /etc/init.d/httpd restart
```

以上で Web サーバの設定は完了です。

プラグインのインストール

Nagiosでは、監視の動作部分にはプラグインが必須ですので、別途取得してインストールします。Nagios公式サイトの「Download」ページより「Nagios Plugins」の最新版を入手します。

プラグインのコンパイルは、その監視機能によって複数のパッケージやソフトウェアが必要です。必要なものについてはプラグインのソースディレクトリ内の「REQUIREMENTS」文書に記載されていますので、参照してそれぞれ導入してください。

プラグインをダウンロードしたら展開しインストールします。

```
$ tar zxvf nagios-plugins-1.4.15.tar.gz
$ cd  nagios-plugins-1.4.15
$ ./configure
$ make
$ su
# make install
```

これでプラグインのインストールも完了しました。インストール先の/usr/local/nagiosは**表1**のようなディレクトリ構成になります。

nagiosデーモンの起動

インストールが完了したらNagiosを起動します。起動するにはコンフィグファイルを書く必要がありますが、上記の手順でインストールした場合はサンプルの設定ファイルがインストールされているのですぐに起動可能です。

```
# /etc/init.d/nagios start
```

以上でNagiosとプラグインのインストールは完了です。次のURLにアクセスしてください。

```
http://<インストールしたホスト>/nagios/
```

BASIC認証画面でユーザ名をnagiosadmin、パスワードをhtpasswdで設定したパスワードを入力すればWebインタフェースが表示できます。

表1　Nagiosのディレクトリ構成

ディレクトリ名	用途
bin/	Nagiosのコアプログラム
etc/	コンフィグファイル
libexec/	プラグインモジュール
sbin/	CGIプログラム
share/	HTMLファイル
var/	ログファイル・外部コマンドファイル

NRPEの導入

リモートホストのリソース監視を行うには、リモートホストにNRPEとNagiosプラグインをインストールする必要があります。NRPEはLinuxで動くことを前提としていますが、ほかのUNIX系OSでも利用できます。

また、Nagiosホスト側にもNRPEを使った監視を行うためのプラグイン「check_nrpe」がの導入が必要です。このプラグインはNRPEに含まれています。

インストール環境（リモートホスト、Nagiosホスト）

NRPEを使用した監視でNagiosホストと監視対象との通信をSSLで暗号化したい場合には、OpenSSLのライブラリと開発用ファイルが必要です。

次のようにインストールできます。

```
# yum install openssl openssl-devel
```

ユーザとグループの作成（リモートホスト）

NRPEもNagiosと同じようにユーザ権限で動作しますので、専用のユーザとグループを作成します。本書ではNagios用のユーザはnagios、インストール先は/usr/local/nagiosとします。

```
# groupadd nagios
# useradd -d /usr/local/nagios -g nagios -m nagios
# chmod 755 /usr/local/nagios
```

Nagiosホストのほうでは Nagios インストール時に作成済みなので省略します。

NRPEのコンパイル（リモートホスト、Nagiosホスト）

Nagiosの公式サイトにある「Download」ページの「Nagios Addons」からNRPEの最新版の2.12を選び、適当なディレクトリに保存します。保存したnrpe-2.12.tar.gzを次のように展開します。

```
$ tar zxvf nrpe-2.12.tar.gz
```

展開したディレクトリに入りコンパイルします。このとき同時にcheck_nrpeもコンパイルされますので、Nagiosホストでも同じ手順でコンパイルします。

```
$ cd nrpe-2.12
$ ./configure
$ make all
```

NRPEのインストール（リモートホスト）

　NRPEのインストールは、リモートホストとNagiosホストで手順が異なります。まずリモートホストでの手順を示します。リモートホストでは先ほどコンパイルしたソースディレクトリからインストールします。

```
$ su
# make install
```

　これで、/usr/local/nagios/binディレクトリにnrpeコマンドがインストールされます。

NRPEの設定ファイル、起動スクリプトの導入（リモートホスト）

　make installでは設定ファイル（nrpe.cfg）や起動スクリプト（/etc/init.d/nrpe）は導入されませんので、手動でコピーします。

```
# cp -a sample-config/nrpe.cfg /usr/local/nagios/etc/
# chown nagios.nagios /usr/local/nagios/etc/nrpe.cfg
# cp init-script /etc/init.d/nrpe
# chmod 755 /etc/init.d/nrpe
```

　NRPEはinetd（xinetd）経由での起動とデーモンでの起動の2通りの起動方法がありますが、本書ではデーモンでの起動方法で説明します。

NRPE設定ファイルの修正（リモートホスト）

　デフォルトではNRPEはローカルホストからの接続しか許可されていませんので、最低限Nagiosホストからの接続を許可します。nrpe.cfgの「allowed_hosts」を次のように変更してください。

```
allowed_hosts=127.0.0.1,<NagiosホストのIPアドレス>
```

　たとえば、NagiosホストのIPアドレスが192.168.0.1の場合は次のようになります。

```
allowed_hosts=127.0.0.1,192.168.0.1
```

nrpeデーモンの起動（リモートホスト）

　nrpeデーモンの起動は、先ほどインストールしたinit-scriptを使用し次のように起動します。

```
# /etc/init.d/nrpe start
```

　次のようにnrpeプロセスが起動します。

Appendix A　Nagiosと周辺ツールの導入

```
# ps ax |grep nrpe
28911 ?        Ss     0:00 /usr/local/nagios/bin/nrpe -c /usr/local/nagios/
etc/nrpe.cfg -d
```

その他の設定（リモートホスト）

NRPEは5666番のポートを使用し、TCPを使ってデータのやりとりを行っているので、リモートホストの/etc/servicesのファイルに次の内容を追加します。

```
nrpe    5666/tcp
```

NRPEプラグインの導入（Nagiosホスト）

NagiosからNRPE経由での監視を行うには、NRPEプラグインのcheck_nrpeが必要です。check_nrpeはNRPEのソースに含まれており、makeまでは「NRPEのコンパイル」と同じ手順でNagiosホストでコンパイルします。そのあと、次のようにcheck_nrpeをプラグインディレクトリにコピーします。

```
# cp src/check_nrpe /usr/local/nagios/libexec/
```

次のコマンドでNagiosホストからリモートホストに接続すると、NRPEのバージョンが応答し、接続ができたことが確認できます。

```
$ /usr/local/nagios/libexec/check_nrpe -H <リモートホスト>
NRPE v2.12
```

以上でNRPEの導入は完了です。

NSClientの導入

Windows系OS用の監視プラグインcheck_nt(**98ページ**参照)を利用するためには、Windows OS側にNSClientというツールを導入する必要があります。

NSClientは「NSClient Official site」(http://nsclient.ready2run.nl/)で配布されており、本書執筆時点では2.01が最新です[注1]。

ダウンロード

NSClientは公式サイトの「Download」ページより、最新版をダウンロードし任意のフォルダに展開します。展開したフォルダには、各Windowsのバージョンごとにフォルダ分けされています。ここではWindows 2000以降のOSであるとして進めます。

インストール

展開したフォルダ内の「Win_2k_XP_Bin」を任意の場所にコピーします。ここでは「C:¥nsclient」とします。コマンドプロンプトを開き次のコマンドを実行します。

```
> cd C:¥nsclient
> pNSClient.exe /install
```

インストールが完了すると、サービスに「Nagios Agent」が現れ、開始されます。

設定

NSClientの設定にはポート番号(初期値：1248)と接続時のパスワード(初期値：なし)の設定が行えます。設定には自分でレジストリを修正する必要があります[注2]。

```
HKEY_LOCAL_MACHINE¥SOFTWARE¥NSClient¥Params
```

設定項目の「Port」ですが、Portは16進数で設定する必要があります。たとえばポート番号1248の場合は16進数で4e0になります。

アンインストール

NSClientをアンインストールするには、インストール時と同じようにコマンドプロンプトで次のコマンドを実行します。

```
> cd C:¥nsclient
> pNSClient.exe /uninstall
```

注1　NSClientは2003年2月6日に2.01が出て以来更新されていません。代わりにNSClient++ (http://nsclient.org/nscp/)が使われ始めています。しかし、check_ntは本来NSClientのためのプラグインですので、本書ではNSCLientの導入手順を紹介します。

注2　レジストリの編集は、操作を誤るとシステムに不具合が発生する可能性があるので、事前にバックアップを取るなど注意して行ってください。

Appendix B
リソース設定ファイルと
Nagios標準マクロの概要

リソース設定ファイル
Nagios標準マクロの概要

リソース設定ファイル

　リソース設定ファイルは、Nagiosのメイン設定ファイルresource_file（**110ページ**参照）で指定された1つあるいは複数のファイルで、$USER<N>$（<N>は1～32までの数字）マクロへ値を格納するために利用します。

　このファイルはCGIから参照されないため、600というオーナ以外のユーザに閲覧させない限定された権限を付与できますので、ユーザ名、パスワードといった他ユーザから参照されたくない情報を配置できます。

```
$USER1$=/usr/local/nagios/libexec
```

　この例では$USER1$マクロにプラグインへのパスを設定しています。これにより、コマンド定義のcommand_line（**280ページ**参照）に「$USER1$/プラグイン名」のように記述でき、将来パスが変更になるような場合にも、リソース設定ファイルを修正することですべての「$USER1$」を使用したコマンド定義に反映されるので便利です[注1]。

```
$USER3$=sato
$USER4$=sato-pass    ←実際は各自のパスワードに変更
```

　この例では、$USER3$にユーザ名「sato」を、$USER4$にパスワード「sato-pass」を定義しています。これにより、コマンド定義のcommand_line（**280ページ**参照）でこのユーザ名とパスワードが必要な状況になった場合に、$USER3$、$USER4$と記述できます。

注1　$USER2$はサンプルの設定ファイルにコメントアウトされた設定例があり、その例ではイベントハンドラ用のコマンド群へのパスを指定しています。

Nagios標準マクロの概要

マクロは、プログラミングなどで言うところの「変数」に当たる文字列です。マクロにはいくつかのタイプがあります。コマンドによって利用できるマクロは異なります。

本章ではマクロの種類と利用方法を簡単に説明します。

マクロのタイプ

●スタンダードマクロ

基本的なマクロで、$マクロ名$で表されます。プラグインの解説（**2章**参照）では何度も出てきていますが、**リスト1**のようなホストのオブジェクト定義の $USER1$ と $HOSTADDRESS$ がマクロです。

$USER1$ には、リソース設定ファイルで定義したプラグインディレクトリへのパスが入っています。そして $HOSTADDRESS$ にはホストのオブジェクト定義のweb1で設定した「address」の値「192.168.0.24」が入っています。

リスト1の場合、check_ping監視コマンドを利用したときのOS上のコマンドラインは次のように実行されます。

```
/usr/local/nagios/libexec/check_ping -H 192.168.0.24 -w 100.0,90% -c 200.0,60%
```

$HOSTADDRESS$ マクロにはオブジェクト定義の「192.168.0.24」が入っていることがわかります。

リスト1 スタンダードマクロの使用例

```
コマンド定義
define command{
        command_name    check_ping
        command_line    $USER1$/check_ping -H $HOSTADDRESS$ -w 100.0,90% -c 200.0,60%  実際は1行
}
```

```
Nagiosホストのオブジェクト定義
define host{
        host_name   web1
        address     192.168.0.24
        check_command   check_ping
        その他ホストに関する定義
}
```

●コマンド引数マクロ

　コマンド引数マクロもプラグインの解説で何度も出てきていますが、$ARG1$〜$ARG32$のマクロで、コマンド定義のcommand_line（**280ページ**参照）で使用します。

　リスト2のホストweb1の定義のcheck_commnandで、!で区切ったあとに2つ値を記述しています。この1番目の「100.0,90%」が$ARG1$に入り、2番目の「200.0,60%」が$ARG2$マクロに入ります。

　そして、この$ARG1$、$ARG2をcheck_pingコマンド定義の引数で利用しています。リスト2の最終的なweb1のチェックコマンドは、OSのコマンド上では次のように実行されます。

```
/usr/local/nagios/libexec/check_ping -H 192.168.0.24 -w 100.0,90% -c 200.0,60%
```

●オンデマンドマクロ

　通常マクロはそのオブジェクト定義の値が入ります。たとえばhost_nameがweb1というホスト定義の$HOSTNAME$マクロには、必ず「web1」という値が入ります。しかしオンデマンドマクロを利用すると、ほかのオブジェクト定義の値を入れることができます。オンデマンドマクロは、次の書式でマクロ名に：で区切って値を入れたい対象のオブジェクトの名前を記述できます。

```
$<ホストマクロ名>:<host_name値>$
$<サービスマクロ名>:<host_name値>:<service_description値>$
$<通知先マクロ名>:<contact_name値>$
```

　たとえば、$HOSTSTATE$と記述した場合は、このマクロが呼び出された際のホスト定義の「host_name」が入りますが、$HOSTSTATE:web10$と記述した場合は

リスト2　コマンド引数マクロの使用例

　ホスト定義
```
define host{
        host_name       web1
        address         192.168.0.24
        check_command   check_ping!100.0,90%!200.0,60%
        その他ホストに関する定義
}
```

　コマンド定義
```
define command{
        command_name    check_ping
        command_line    /usr/local/nagios/libexec/check_ping -H $HOSTADDRESS$ -w $ARG1$ -c $ARG2$    実際は1行
}
```

web10の現在のホストの状態が入ります。オンデマンドマクロはホスト、サービスマクロ以外にも、通知先、ホストグループ、サービスグループのマクロで利用できます。

●オンデマンドグループマクロ

オンデマンドグループマクロはオンデマンドマクロの「host_name」「service_name」「contact_name」などを指定する場所に「hostgroup_name」「servicegroup_name」「contactgroup_name」などの「〜group_name」指定します。この場合値が複数応答しますが、その区切り文字も指定できます。

```
$<ホストマクロ名>:<hostgroup_name値>:<区切り文字>$
$<サービスマクロ名>:<servicegroup_name値>:<区切り文字>$
$<通知マクロ名>:<host_name値>:<service_description値>:<区切り文字>$
```

たとえば$HOSTNAME:linux-servers:+$と表記した場合でlinux-serversホストグループメンバーが「host1」「host2」の場合、このマクロには「host1+host2」という値が入ります。

●環境変数マクロ

Nagiosのマクロは Nagios実行ユーザのシェル環境変数として登録されます。環境変数は「NAGIOS_<マクロ名>」(例：NAGIOS_COMMANDFILE)として登録されます。登録されるマクロは、$USER<N>$マクロ、ホストのオンデマンドマクロ、サービスのオンデマンドマクロを除いたすべてのマクロです。

●カスタムオブジェクトマクロ

オブジェクト定義のカスタムオブジェクト定義でアンダースコアで始まる任意のディレクティブを設定できます(**313ページ**参照)。この値もマクロとして利用できます。カスタムオブジェクトのマクロは$<_ディレクティブ名>$という形式で記述します。

```
define host{
    ...
    _RACK No32-A
}
```

上記の例ではマクロ名は$_RACK$となり、値は「No32-A」が入ります。

マクロ一覧の参照先

マクロの一覧と利用できるコマンドは、Nagios公式ドキュメントの「Standard Macros in Nagios」(http://nagios.sourceforge.net/docs/3_0/macrolist.html)に掲載されています。

公式ドキュメントを参考に出力例とバージョン対応を筆者が調査したものを公

開しています。詳しくはhttp://gihyo.jp/book/2011/978-4-7741-4582-2/support を参照してください。マクロ名はすべてスタンダードマクロの形式で記載しています。

> **Column**
>
> ## パフォーマンスデータのグラフ化ツール
>
> Nagios標準のWebインタフェースにはパフォーマンスデータを可視化するツールがありませんが、ユーザ作成によりアドオンが用意されています。ここでは、nagiosgraphとPNP4Nagiosの2つを紹介します。
>
> ### ●nagiosgraph (http://nagiosgraph.sourceforge.net/)
>
> nagiosgraphは、NagiosのパフォーマンスデータをRRDtoolのデータに蓄え、付属のWebインタフェースからグラフを描写するツールです。Perlで書かれており、Perl、RRDtool、GDとそれぞれのPerl用モジュールがあれば動作可能です。インストールは付属のREADMEを参照しつつ、install.plスクリプトで対話的に行えます。Nagiosとの連動はパフォーマンスデータコマンドを利用したオーソドックスな方式です。
>
> 生成されるグラフは、日・週・月・四半期・年ごとのほかに、グラフ内をドラッグすることで任意の期間を指定できます。特筆すべきは、ホストやサービスの一覧を自動で生成しメニュー化してくれることで、NagiosのWebインタフェースのサイドメニューにリンクを加えるだけですべてのデータにアクセスが可能です。
>
> ### ●PNP4Nagios (http://www.pnp4nagios.org/)
>
> PNP4NagiosもプラグインのパフォーマンスデータをRRDtoolのデータに蓄え、Webインタフェースでグラフ化を行うツール群です。Perl、PHP、C言語で書かれています。PNP4Nagiosのインストールは公式ドキュメントサイト(http://docs.pnp4nagios.org/)に掲載されている手順で行え、試したところそれほど難しくない印象でした。
>
> Nagiosとの連携にはいくつか方式があり、nagiosgraphと同じパフォーマンスデータコマンドを利用した方式のほかに、独自のnpcdデーモンとイベントブローカを利用した方式が可能です。npcdデーモンを利用すると、パフォーマンスデータコマンドを利用するよりも高速な動作が期待できます。
>
> 生成されるグラフは、4時間・24時間・1週間・1月・1年のプリセットのほか、期間指定、グラフ内のドラッグによるズームも可能です。また、グラフをPDF、XML化してダウンロードする機能も備わっています。
>
> Nagiosからのアクセスはaction_urlを設定する方式を取っており、独自に監視対象を検出してメニュー化できませんのでNagiosのオブジェクト定義に少々手を加える必要があります。

監視設定索引

PINGによる死活監視
Pingコマンドでホストの死活監視をする[check_ping] 21
Pingコマンドでサービス監視をする[check_ping] 21
fpingコマンドでホスト監視を高速に行う[check_fping] 22
複数のIPアドレスを監視する[check_icmp] 24

ネットワークサービスのポート監視
Telnetサーバを監視する[check_tcp] 26
Telnetサーバの応答速度を監視する[check_tcp] 27
FTPサーバを監視する[check_ftp] 28
IMAPサーバを監視する[check_imap] 28
IMAP over SSLサーバを監視する[check_simap] 29
POPサーバを監視する[check_pop] 30
POP over SSLサーバを監視する[check_spop] 31
SMTP over SSLサーバを監視する[check_ssmtp] 32
NNTPサーバを監視する[check_nntp] 33
NNTP over SSLサーバを監視する[check_nntps] 34
ClamAVサーバを監視する[check_clamd] 35
ClamAVサーバをNRPE経由で監視する[check_clamd] 36
jabberサーバを監視する[check_jabber] 37
UDPポートを監視する[check_udp] 37

ネットワークアプリケーションの監視
Webサーバを監視する[check_http] 41
Webサーバのバーチャルホストを監視する[check_http] 42
Webサーバのコンテンツに含まれる文字列を監視する[check_http] 42
WebサーバでBasic認証のあるページを監視する[check_http] 43
WebサーバのSSL証明書の有効期限を監視する[check_http] 43
SMTPサーバを監視する[check_smtp] 45
SMTPサーバへ「MAIL FROM」コマンドを送出して監視する[check_smtp] 45
SMTPサーバを認証つき(SMTP-AUTH)のTLS接続で監視する[check_smtp] 46
SMTPトランザクションを送出して監視する[check_smtp] 46
DNSサーバのAレコードの応答を監視する[check_dig] 47

DNSサーバのPTRレコードの応答と応答速度を監視する[check_dig] 48
DNSサーバの応答速度と権威を監視する[check_dns] 49
DHCPサーバを監視する[check_dhcp] 50
2つのネットワークのDHCPサーバを監視する[check_dhcp] 51
SSHサーバを監視する[check_ssh] 52
Nagiosホストの時刻のずれを監視する[check_time] 53
Nagiosホストの時刻のずれとタイムサーバの応答速度を監視する[check_time] ... 53
NTPサーバの時刻のずれを監視する[check_ntp_peer] 55
NTPサーバのjitter値を監視する[check_ntp_peer] 55
LDAPv2サーバを監視する[check_ldap] 57
RADIUSサーバを監視する[check_radius] 58
RADIUSサーバを監視する(sudoを利用した場合)[check_radius] 59
NFSサーバを監視する[check_rpc] 60

SNMPを利用した監視

SNMPを利用して1分平均のロードアベレージを監視する[check_snmp] 63
SNMPでインタフェース2の送受信パケットを監視する[check_snmp] 63
SNMPでIfIndex番号2のインタフェースを監視する[check_ifoperstatus] 65
すべてのネットワークインタフェースの状態を監視する[check_ifstatus] 66

Linux系リモートホストの監視

NRPEを利用した監視コマンドを設定する[check_nrpe] 68
NRPEを利用した監視コマンドを設定する($ARG<N>$を利用)[check_nrpe] 68
SSHを利用してリモートホストを監視する(通常モード)[check_by_ssh] 70
SSHを利用してリモートホストを監視する(パッシブモード)[check_by_ssh] 70

データベースサービスの監視

PostgreSQLサーバをNRPEを使用して監視する[check_pgsql] 73
MySQLサーバをNRPEを使用して監視する[check_mysql] 74
NagiosホストからMySQLサーバのスレーブの状態を監視する[check_mysql] 74
MySQLへのSQLクエリの結果を監視する[check_mysql_query] 76
OracleデータベースへのTNS接続を監視する[check_oracle] 77
Oracleデータベースのライブラリ、ディクショナリキャッシュヒット率を監視する[check_oracle] 77

Linux(UNIX系)サーバリソース監視

ディスク上のすべてのパーティションを監視する[check_disk] 79
ディスク上の一部のパーティションを監視する[check_disk] 80

監視設定索引

ロードアベレージを監視する[check_load] 81
スワップメモリ空き領域を監視する[check_swap] 81
ログインユーザ数を監視する[check_users] 82
ゾンビプロセス数を監視する[check_procs] 84
特定のユーザのプロセスのCPU使用率を監視する[check_procs] 84
特定の名前のプロセス数を監視する[check_procs] 85
特定のコマンド名のプロセス数を監視する[check_procs] 85
特定の文字列が含まれるプロセス数を監視する[check_procs] 85
リモートのNagiosをNRPE経由で監視する[check_nagios] 86
NTPDが起動しているホストの時刻のずれを監視する[check_ntp_time] 87
NTPDが起動していないホストの時刻のずれを監視する(NRPE経由)[check_ntp_time] 88
Windows共有フォルダのディスク使用量を監視する[check_disk_smb] 89
Webサーバのログファイルの更新頻度を監視する[check_file_age] 90
ログファイルに含まれる文字列を監視する[check_log] 91
MRTGのログを使ってCPU使用率を監視する[check_mrtg] 92
MRTGのログを使ってトラフィック量を監視する[check_mrtgtraf] 94
Postfix MTAのメールキューの数を監視する[check_mailq] 95
Debian GNU/Linuxサーバの導入パッケージにアップデートの存在を監視する[check_apt] 96
S.M.A.R.Tを利用してハードディスクを監視する[check_ide_smart] 97

Windowsの監視

NSClientを使用してWindowsのCPU使用率を監視する[check_nt] 99
NSClientを使用してWindowsのCドライブ使用率を監視する[check_nt] 100
NSClientを使用してWindowsのサービスを監視する[check_nt] 100
NSClientを使用してWindowsのプロセスを監視する[check_nt] 101
NSClientを使用してページングサイズ（カウンタ）を監視する[check_nt] 101

Nagiosの監視補助ユーティリティ

3つのホストの状態を監視する[check_cluster] 103
3つのホストのHTTPサービスの状態を監視する[check_cluster] 103
CRONジョブが定期的に完了しているかの監視を行う[check_dummy] 104

プラグイン別索引

A
check_apt　Debian GNU/Linuxのアップデートをチェック 95

B
check_by_ssh　SSHを利用してリモートホストを監視 69

C
check_clamd　ウィルススキャナclamdを監視 35
check_cluster　クラスタサービスを監視 102

D
check_dhcp　DHCPサーバを監視 50
check_dig　digコマンドでDNSサーバを監視 47
check_disk　ディスク使用率を監視 78
check_disk_smb　SMB経由でのディスク使用率を監視 88
check_dns　nslookupコマンドでDNSレコードを監視 48
check_dummy　任意の状態を応答するプラグイン 104

F
check_file_age　ファイルの更新情報を監視 90
check_fping　fpingコマンドを使った高速ping監視 22
check_ftp　FTPサーバを監視 27

H
check_http　Webサーバを監視 39

I
check_icmp　icmpサービスを監視 23
check_ide_smart　S.M.A.R.T. Linuxを使用してハードディスク状態を監視 97
check_ifoperstatus　SNMPを利用してインタフェースを監視 64
check_ifstatus　SNMPを利用してすべてのインタフェースを監視 65
check_imap　IMAPサーバを監視 28

J
check_jabber　jabberサーバを監視 36

L
check_ldap　LDAPサーバを監視 56
check_load　ロードアベレージを監視 80
check_log　ログファイル内に出現する文字列の監視 91

M
check_mailq　メールキュー数を監視 94
check_mrtg　MRTGを使用した監視 92
check_mrtgtraf　MRTGを使用したトラフィック監視 93

プラグイン別索引

check_mysql　MySQLサーバを監視 73
check_mysql_query　MySQLでのクエリ応答監視 75

N
check_nagios　Nagiosを監視 86
check_nntp　NNTP(ニュース)サーバを監視 33
check_nntps　NNTP over SSL(ニュース)サーバを監視 34
check_nrpe　NRPEを使用してリモートホスト(UNIX系)を監視 67
check_nt　NSClientを利用してWindowsサーバを監視 98
check_ntp　NTPサーバを監視(旧プラグイン) 56
check_ntp_peer　NTPサーバを監視 54
check_ntp_time　NTPサーバとの時間のずれを監視 87

O
check_oracle　オラクルデータベースを監視 76

P
check_pgsql　PostgreSQLサーバを監視 72
check_ping　pingコマンドを利用した死活監視 20
check_pop　POP3サーバを監視 30
check_procs　プロセスに関する監視 83

R
check_radius　RADIUSサーバを監視 58
check_rpc　RPCサーバを監視 59

S
check_simap　IMAP over SSLサーバを監視 29
check_smtp　SMTPサーバを監視 44
check_snmp　SNMPサーバを監視 61
check_spop　POP over SSLサーバを監視 31
check_ssh　SSHサーバを監視 51
check_ssmtp　SMTPSサーバを監視 32
check_swap　スワップメモリを監視 81

T
check_tcp　任意のTCPポートを監視 25
check_time　Timeプロトコルを利用した時刻監視 52

U
check_udp　任意のUDPポートを監視 37
check_users　ログインユーザ数を監視 82

333

設定別索引

記号

<_ 任意のディレクティブ名> 313
<日付範囲> <時間帯> 278

数字

2d_coords(拡張ホスト情報定義) 305
2d_coords(ホスト定義) 231
3d_coords(拡張ホスト情報定義) 305
3d_coords(ホスト定義) 232

A

accept_passive_host_checks 118
accept_passive_service_checks 116
action_url(拡張サービス情報定義) 308
action_url(拡張ホスト情報定義) 304
action_url(サービスグループ定義) 262
action_url(サービス定義) 257
action_url(ホストグループ定義) 237
action_url(ホスト定義) 229
action_url_target 208
active_checks_enabled(サービス定義) 245
active_checks_enabled(ホスト定義) 215
additional_freshness_latency 177
address 211
address<N> 270
admin_email 179
admin_pager 179
aggregate_status_updates 120
alias(サービスグループ定義) 260
alias(時間帯定義) 277
alias(通知先グループ定義) 274
alias(通知先定義) 264
alias(ホストグループ定義) 235
alias(ホスト定義) 210
authorized_for_all_host_commands 196
authorized_for_all_hosts 195
authorized_for_all_service_commands 197
authorized_for_all_services 196
authorized_for_configuration_information 194
authorized_for_read_only 198
authorized_for_system_commands 195
authorized_for_system_information 194

設定別索引

auto_reschedule_checks ... 142
auto_rescheduling_interval ... 142
auto_rescheduling_window ... 143

B
bare_update_checks ... 124
broker_module ... 149

C
cached_host_check_horizon ... 152
cached_service_check_horizon ... 153
can_submit_commands ... 271
cfg_dir ... 109
cfg_file ... 108
check_command(サービス定義) ... 242
check_command(ホスト定義) ... 213
check_external_commands ... 121
check_for_orphaned_hosts ... 146
check_for_orphaned_services ... 146
check_for_updates ... 124
check_freshness(サービス定義) ... 247
check_freshness(ホスト定義) ... 217
check_host_freshness ... 176
check_interval(サービス定義) ... 243
check_interval(ホスト定義) ... 214
check_period(サービス定義) ... 246
check_period(ホスト定義) ... 216
check_result_buffer_slots ... 123
check_result_path ... 113
check_result_reaper_frequency ... 150
check_service_freshness ... 175
child_processes_fork_twice ... 154
color_transparency_index ... 201
command_check_interval ... 121
command_file ... 122
command_line ... 280
command_name ... 280
comment_file ... 114
contact_groups(サービスエスカレーション定義) ... 300
contact_groups(サービス定義) ... 252
contact_groups(ホストエスカレーション定義) ... 294
contact_groups(ホスト定義) ... 224
contact_name ... 264
contactgroup_members ... 275
contactgroup_name ... 274

contactgroups	265
contacts(サービスエスカレーション定義)	299
contacts(サービス定義)	252
contacts(ホストエスカレーション定義)	294
contacts(ホスト定義)	223

D

daemon_dumps_core	184
date_format	178
debug_file	184
debug_level	185
debug_verbosity	186
default_statusmap_layout	201
default_user_name	193
dependency_period(サービス依存定義)	292
dependency_period(ホスト依存定義)	285
dependent_host_name(サービス依存定義)	287
dependent_host_name(ホスト依存定義)	282
dependent_hostgroup_name(サービス依存定義)	287
dependent_hostgroup_name(ホスト依存定義)	282
dependent_service_description	288
display_name(サービス定義)	240
display_name(ホスト定義)	211
downtime_file	113

E

email	269
enable_embedded_perl	155
enable_environment_macros	155
enable_event_handlers	135
enable_flap_detection	157
enable_notifications	118
enable_predictive_host_dependency_checks	144
enable_predictive_service_dependency_checks	144
escalation_options(サービスエスカレーション定義)	302
escalation_options(ホストエスカレーション定義)	296
escalation_period(サービスエスカレーション定義)	301
escalation_period(ホストエスカレーション定義)	296
escape_html_tags	206
event_broker_options	148
event_handler(サービス定義)	248
event_handler(ホスト定義)	218
event_handler_enabled(サービス定義)	248
event_handler_enabled(ホスト定義)	219
event_handler_timeout	161

設定別索引

exclude ... 279
execute_host_checks ... 117
execute_service_checks ... 116
execution_failure_criteria(サービス依存定義) ... 290
execution_failure_criteria(ホスト依存定義) ... 284
external_command_buffer_slots ... 123

F

first_notification(サービスエスカレーション定義) ... 300
first_notification(ホストエスカレーション定義) ... 294
first_notification_delay(サービス定義) ... 253
first_notification_delay(ホスト定義) ... 225
flap_detection_enabled(サービス定義) ... 249
flap_detection_enabled(ホスト定義) ... 220
flap_detection_options(サービス定義) ... 250
flap_detection_options(ホスト定義) ... 221
free_child_process_memory ... 154
freshness_threshold(サービス定義) ... 247
freshness_threshold(ホスト定義) ... 218

G

global_host_event_handler ... 135
global_service_event_handler ... 136

H

high_flap_threshold(サービス定義) ... 249
high_flap_threshold(ホスト定義) ... 220
high_host_flap_threshold ... 158
high_service_flap_threshold ... 158
host_check_timeout ... 160
host_down_sound ... 204
host_freshness_check_interval ... 176
host_inter_check_delay_method ... 139
host_name(拡張サービス情報定義) ... 307
host_name(拡張ホスト情報定義) ... 303
host_name(サービス依存定義) ... 288
host_name(サービスエスカレーション定義) ... 298
host_name(サービス定義) ... 239
host_name(ホスト依存定義) ... 283
host_name(ホストエスカレーション定義) ... 293
host_name(ホスト定義) ... 210
host_notification_commands ... 269
host_notification_options ... 267
host_notification_period ... 266
host_notifications_enabled ... 265
host_perfdata_command ... 168

host_perfdata_file ... 169
host_perfdata_file_mode ... 171
host_perfdata_file_processing_command ... 173
host_perfdata_file_processing_interval ... 172
host_perfdata_file_template ... 170
host_unreachable_sound ... 203
hostgroup_members ... 235
hostgroup_name(サービス依存定義) ... 289
hostgroup_name(サービスエスカレーション定義) ... 298
hostgroup_name(サービス定義) ... 240
hostgroup_name(ホスト依存定義) ... 283
hostgroup_name(ホストエスカレーション定義) ... 293
hostgroup_name(ホストグループ定義) ... 234
hostgroups ... 212

I

icon_image(拡張サービス情報定義) ... 309
icon_image(拡張ホスト情報定義) ... 304
icon_image(サービス定義) ... 257
icon_image(ホスト定義) ... 229
icon_image_alt(拡張サービス情報定義) ... 309
icon_image_alt(拡張ホスト情報定義) ... 305
icon_image_alt(サービス定義) ... 258
icon_image_alt(ホスト定義) ... 230
illegal_macro_output_chars ... 181
illegal_object_name_chars ... 181
inherits_parent(サービス依存定義) ... 290
inherits_parent(ホスト依存定義) ... 284
initial_state(サービス定義) ... 242
initial_state(ホスト定義) ... 213
interval_length ... 140
is_volatile ... 241

L

last_notification(サービスエスカレーション定義) ... 300
last_notification(ホストエスカレーション定義) ... 295
lock_author_names ... 198
lock_file ... 112
log_archive_path ... 134
log_event_handlers ... 131
log_external_commands ... 132
log_file ... 108
log_host_retries ... 131
log_initial_states ... 132
log_notifications ... 129

設定別索引

log_passive_checks ... 133
log_rotation_method ... 134
log_service_retries ... 130
low_flap_threshold(サービス定義) ... 248
low_flap_threshold(ホスト定義) ... 219
low_host_flap_threshold ... 159
low_service_flap_threshold ... 158

M

main_config_file ... 188
max_check_attempts(サービス定義) ... 243
max_check_attempts(ホスト定義) ... 214
max_check_result_file_age ... 139
max_check_result_reaper_time ... 151
max_concurrent_checks ... 151
max_debug_file_size ... 186
max_host_check_spread ... 140
max_service_check_spread ... 138
members(サービスグループ定義) ... 261
members(通知先グループ定義) ... 275
members(ホストグループ定義) ... 235

N

nagios_check_command ... 206
nagios_group ... 115
nagios_user ... 115
name ... 310
normal_check_interval ... 243
normal_sound ... 205
notes(拡張サービス情報定義) ... 308
notes(拡張ホスト情報定義) ... 303
notes(サービスグループ定義) ... 262
notes(サービス定義) ... 256
notes(ホストグループ定義) ... 236
notes(ホスト定義) ... 227
notes_url(拡張サービス情報定義) ... 308
notes_url(拡張ホスト情報定義) ... 304
notes_url(サービスグループ定義) ... 262
notes_url(サービス定義) ... 256
notes_url(ホストグループ定義) ... 236
notes_url(ホスト定義) ... 228
notes_url_target ... 208
notification_failure_criteria(サービス依存定義) ... 291
notification_failure_criteria(ホスト依存定義) ... 285
notification_interval(サービスエスカレーション定義) ... 301

N

- notification_interval(サービス定義) 253
- notification_interval(ホストエスカレーション定義) 296
- notification_interval(ホスト定義) 224
- notification_options(サービス定義) 254
- notification_options(ホスト定義) 226
- notification_period(サービス定義) 254
- notification_period(ホスト定義) 225
- notification_timeout 161
- notifications_enabled(サービス定義) 255
- notifications_enabled(ホスト定義) 226

O

- object_cache_file 109
- obsess_over_host 217
- obsess_over_hosts 165
- obsess_over_service 246
- obsess_over_services 164
- ochp_command 165
- ochp_timeout 162
- ocsp_command 164
- ocsp_timeout 161

P

- pager 270
- parents 212
- passive_checks_enabled(サービス定義) 245
- passive_checks_enabled(ホスト定義) 216
- passive_host_checks_are_soft 167
- perfdata_timeout 162
- physical_html_path 188
- ping_syntax 207
- precached_object_file 110
- process_perf_data(サービス定義) 250
- process_perf_data(ホスト定義) 221
- process_performance_data 168

R

- refresh_rate 203
- register 310
- resource_file 110
- retain_nonstatus_information(サービス定義) 251
- retain_nonstatus_information(通知先定義) 272
- retain_nonstatus_information(ホスト定義) 222
- retain_state_information 126
- retain_status_information(サービス定義) 251
- retain_status_information(通知先定義) 271

設定別索引

retain_status_information(ホスト定義) 222
retention_update_interval 127
retry_check_interval 244
retry_interval(サービス定義) 244
retry_interval(ホスト定義) 215

S

service_check_timeout 160
service_critical_sound 204
service_description(拡張サービス情報定義) 307
service_description(サービス依存定義) 289
service_description(サービスエスカレーション定義) 299
service_description(サービス定義) 239
service_freshness_check_interval 175
service_inter_check_delay_method 137
service_interleave_factor 138
service_notification_commands 269
service_notification_options 268
service_notification_period 267
service_notifications_enabled 266
service_perfdata_command 169
service_perfdata_file 170
service_perfdata_file_mode 172
service_perfdata_file_processing_command 174
service_perfdata_file_processing_interval 173
service_perfdata_file_template 171
service_reaper_frequency 151
service_unknown_sound 205
service_warning_sound 204
servicegroup_members 261
servicegroup_name 260
servicegroups 241
show_context_help 190
sleep_time 137
soft_state_dependencies 145
stalking_options(サービス定義) 255
stalking_options(ホスト定義) 227
state_retention_file 126
status_file 112
status_update_interval 119
statusmap_background_image 200
statusmap_image(拡張ホスト情報定義) 305
statusmap_image(ホスト定義) 230

341

T

temp_file	111
temp_path	111
time_change_threshold	141
timeperiod_name	277
translate_passive_host_checks	166

U

url_html_path	189
use	311
use_aggressive_host_checking	150
use_authentication	192
use_embedded_perl_implicitly	156
use_large_installation_tweaks	153
use_pending_states	190
use_regexp_matching	182
use_retained_program_state	127
use_retained_scheduling_info	128
use_ssl_authentication	193
use_syslog	129
use_timezone	178
use_true_regexp_matching	183

和文

オブジェクトの継承設定例	311
拡張サービス情報設定例	309
拡張ホスト情報設定例	306
コマンド設定例	281
サービス依存設定例	292
サービスエスカレーション設定例	302
サービスグループ設定例	263
サービス設定例	258
時間帯設定例	279
通知先グループ設定例	276
通知先設定例	272
ホスト依存設定例	286
ホストエスカレーション設定例	297
ホストグループ設定例	237
ホスト設定例	233

著者紹介

佐藤 省吾 (さとう しょうご)
　株式会社エクストランスで10年近く監視・運用・ユーザサポートを担当。趣味は2人の娘と遊ぶことと山登り。自然が恋しい1975年生まれ。好きなエディタはVim(Linux)、vivi(Windows)、mi(Mac OS)。

● Team-Nagios メンバー

成原 敬義 (なりはら けいぎ)
　Team-Nagios まとめ役。1983生まれ。映画の道に進もうと高校と大学は芸術系に進む。しかし、大学生のときに映像を作成しながらインターネットでの動画閲覧サイトの普及を肌で感じ、インターネットのインフラに興味を持つ。大学卒業後、ネットワークを学びエクストランスに入社。TwitterやFacebookにも手を出している。iPhoneユーザ。赤い眼鏡と赤いヘッドフォン装備☆　なお、Team-Nagiosの活動は(http://nagios.x-trans.jp/)にて。

岡田 茂伸 (おかだ しげのぶ)
　自宅にサーバラックとネットワーク警告灯があり、自宅でも会社でもNagiosで監視中のエクストランス屈指のギーク。就寝中、自宅のNagiosからのアラートで起こされて対応することもしばしば。好きなエディタはEmacs。

竹島 健作 (たけしま けんさく)
　1984年京都府生まれ。大阪学院大学を卒業後、エクストランスに新卒第1期生として入社。以降、サーバ、ネットワークの構築・運用に携わる。本書ではメイン設定ファイル、オブジェクト設定ファイルの一部を担当。趣味はネットサーフィン・アニメ。Nagios・Linuxについては、家でサーバ環境を構築し鋭意勉強中。

安井 秀憲 (やすい ひでのり)
　アニメの影響でIT業界に憧れを抱き、新卒第2期生として入社。本書では紙面スペース的に取り上げられなかったNSClient++に詳しい。自転車をこよなく愛するスポーツマン。からいものが苦手。愛車はFELTのF85。

正橋 佳央理 (まさはし かおり)
　Team-Nagios最年少。Nagiosに関わったのはこの1年半程。まだまだわからないことだらけで右往左往しているが、先輩方にフォローしていただきつつ日々成長中。それほど新し物好きではないが好奇心は旺盛なほうといえるかもしれない。非常にマイペースでのんびりした性格。

- ●カバー・本文デザイン……………西岡 裕二 （志岐デザイン事務所）
- ●レイアウト…………………………酒德 葉子 （技術評論社）
- ●本文図版……………………………加藤 久 （技術評論社）
- ●編集…………………………………池田 大樹 （技術評論社）

Software Design plus シリーズ
ソフトウェア デザイン プラス

Nagios 統合監視 [実践] リファレンス
ナギオス とうごうかんし じっせん

2011 年 4 月 25 日　初版　第 1 刷発行

著　者　株式会社エクストランス
　　　　佐藤 省吾 ＋ Team-Nagios
　　　　さとう しょうご　チームナギオス

発行者　片岡 巌

発行所　株式会社技術評論社
　　　　東京都新宿区市谷左内町 21-13
　　　　電話　03-3513-6150　販売促進部
　　　　　　　03-3513-6175　第一編集部

印刷／製本　株式会社 加藤文明社

定価はカバーに表示してあります。

本書の一部または全部を著作権法の定める範囲を越え、無断で複写、複製、転載、あるいはファイルに落とすことを禁じます。

© 2011　株式会社エクストランス

造本には細心の注意を払っておりますが、万一、乱丁（ページの乱れ）や落丁（ページの抜け）がございましたら、小社販売促進部までお送りください。送料小社負担にてお取り替えいたします。

ISBN978-4-7741-4582-2　C3055

Printed in Japan

本書に関するご質問につきましては、記載されている内容に関するものに限定させていただきます。本書の内容と直接関係のないご質問につきましては、一切、お答えできませんので、あらかじめご了承ください。

また、お電話での直接の質問は受け付けておりませんので、FAX あるいは書面にて、下記までお送りいただくか、小社 Web サイトの該当書籍のコーナーからお願いいたします。

また、ご質問の際には『書籍名』や『該当ページ番号』、『お客様のマシンなどの動作環境』、『e-mail アドレス』を明記してください。

【宛先】
〒 162-0846
東京都新宿区市谷左内町 21-13
株式会社 技術評論社　第一編集部
Nagios 統合監視
[実践] リファレンス　質問係
FAX：03-3513-6173

■技術評論社 Web サイト
http://book.gihyo.jp/

お送りいただきましたご質問には、できる限り迅速にお答えをするように努力しておりますが、場合によってはお答えするまでに、お時間をいただくこともございます。回答の期日をご指定いただいても、ご希望にお応えできかねる場合もございます。あらかじめご了承ください。

なお、ご質問の際に記載いただいた個人情報は、質問の返答以外の目的には使用いたしません。